彩色圖對照表

頁次：實體圖-2	頁次：實體圖-14
頁次：實體圖-17	頁次：實體圖-19
頁次：實體圖-21	頁次：實體圖-23

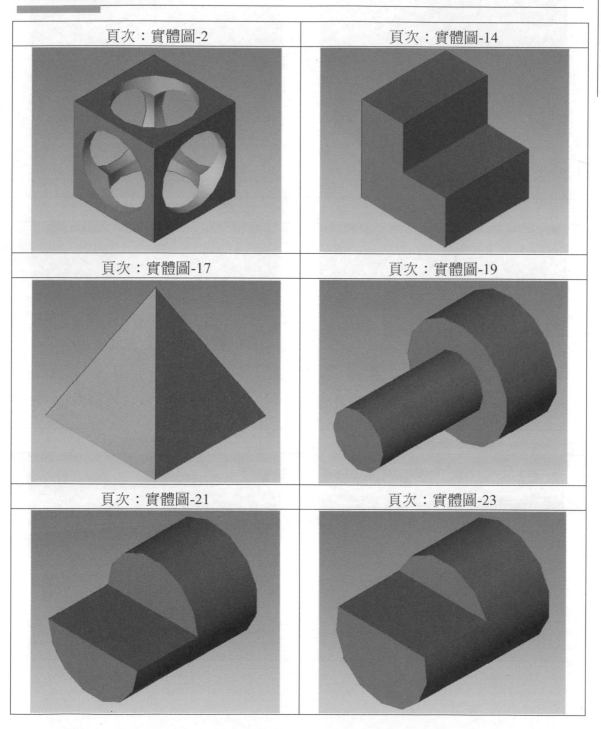

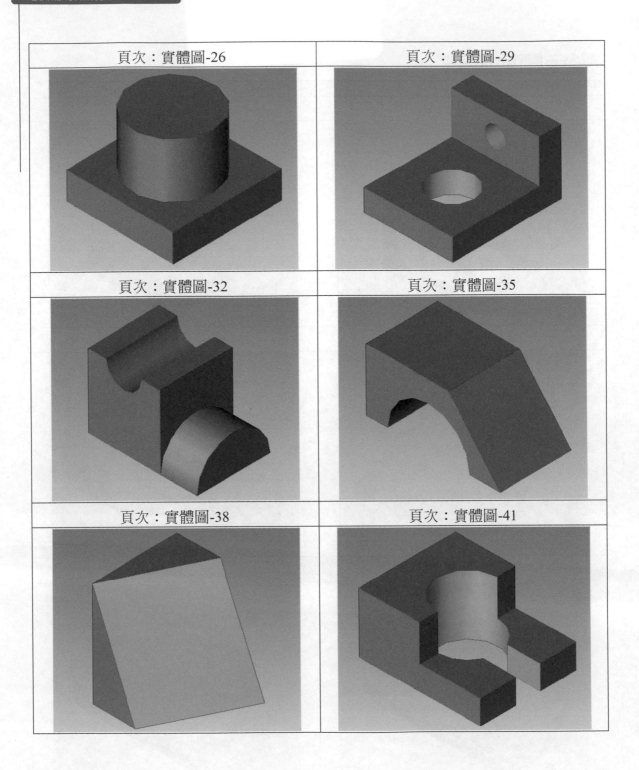

頁次：實體圖-26

頁次：實體圖-29

頁次：實體圖-32

頁次：實體圖-35

頁次：實體圖-38

頁次：實體圖-41

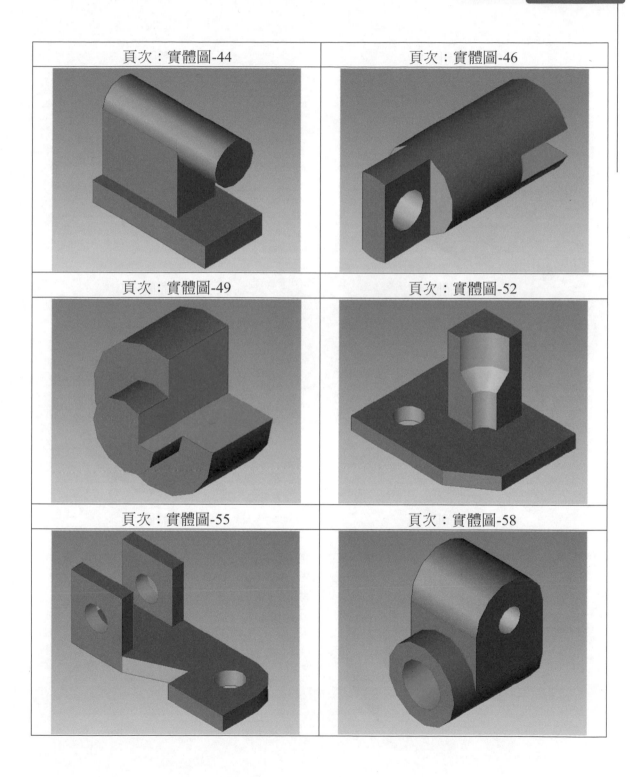

頁次：實體圖-44

頁次：實體圖-46

頁次：實體圖-49

頁次：實體圖-52

頁次：實體圖-55

頁次：實體圖-58

頁次：實體圖-61	頁次：實體圖-64
頁次：實體圖-67	頁次：實體圖-70
頁次：實體圖-72	頁次：實體圖-75

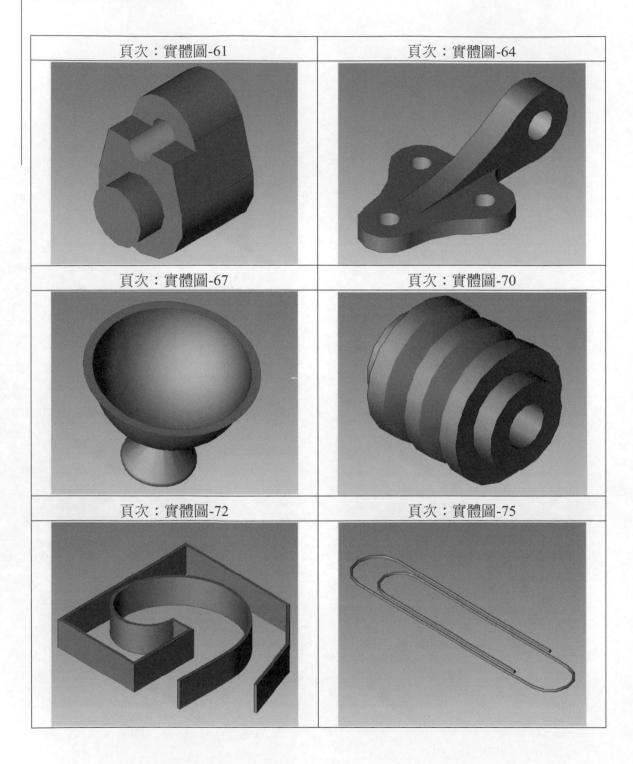

頁次：實體圖-77	頁次：實體圖-80
頁次：實體圖-82	頁次：實體圖-83
頁次：實體圖-88	頁次：實體圖-91

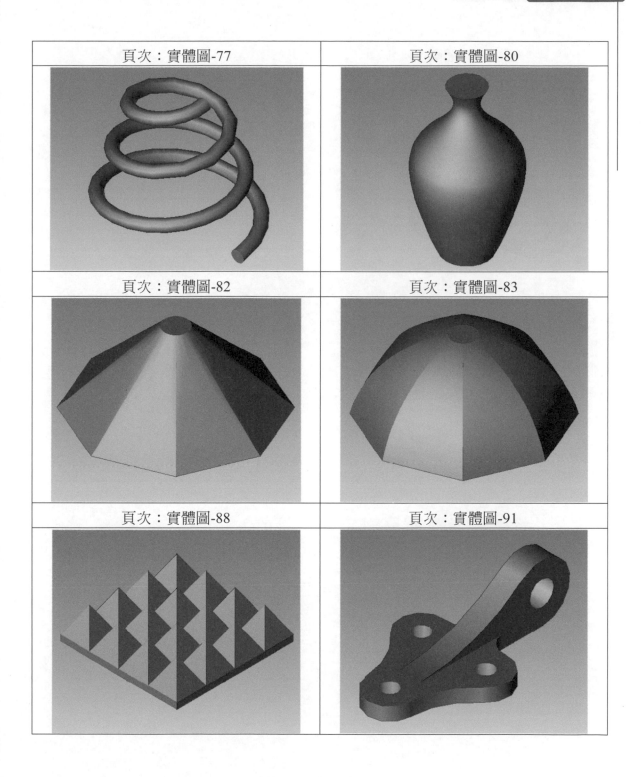

頁次：實體圖-94	
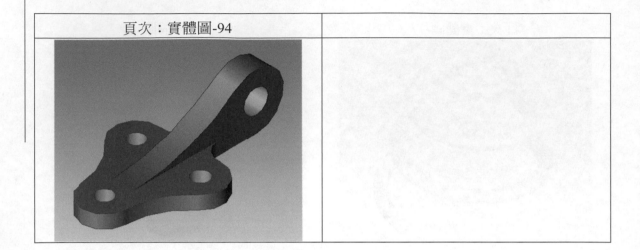	

電腦輔助機械製圖 AutoCAD－適用 AutoCAD 2000～2012 版

(附範例光碟)

謝文欽 蕭國崇 江家宏　編著

全華圖書股份有限公司

　　面對目前時代的瞬息萬變與更多元的思維，不斷的學習，已成爲現代人不可或缺的重要課題。目前電腦繪圖已幾乎完全取代傳統製圖，設計繪圖者若不會使用電腦繪製圖面，已無法應付目前的時代潮流與產業變化，因此，電腦繪圖是每一位設計繪圖者的必備常識。

好想學 AutoCAD 喔！

　　AutoCAD 是產業界使用最廣(業界標準)，最好用、且最容易上手的繪圖軟體，但是數百個指令與眾多的使用方法，讓初學者想學，卻又不知如何學起？

　　AutoCAD 目前已經到了 2012 版本，每一年一個新版本，每一個新版本都增加並改善了一些新的功能，讓使用上更加的得心應手。但是，這麼好用的工具軟體，我好想學，我要怎麼開始我的第一步呢？

　　本書針對所有想學好 AutoCAD 的人，可在空閒的時間，在家自學。所有的範例共 180 題，每一題都有詳細的步驟說明，爲了讓使用者更容易了解，在用詞方面，也完全以初學者的角度，來撰寫所有範例的過程，由淺入深，讓學習者透過做範例的方式，一步一步的來理解，來學習。

- 180 題範例，每一題都有很詳細的作法與步驟
- 以非常口語，非常親近的敘述，讓學習者無挫折感
- 由淺入深，循序漸進的來安排範例
- 詳實的介紹常用指令與指令的用法及技巧
- 2D 繪圖、正投影圖、等角圖、輔助視圖、剖面圖、3D 實體圖、工件圖練習，全部都有，除了學指令，也建立了圖學的基本概念哦！

　　還在找一本，能自己看就看得懂，有空在家就能自己學習，而且，越學會越有興趣，充滿信心的教材嗎？這本書，相信一定會讓您愛不釋手的！

謝文欽・蕭國崇・江家宏　於泰山職業訓練中心

2011 年 勞動節

編輯部序

　　「系統編輯」是我們的編輯方針，我們所提供給您的，絕不是一本書，而是關於這門學問的所有知識，它們由淺入深，循序漸進。

　　本書針對所有想學好 AutoCAD 的人，可在空閒的時間在家自學。每一題範例都有詳細的步驟說明，為了讓使用者更容易了解，在用詞方面，也完全以初學者的角度，來撰寫所有範例的過程，由淺入深，讓學習者透過做範例的方式，一步一步的來理解，來學習。

　　同時，為了使您能有系統且循序漸進研習相關方面的叢書，我們列出了各相關叢書的閱讀順序，以減少您研習此門學問的摸索時間，並能對這門學問有完整的知識。若您在這方面有任何問題，歡迎來函詢問，我們將竭誠為您服務。

相關叢書介紹

書號：06246007
書名：Autodesk Inventor 2014 特訓
　　　教材-基礎篇
　　　(附範例及動態影音教學光碟)
編著：黃穎豐、陳明鈺
16K/728 頁/600 元

書號：06259007
書名：Autodesk Inventor 2014 特訓
　　　教材-進階篇(附範例光碟)
編著：黃穎豐、陳明鈺
16K/640 頁/590 元

書號：06118007
書名：PRO/E Wildfire 4.0 基礎設計
　　　(附範例光碟)
編著：曾慶祺、劉福隆
16K/576 頁/500 元

書號：06207007
書名：Creo Parametric 2.0 入門與
　　　實務－基礎篇(附範例光碟)
編著：王照明
16K/520 頁/480 元

書號：06192017
書名：電腦輔助繪圖 AutoCAD
　　　2012(第二版)(附範例光碟)
編著：王雪娥、陳進煌
16K/520 頁/500 元

書號：06214007
書名：循序學習 AutoCAD 2012
　　　(附範例、動態教學光碟)
編著：康鳳梅、許榮添、詹世良
16K/488 頁/620 元

書號：06245007
書名：SolidWorks 2012 基礎範例應用
　　　(附範例光碟)
編著：許中原
16K/528 頁/520 元

書號：06220007
書名：深入淺出零件設計 SolidWorks
　　　2012(附動態影音教學光碟)
編著：郭宏賓、江俊顯、康有評、
　　　向韋愷
16K/608 頁/730 元

書號：06066007
書名：SolidWorks 實體建模範例手冊
　　　(附範例光碟)
編著：高永洲、陳茂盛
16K/576 頁/680 元

書號：05903057
書名：工程圖學－與電腦製圖之關聯
　　　(第六版)(附教學光碟)
編著：王輔春、楊永然、朱鳳傳、
　　　康鳳梅、詹世良
16K/648 頁/780 元

書號：0385775
書名：機械設計製造手冊(第六版)
　　　(精裝本)
編著：朱鳳傳、康鳳梅、黃泰翔、
　　　施議訓、劉紀嘉
32K/536 頁/520 元

◎上列書價若有變動，請以
　最新定價為準。

目錄

CONTENTS

電腦輔助機械製圖 AutoCAD

前 言

目錄

目錄

範　例

目　錄

投 影 圖

等 角 圖

目 録

剖 面 圖

實 體 圖

目 錄

工 件 圖

附 錄

前 言

　　AutoCAD 現在幾乎不到一年就出了一個新版本,功能也不斷在加強與增加中,但是,繪圖的方法與原理是不變的。所以本書所強調的,是讀者對圖學的原理了解,以及對基本指令的認識,讓讀者學習到的,不會只是指令的操作,而是圖學的內函。也不會因為軟體的版本變更了,或是位置改變了,就不會使用 AutoCAD 了。

　　工具列指令位置變更,或是翻譯名稱的不同、或是圖示的改變,在每個版本或許會有所不同,讀者只要對照好即可,並不需要重新學習,下面附上最新版本的工具列圖示,讀者可依需求自行對照。

3D 導覽

CAD 標準

UCS

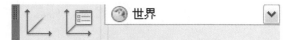

UCS II

工作區

尺度約束

文字

平滑網面基本型

平滑網面

光源

多重引線

曲面建立

曲面建立 II

曲面編輯

性質

物件鎖點

型式

查詢

相機調整

修改

修改 II

配置

參考

參考編輯

參數式

彩現

尋找文字

輸入文字

幾何約束

插入點

測量工具

視埠

視圖

視覺型式

貼圖

塑型

圖層

圖層 II

實體編輯

漫遊和飛行

網頁

標註

標準

標準註解

環轉

縮放

繪製

繪製順序

繪製順序，將註解置於最上方

Express:Blocks

Express:Standard

Express:Text

範例

001

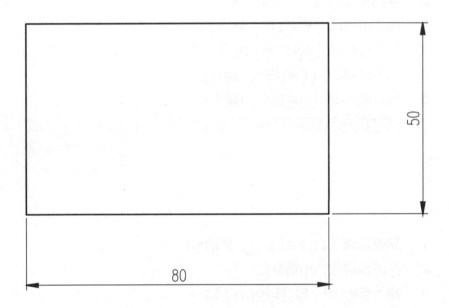

50

80

重點提示

- 相對座標與絕對座標的差異在輸入時要加 "@" 符號。
- @X 位移量，Y 位移量。
- @距離<角度。
- 滑鼠給角度，在指令列輸入距離(可搭配正交、極座標使用)。
- 上述的方法可混合搭配使用。
- 說明中，括弧內之文字為進一步的解釋。
- ✏ 線(line)，畫線為最基本的指令，也使用的最多，要多加練習。
  - 繪圖的指令，第一個步驟，通常是給起點
  - 最後按 ENTER 或 ESC 鍵跳開
  - 在畫線時，最後輸入 C，則會連接當時下指令所畫的起點
  - 畫線的過程，輸入 U，可復原回上一步

作法 **1**

步驟

1. 點選繪圖工具列上的 ⟋ 線(line)
2. 在繪圖區適當位置點取一點
3. 輸入@80,0 ENTER (輸入)
4. 輸入@0,50 ENTER (輸入)
5. 輸入@-80,0 ENTER (輸入)
6. 輸入@0,-50 ENTER (輸入)
7. ENTER (結束指令)

作法 **2**

步驟

1. 點選繪圖工具列上的 ⟋ 線(line)
2. 在繪圖區適當位置點取一點
3. 輸入@80<0 ENTER (輸入)
4. 輸入@50<90 ENTER (輸入)
5. 輸入@80<180 ENTER (輸入)
6. 輸入@50<270 (或@50<-90) ENTER (輸入)
7. ENTER (結束指令)

作法 **3**

步驟

1. 點選繪圖工具列上的 ⬛ 線(line)
2. 在繪圖區適當位置點取一點
3. 按 `F8` 或狀態列上的 `正交`
4. 滑鼠移到所點取的點之右邊適當位置，在指令列輸入 80 `ENTER` (輸入)
5. 滑鼠移到所點取的點之上面適當位置，在指令列輸入 50 `ENTER` (輸入)
6. 滑鼠移到所點取的點之左邊適當位置，在指令列輸入 80 `ENTER` (輸入)
7. 滑鼠移到所點取的點之下面適當位置，在指令列輸入 50 `ENTER` (輸入)
8. `ENTER` (結束指令)

002

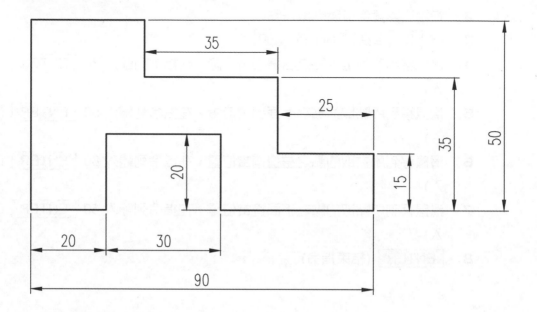

重點提示

➔ ✎ 線(line)，線條練習。

作法

步驟

1 點選繪圖工具列上的 ⟋ 線(line)
2 在繪圖區適當位置點取一點
3 輸入@20,0 [ENTER] (輸入)
4 輸入@20<90 [ENTER] (輸入)
5 輸入@30<0 [ENTER] (輸入)
6 輸入@0,-20 [ENTER] (輸入)
7 輸入@40,0 [ENTER] (輸入)
8 輸入@15<90 [ENTER] (輸入)
9 輸入@25<180 [ENTER] (輸入)
10 輸入@20<90 [ENTER] (輸入)(35-15=20)
11 輸入@-35,0 [ENTER] (輸入)
12 輸入@0,15 [ENTER] (輸入)(50-35=15)
13 輸入@30<180 [ENTER] (輸入)(20+30+40-25-35=30)
14 輸入 C [ENTER] (輸入)

003

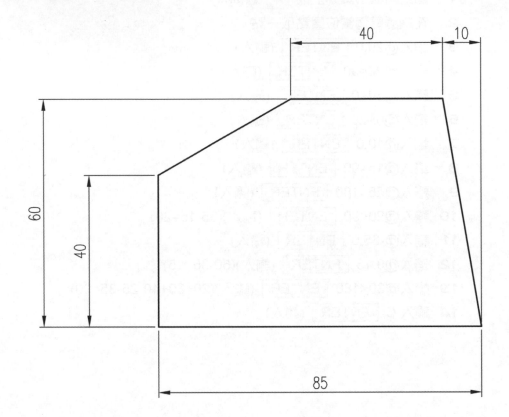

🔍 重點提示

➡️ ╱ 線(line)，線條練習。

▌作法

步驟△

1　點選繪圖工具列上的 ╱ 線(line)

2　在繪圖區適當位置點取一點

3　輸入@85<0 ENTER (輸入)

4　輸入@-10,60 ENTER (輸入)

5　輸入@40<180 ENTER (輸入)

6　輸入@-35,-20 ENTER (輸入)

7　輸入 C ENTER (輸入)

004

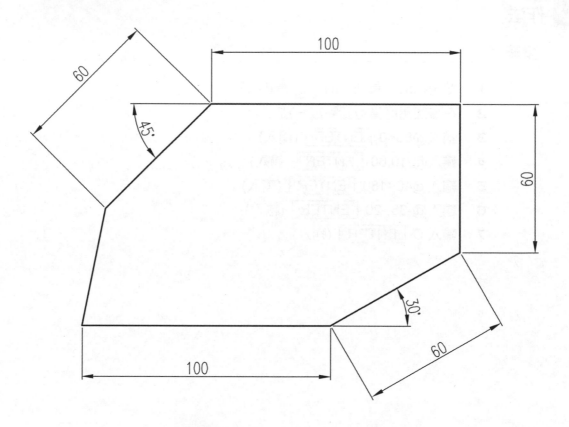

重點提示

- 📐 線(line)，線條練習。

作法

步驟

1. 點選繪圖工具列上的 📐 線(line)
2. 在繪圖區適當位置點取一點
3. 輸入@100<0 ENTER (輸入)
4. 輸入@60<30 ENTER (輸入)
5. 輸入@60<90 ENTER (輸入)
6. 輸入@100<180 ENTER (輸入)
7. 輸入@60<225 ENTER (輸入)
   (角度的算法要從東邊方向為 0 度開始算，180+45=225)
8. 輸入 C ENTER (輸入)

005

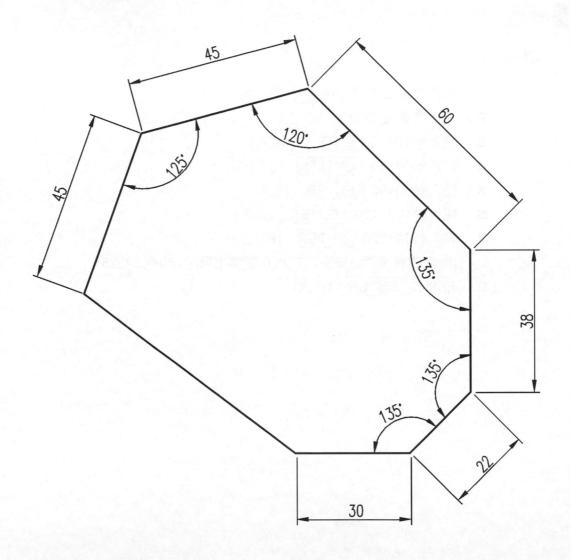

重點提示

- ➡️ 📐 線(line)，線條練習。
- ➡️ 畫線時的角度，是從 0 度開始計算的。
- ➡️ 其中，內錯角和為 180 度，直線的角度也是 180 度。

作法

步驟

1. 點選繪圖工具列上的 📐 線(line)
2. 在繪圖區適當位置點取一點

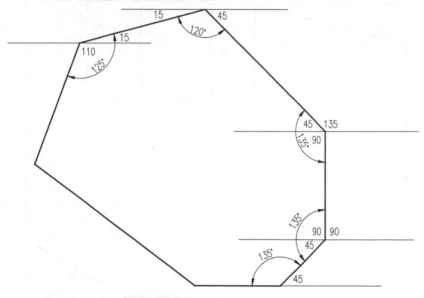

3. 輸入 @30<0 **ENTER** (輸入)
4. 輸入 @22<45 **ENTER** (輸入)
5. 輸入 @38<90 **ENTER** (輸入)
6. 輸入 @60<135 **ENTER** (輸入)
7. 輸入 @45<-165 **ENTER** (輸入)
8. 輸入 @45<-110 **ENTER** (輸入)
9. 輸入 C **ENTER** (輸入)

006

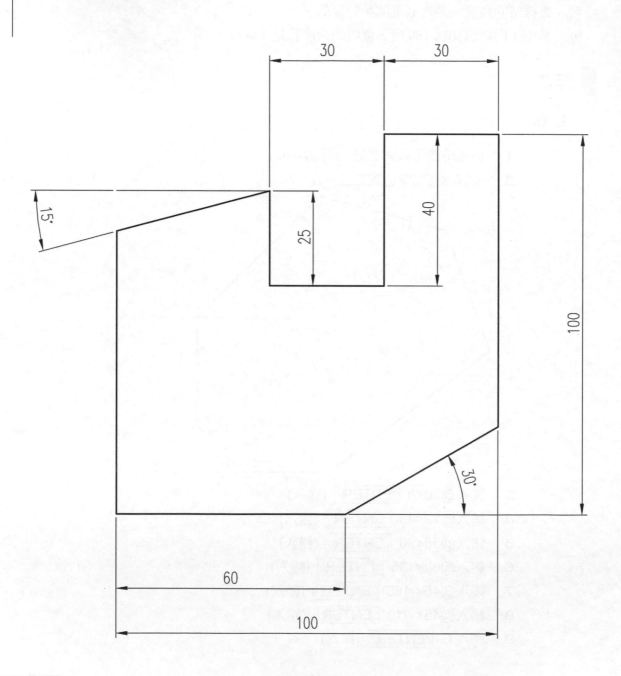

重點提示

→ 偏移複製(offset)：
- 輸入偏移的距離 [ENTER] (輸入)
- 選取物件
- 在要複製的地方(方向)按滑鼠左鍵

→ 修剪(trim)：
- 選取物件(此時選取的物件為界線)
- [ENTER] (輸入)
- 選取要修剪的物件

→ 延伸(extend)：
- 選取物件(此時選取的物件為界線)
- [ENTER] (輸入)
- 選取要延伸的物件

→ 複製(copy)：
- 選取物件
- [ENTER] (輸入)
- 複製所選取的物件

→ 移動(move)：
- 選取物件
- [ENTER] (輸入)
- 移動所選取的物件

→ 刪除(erase)：
- 選取物件
- [ENTER] (輸入)
- 刪除所選取的物件

→ 端點(endpoint)。

→ 中點(midpoint)。

→ 交點(intersection)。

→ 外觀交點(appint)。

→ 本章開始進入修改的指令。

偏移複製的距離，可以用輸入的，也可以用滑鼠點選兩點，電腦會自動計算。

物件鎖點指令，單獨無法使用，必須依附在繪圖或修改等指令下面。

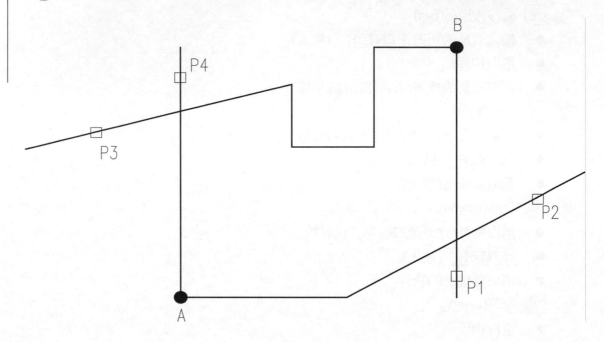

作法

步驟

1　點選繪圖工具列上的 🔲 線(line)，然後在繪圖區適當位置點取一點 A

2　輸入@60<0 ｜ENTER｜ (輸入)

3　輸入@100<30 ｜ENTER｜ (輸入)(此時我們不知道線的長度，就用假設的，如果太長，等會可用修剪的指令；如果太短，可以用延伸的指令延長線段)

4　點選繪圖工具列上的 🔲 線(line)，再點取物件鎖點的 🔲 端點

5　點取 A 點，輸入@100<90 ｜ENTER｜ (輸入)(因為此圖形的最高點為100)

6　點選修改工具列上的 🔲 偏移複製(offset)

7　輸入 100 ｜ENTER｜ (輸入)，選取剛才畫的線段，在此線段的右邊任意點一下

8　點選繪圖工具列上的 🔲 線(line)，再點取物件鎖點的 🔲 端點 B

9　輸入@30<180 ｜ENTER｜ (輸入)

10　輸入@40<-90 ｜ENTER｜ (輸入)

11　輸入@30<180 ｜ENTER｜ (輸入)

12　輸入@25<90 ｜ENTER｜ (輸入)

13　輸入@100<195 ｜ENTER｜ (輸入)，｜ENTER｜ (結束)

14　點選修改工具列上的 🔲 修剪(trim)

15　點取 P1、P2、P3、P4 ｜ENTER｜ ，再點取 P1、P2、P3、P4 ｜ENTER｜ (結束)

範 例

007

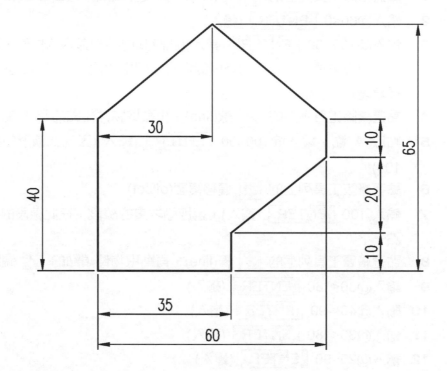

重點提示

→ ✎ 線(line)，線條練習。

作法

步驟

1　點選繪圖工具列上的 線(line)，然後在繪圖區適當位置點取一點
2　輸入@35<0 [ENTER] (輸入)
3　輸入@10<90 [ENTER] (輸入)
4　輸入@25,20 [ENTER] (輸入)
5　輸入@10<90 [ENTER] (輸入)
6　輸入@-30,25 [ENTER] (輸入)
7　輸入@-30,-25 [ENTER] (輸入)
8　輸入 C [ENTER] (輸入)

範 例

008

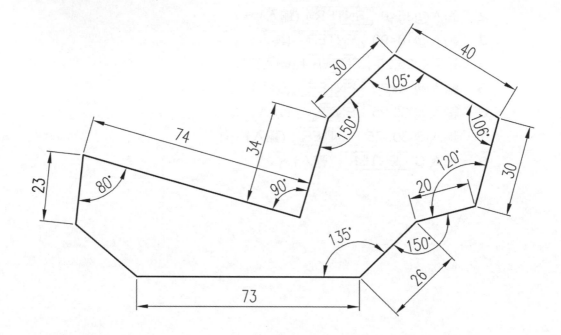

重點提示

- ✏ 線(line)，線條練習。
- ➔ 到此類的問題，先畫出水平線，再計算各線段的角度。

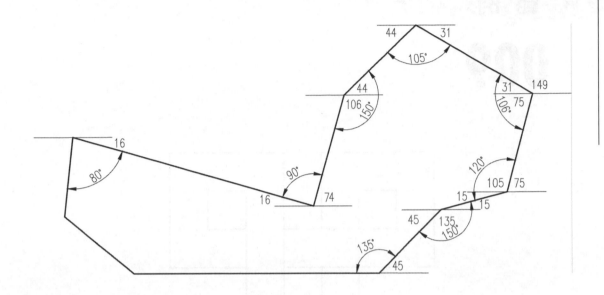

作法

步驟

1　點選繪圖工具列上的 ╱ 線(line)，然後在繪圖區適當位置點取一點
2　輸入@73<0　ENTER （輸入）
3　輸入@26<45　ENTER （輸入）
4　輸入@20<15　ENTER （輸入）
5　輸入@30<75　ENTER （輸入）
6　輸入@40<149　ENTER （輸入）
7　輸入@30<224　ENTER （輸入）
8　輸入@34<-106　ENTER （輸入）
9　輸入@74<164　ENTER （輸入）
10　輸入@23<-96　ENTER （輸入）
11　輸入 C　ENTER （輸入）

009

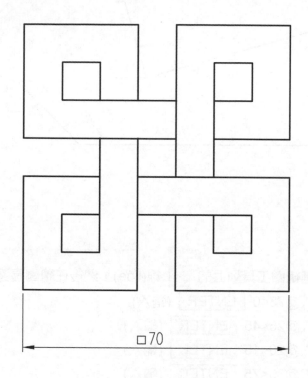

□70

重點提示

➡ 🔲 陣列(array)：

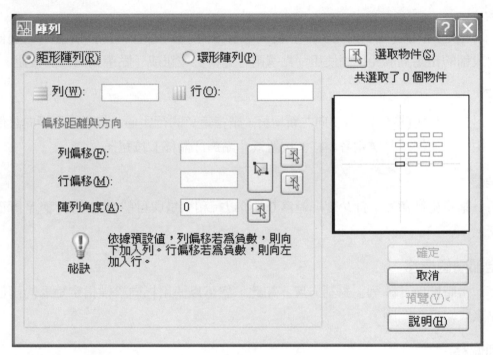

● 矩形陣列：建立一個陣列，這個陣列由若干列和若干行選定物件的複本來定義

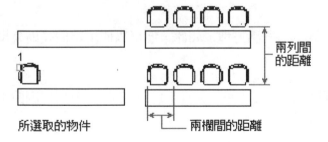

偏移距離與方向

提供一個空間，用於指定陣列的偏移距離與偏移方向。

列偏移

指定列間距(以單位表示)。若要向下新增列，請指定負的列間距值。若要使用指向設備的指定列間距，請使用「點選兩者偏移」按鈕或「點選列偏移」按鈕。

行偏移

指定行距(單位)。若要向左新增行，請指定負的行距值。若要使用指向設備指定行距，請使用「點選兩者偏移」按鈕或「點選行偏移」按鈕。

陣列角度

指定旋轉角度。此角度一般為 0，所以行和列是與目前 UCS 的 X 與 Y 圖面軸正交。

點選全部兩個偏移

暫時關閉「陣列」對話方塊，如此，您可以使用指向設備指定矩形的兩個對角點來設定行列間距。

點選列偏移

暫時關閉「陣列」對話方塊，如此，您可以使用指向設備來指定列間距。

點選行偏移

暫時關閉「陣列」對話方塊，如此，您可以使用指向設備來指定行距。

點選陣列的角度

暫時關閉「陣列」對話方塊，如此，您可以輸入值或使用指向設備來指定兩點，以指定旋轉角度。

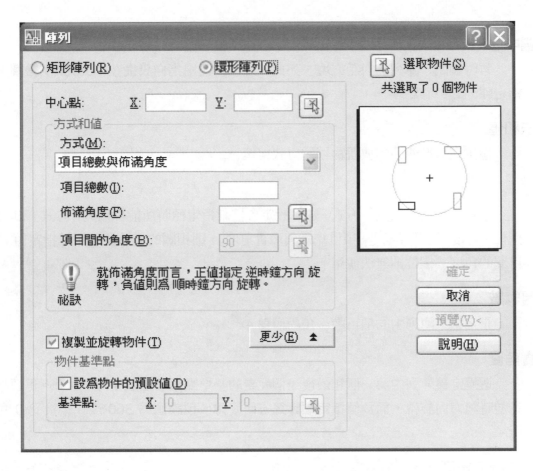

● 環形陣列：環繞中心點複製所選物件來建立陣列

中心點

指定環形陣列的中心點。輸入 X、Y 座標值，或選擇「點選中心點」，然後再使用指向設備指定位置。

點選中心點

暫時關閉「陣列」對話方塊，如此，您可以使用指向設備在 AutoCAD 繪圖區中指定陣列的中心點。

方法和值

指定在環形陣列中放置物件的方式與值。

方法

設定確定物件位置的方式。這個設定會控制指定值時所能採用的「方式」和「值」欄位。例如，如果方式是「項目總數與填實角度」，則相關的欄位便可用於指定值；「項目間的角度」欄位則無法使用。

項目總數

設定結果陣列中的項目數。預設值為 4。

填實角度

透過定義陣列中第一個和最後一個元素的基準點夾角來設定陣列大小。正值將指定逆時鐘方向旋轉，而負值指定順時鐘方向旋轉。預設值為 360 度。不接受 0 角度值。

項目之間的角度

設定陣列物件的基準點和陣列中心點之間的夾角。輸入一個正值。預設方向值是 90 度。

> 註 您可以選擇「點選」按鈕，並使用指向設備指定「填實角度」與「項目間的角度」的值。

點選填實角度

暫時關閉「陣列」對話方塊，如此，您可以定義陣列中第一個和最後一個元素基準點之間的夾角。AutoCAD 會提示您相對於 AutoCAD 繪圖區的另一點來選取一點。

點選項目之間的角度

暫時關閉「陣列」對話方塊，如此，您可以定義陣列物件基準點與陣列中心點之間的夾角。AutoCAD 會提示您相對於 AutoCAD 繪圖區的另一點來選取一點。

在複製時旋轉項目

旋轉陣列中的項目，如預覽區所示。

較多/較少

顯示或不顯示「陣列」對話方塊中的其他選項。當您選取「較多」時，顯示其他選項，且這個按鈕名稱變爲「較少」。

物件基準點

相對於所選物件指定一個新參考(基準)點，陣列物件時，這個新點將保留在距陣列中心點的固定距離處。爲建構環形陣列，AutoCAD 將決定從陣列圓心到最後一個選取物件上的參考(基準)點的距離。如下表所示，使用的點隨物件類型而異。物件基準點設定。

物件基準點設定	
物件類型	預設基準點
弧、圓、橢圓	中心點
多邊形、矩形	第一角點
環、線、聚合線、3D 聚合線、射線、雲形線	起點
圖塊、段落文字、單行文字	插入點
建構線	中點
面域	掣點

設爲物件的預設值

使用物件的預設基準點來定位陣列物件的位置。若要暫時設定基準點，請清除這個選項。

基準點

設定新的 X、Y 基準點座標。選擇「點選點」，暫時關閉對話方塊，並指定一點。指定一點後，「陣列」對話方塊隨即重新顯示。

註 如果建構環形陣列而且不準備旋轉物件時，若要避免非預期的結果，請手動設定基準點。

選取物件

指定用於建構陣列的物件。您可在「陣列」對話方塊顯示之前或之後選取物件。若要在「陣列」對話方塊出現之後選取物件，請選擇「選取物件」。這時會暫時關閉對話方塊。選取完物件後，請按 ENTER 鍵。「陣列」對話方塊隨即重新顯示，選定物件的數目則顯示於「選取物件」按鈕下方。

註 如果您選取多個物件，將使用最後選取的物件之基準點來建構陣列。

預覽區

根據對話方塊中目前的設定值，展示陣列的預覽影像。變更設定後移到另一欄位時，預覽影像將動態更新。

預覽

關閉「陣列」對話方塊，在目前圖面中顯示陣列。選擇「修改」便可返回「陣列」對話方塊以進行變更。

作法

步驟

1. 點選繪圖工具列上的 ✏ 線(line)，然後在繪圖區適當位置點取一點 A

2. 輸入@30<180 ‎ ENTER ‎ (輸入)

3. 輸入@10<90 ‎ ENTER ‎ (輸入)

4. 輸入@10<0 ‎ ENTER ‎ (輸入)

5. 輸入@10<-90 ‎ ENTER ‎ (輸入) ‎ ENTER ‎ (結束指令)

6. 點選繪圖工具列上的 ✏ 線(line)

7. 在輸入起點時，輸入@10,0 ‎ ENTER ‎ (輸入)，@20<90 ‎ ENTER ‎ (輸入)

8. 輸入@30<180 ‎ ENTER ‎ (輸入)

9. 輸入@30<-90 ‎ ENTER ‎ (輸入)

10. 輸入@40<0 ‎ ENTER ‎ (輸入)

11. 輸入@-5,-5 ‎ ENTER ‎ (輸入) ‎ ENTER ‎ (結束指令)

12. 點選修改工具列上的 ▦ 陣列(array)

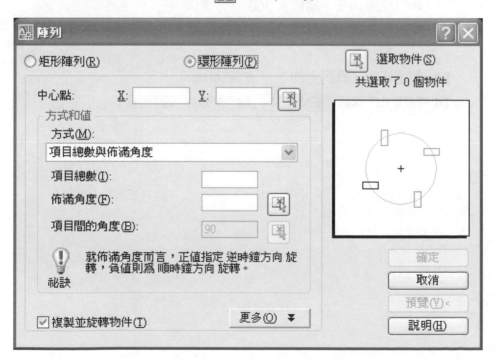

■ 選取環形陣列

■ 如下圖所示選取物件時，點取 P1、P2 兩點，未包含 BC 線段 (按 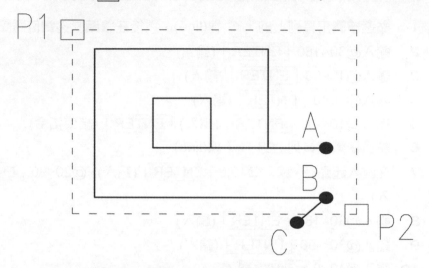 圖示，可暫時繪圖區選取物件)

■ 中心點，按 圖示，請點取 C 點

■ 項目總數，請輸入 4

■ 佈滿角度，請輸入 360

■ 可先按 預覽 (V) 先預覽結果，如果正確，可按 確定 完成陣列指令

13 點選修改工具列上的 刪除(erase)

14 點選 BC 線段 ENTER (輸入)(刪除多餘的線)

範 例

010

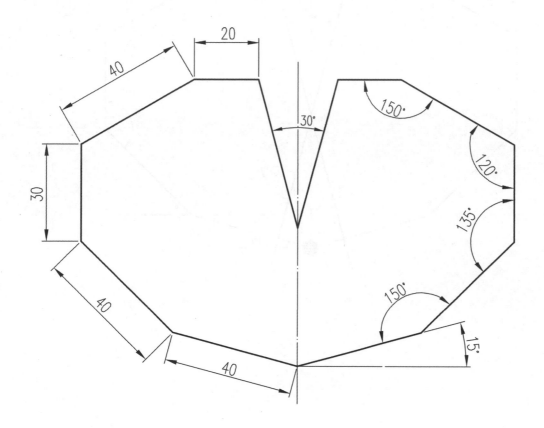

🔍 重點提示

➡ ◢◣ 鏡射(mirror)：
- 選取物件 (此時選取的物件為界線)
- ENTER (輸入)
- 指定鏡射線的第一點
- 指定鏡射線的第二點
- 刪除來源物件? [是 (Y)/否 (N)] <N>

➡ 鏡射線是一條告知位置的假想線，沒有長短、方向之分別。

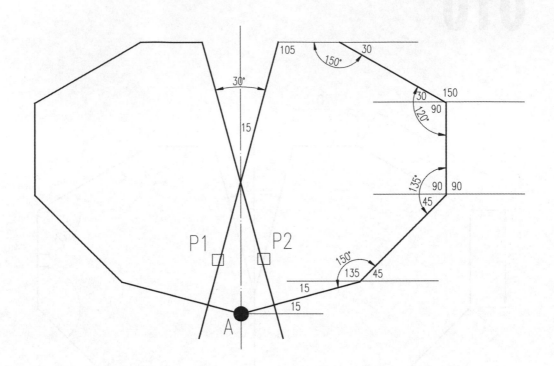

作法

步驟

1 點選繪圖工具列上的 ⟋ 線(line)，然後在繪圖區適當位置點取一點 A

2 輸入@40<15 [ENTER] (輸入)

3 輸入@40<45 [ENTER] (輸入)

4 輸入@30<90 [ENTER] (輸入)

5 輸入@40<150 [ENTER] (輸入)

6 輸入@20<180 [ENTER] (輸入)

7 輸入@100<-105 [ENTER] (輸入) [ENTER] (結束指令)(因為不知道長度，所以假設 100 長)

8 點選修改工具列上的 ⚏ 鏡射(mirror)

9 選取物件時將剛剛畫的線段全部選取後 [ENTER] (輸入)

10 輸入鏡射線時，先點取物件鎖點的 ⟋ 端點，再點取 A 點

11 輸入@1<90 [ENTER] (輸入)(告知另一點的方向即可)

12 [ENTER] (輸入)(回應是否刪除來源物件) [ENTER] (結束指令)

13 點選修改工具列上的 -⁄-- 修剪(trim)

14 點取 P1、P2 兩點(選取這兩個物件)，再 [ENTER] (輸入)

15 再點取 P1、P2 兩點(修剪這兩個物件)

範 例

011

□80

🔍 重點提示

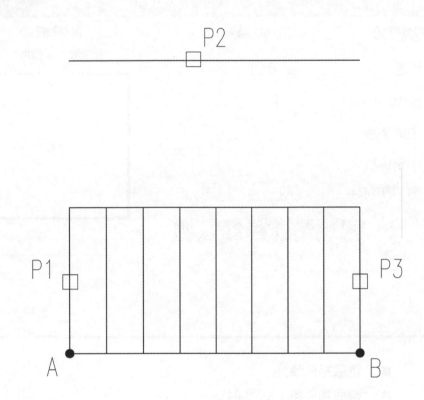

▌作法

步驟△

1　點選繪圖工具列上的 ✏ 線(line)，然後在繪圖區適當位置點取一點 A

2　輸入@40<90 `ENTER` (輸入)，`ENTER` (結束指令)

3　點選修改工具列上的 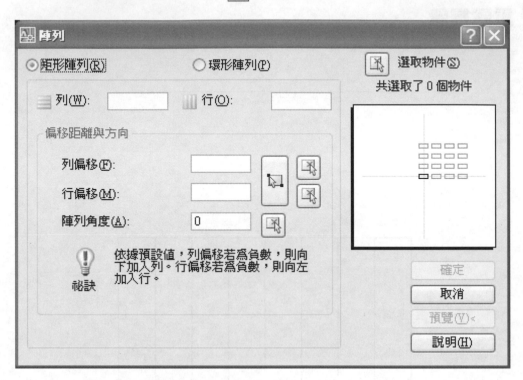 陣列(array)

- 選取矩形陣列
- 選取物件時，點取 P1
  (按 圖示，可暫時繪圖區選取物件)
- 列(<u>W</u>)，輸入：1
- 行(<u>O</u>)，輸入：9
- 列偏移(<u>F</u>)，輸入：因為列=1，所以任何值均不影響結果
- 行偏移(<u>M</u>)，輸入：10
- 陣列角度(A)，保持 0
- 可先按 預覽 (V) 先預覽結果，如果正確，可按 確定 完成陣列指令

4　點選繪圖工具列上的 線(line)，再點取物件鎖點的 端點
5　點取 A 點，再點取物件鎖點的 端點，點取 B 點後，結束畫線指令

6 點選修改工具列上的 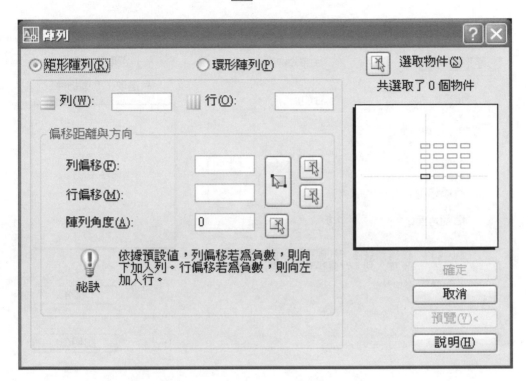 陣列(array)

- 選取矩形陣列
- 選取物件時，點取 AB 線段
  (按 🖼 圖示，可暫時繪圖區選取物件)
- 列(W)，輸入：3
- 行(O)，輸入：1
- 列偏移(F)，輸入： 40
- 行偏移(M)，輸入：因為行=1，所以任何值均不影響結果
- 陣列角度(A)，保持 0
- 可先按 預覽 (V) 先預覽結果，如果正確，可按 確定 完成陣列指令

7 點選修改工具列上的 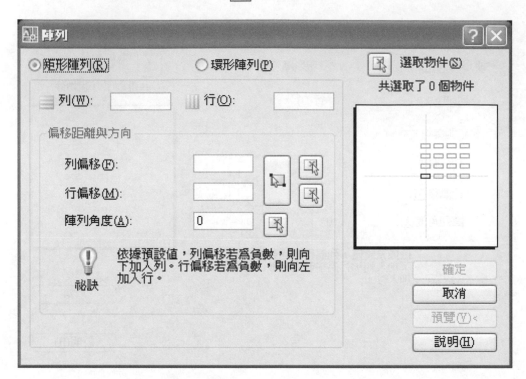 陣列(array)

- 選取矩形陣列
- 選取物件時，點取 P1、P3 兩點 (按 圖示，可暫時繪圖區選取物件)
- 列(W)，輸入：2
- 行(O)，輸入：1
- 列偏移(F)，輸入： 40
- 行偏移(M)，輸入：因為行=1，所以任何值均不影響結果
- 陣列角度(A)，保持 0
- 可先按 預覽 (V) 先預覽結果，如果正確，可按 確定 完成陣列指令

範 例

012

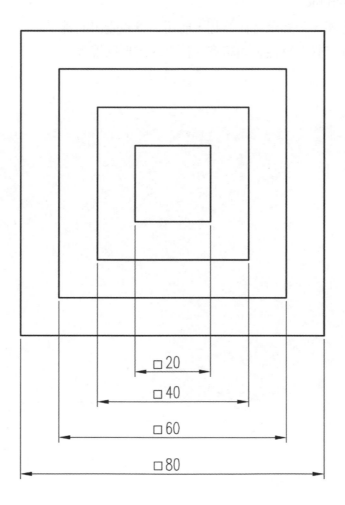

□ 20

□ 40

□ 60

□ 80

重點提示

□ 矩形(rectang)：

- 輸入@20,20，此圖形為邊長 20 的正方形
- 輸入@20<45，此圖形為對角線 20 的正方形
- 此指令繪製出來的圖形為聚合線的型式

⟳ ⬠ 多邊形(polygon)：

- 先輸入多形的邊數(3~1024)
- 可用邊長、內接、外切三種方式繪製多邊形
- 此指令繪製出來的圖形爲聚合線的型式

⟳ ⌐ 聚合線(pline)：

- 顧名思義、一條聚合在一起，能用一筆畫畫出的線
- 聚合線有許多特性，如線寬、擬合、雲形線等等

作法

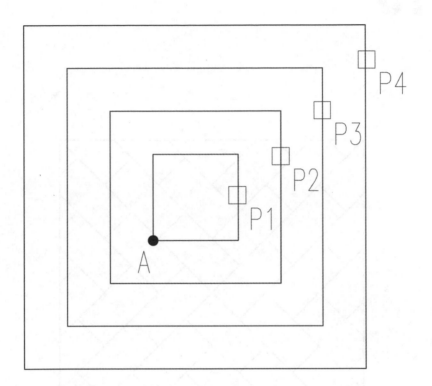

步驟

1. 點選繪圖工具列上的 ▢ 矩形(rectang)
2. 然後在繪圖區適當位置點取一點 A，輸入@20,20 ENTER (輸入)
3. 點選修改工具列上的 凸 偏移複製(offset)
4. 輸入 10 ENTER (輸入)
5. 點取 P1(第一個矩形)，再點取 P2
6. 點取 P2(第二個矩形)，再點取 P3
7. 點取 P3(第三個矩形)，再點取 P4

013

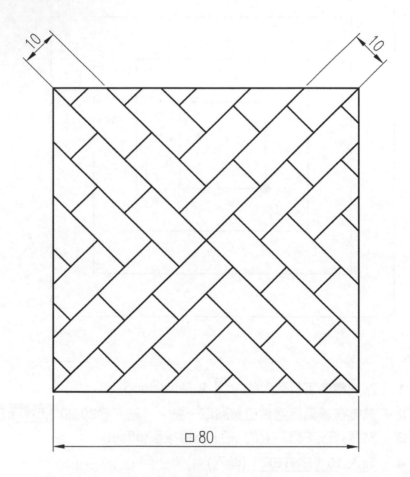

🔍 重點提示

➡ 功能鍵的介紹：

F1 ：AutoCAD Help，對指令或使用上有任何問題，可輸入問題求解
[?] 或 [-?]

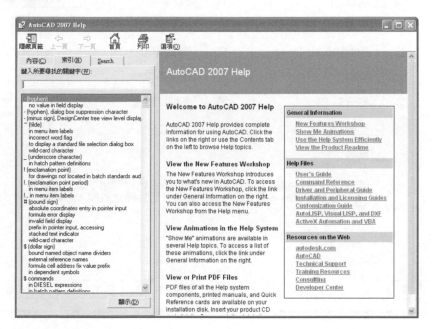

F2 ：文字視窗開關

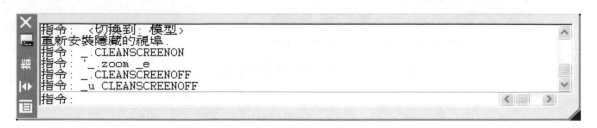

F3 ：物件鎖點開關，可設定常用的物件鎖點，加快繪圖速度

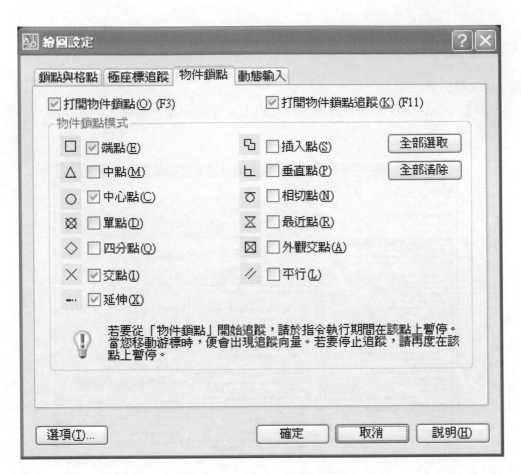

- 將常用端點、交點、中心點先設定，以後繪圖時就內定這些物件鎖點
- 各物件鎖點說明

　　端點(end)，線、弧等物件的兩端

　　中點(mid)，線、弧等物件的中間

　　中心點(cen)，圓、橢圓、弧等物件的圓心

　　單點(nod)，點、等分、等距、尺寸標註的測量點

　　四分點(qua)，圓、橢圓、弧等物件的東南西北方向的點

　　交點(int)，兩物件相交的點

　　插入點(ins)，圖塊、文字、尺寸標註的基準點

　　垂直點(per)，兩物件垂直的點

　　切點(tan)，兩物件相切的點

　　最近點(nea)，物件上的任意點

　　外觀交點(appint)，兩物件不平行且尚未相交的假想點

　　　平行(par)，與某一線平行一距離

　　　延伸(ext)

　　　暫時點(tt)

　　　鎖點自(from)

　　　關閉鎖點模式(non)

　　　設定物件鎖點

F4 ：數位板開關

F5 ：等角平面切換。同 CTRL + E

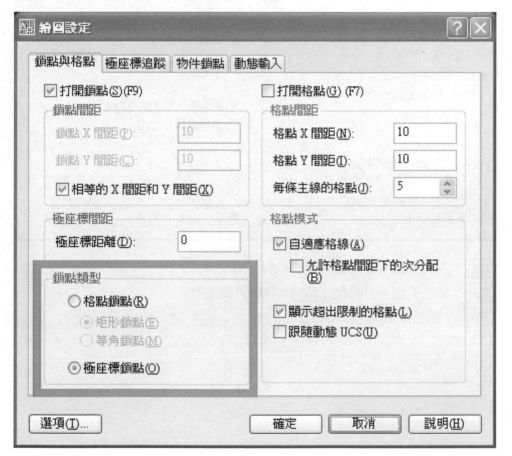

F6 ：座標開關

F7 ：格點開關

F8 ：正交開關，畫垂直水平線的好工具

F9 ：鎖點開關，可搭配 F7 ：格點開關使用

F10 ：極座標開關

F11 ：物件鎖點追蹤開關

作法

步驟

1　點選繪圖工具列上的 □ 矩形(rectang)
2　然後在繪圖區適當位置點取一點，輸入@80,80 ENTER (輸入)
3　點選繪圖工具列上的 ／ 線(line)，然後繪製兩條對角線
4　點選修改工具列上的 ⬧ 偏移複製(offset)

5 輸入 10 ENTER (輸入)，完成如下圖所示

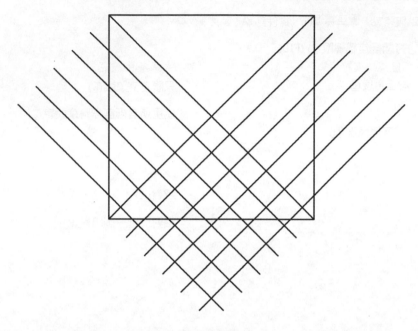

6 點選修改工具列上的 ◿ 修剪(trim)，完成如下圖所示

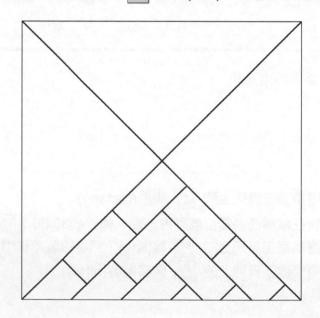

7 點選修改工具列上的 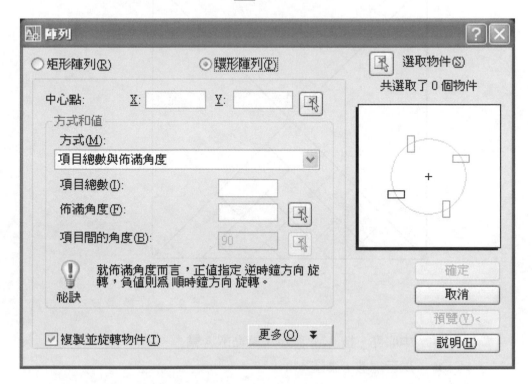 陣列(array)

■ 選取環形陣列

■ 如下圖所示選取物件時,點取 P1、P2 兩點

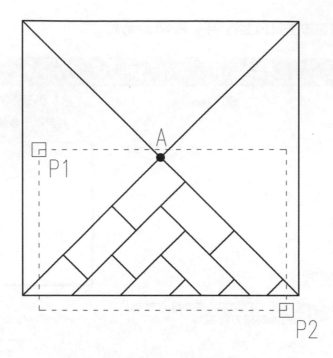

- ■ 中心點，按 🔲 圖示，請點取 A 點
- ■ 項目總數，請輸入 4
- ■ 佈滿角度，請輸入 360
- ■ 可先按 預覽 (V) 先預覽結果，如果正確，可按 確定 完成陣列指令

增加繪圖速度的小技巧：

- ● 按 F3 設定物件鎖點，如交點、端點、中心點
- ● ENTER 重複上次的指令

範 例

014

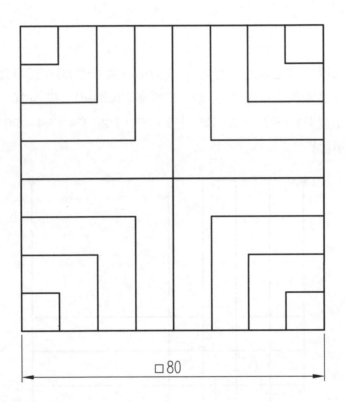

□80

重點提示

- ✏ 線(line)，線條練習。

- ✂ 修剪(trim)與 延伸(extend)這兩個指令中，選取物件所選取的是界線，預設值為跨越界線的線段才可以被修剪或延伸，但是，如果將設定更改成邊緣延伸，則只要兩線段不是平行線，皆可修剪或延伸。

- 偏移複製(offset)，先輸入複製的距離，或是在畫面上點取兩點(兩點即產生一個距離)，再來選取物件，只能選一個，如線、弧、圓...等，再用滑鼠點選偏移複

製的方向，如上、下、左、右，點取的點只是告知方向，距離之前輸入過了，並不影響物件偏移複製的結果。

→ 陣列(array)，陣列指令練習。

作法

步驟

1 點選繪圖工具列上的 線(line)，然後完成 ABCD 矩形

2 點選修改工具列上的 偏移複製(offset)，輸入 10

3 點選 P1，P3；P3，P5；P5，P7；P2，P4；P4，P6；P6，P8(如下圖所示)

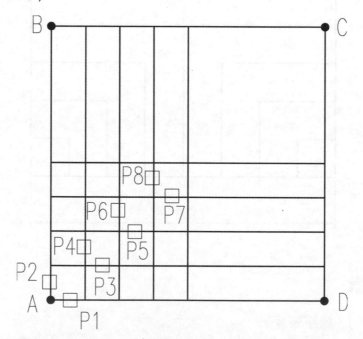

4 點選修改工具列上的 修剪(trim)，完成如下圖所示

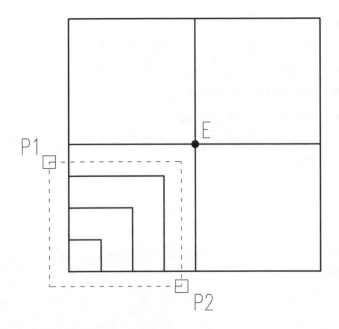

5 點選修改工具列上的 ⊞ 陣列(array)

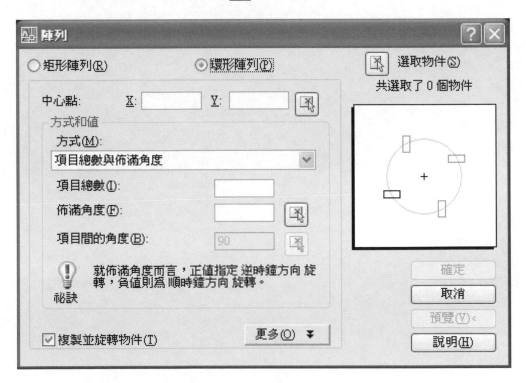

- 選取環形陣列
- 如圖所示選取物件時，點取 P1、P2 兩點
- 中心點，按 ⬚ 圖示，請點取 E 點
- 項目總數，請輸入 4
- 佈滿角度，請輸入 360
- 可先按 預覽 (V) 先預覽結果，如果正確，可按 確定 完成陣列指令

範 例

015

□90

重點提示

→ ✏ 線(line)，線條練習。

→ 修剪(trim)與 延伸(extend)這兩個指令中，選取物件所選取的是界線，預設
值為跨越界線的線段才可以被修剪或延伸，但是，如果將設定更改成邊緣延伸，則
只要兩線段不是平行線，皆可修剪或延伸。

⊖ 🔲 偏移複製(offset)，先輸入複製的距離，或是在畫面上點取兩點(兩點即產生一個距離)，再來選取物件，只能選一個，如線、弧、圓...等，再用滑鼠點選偏移複製的方向，如上、下、左、右，點取的點只是告知方向，距離之前輸入過了，並不影響物件偏移複製的結果。

⊖ 🔡 陣列(array)，陣列指令練習。

作法

步驟

1　點選繪圖工具列上的 ✎ 線(line)，然後完成邊長 90 的矩形
2　點選修改工具列上的 🔲 偏移複製(offset)，輸入 10

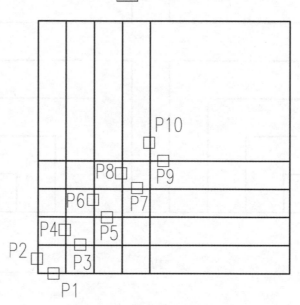

3　依序點選 P1，P3；P3，P5；P5，P7；P7，P9；
　　P2，P4；P4，P6；P6，P8； P8，P10；
4　點選修改工具列上的 ⊶ 修剪(trim)，完成如下圖所示

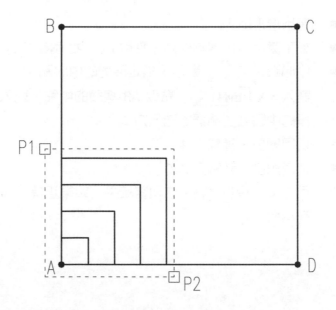

5　點選修改工具列上的 ⊞ 陣列(array)

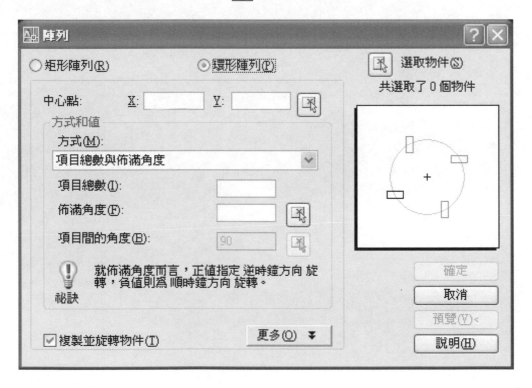

- 選取環形陣列
- 如下圖所示選取物件時，點取 P1、P2 兩點(如上圖所示)
- 中心點，按 ⬚ 圖示，指定陣列的中心點：

  輸入 · X 　ENTER　 ，點取 AB 線段的中點，輸入 · YZ，點取 AC 線段的中點點過濾器的輸入方式

- 項目總數，請輸入 4
- 佈滿角度，請輸入 360
- 可先按 　預覽 (V)　 先預覽結果，如果正確，可按 　確定　 完成陣列指令

範 例

016

□90

重點提示

→ 在 修剪(trim)與 延伸(extend)這兩個指令中，選取物件所選取的是界線，預設值為跨越界線的線段才可以被修剪或延伸，但是，如果將設定更改成邊緣延伸，則只要兩線段不是平行線，皆可修剪或延伸。

→ 在畫圖指令 圓(circle)，其中的中心點，半徑繪製圓時，半徑不一定要輸入數字，可以直接用物件鎖點的方式抓取適當的點。

作法

步驟

1　點選繪圖工具列上的 　 線(line)，然後完成邊長 90 的矩形

2　點選繪圖工具列上的 　 線(line)，點取四邊的中點，完成菱形

3　點選繪圖工具列上的 　 圓(circle)，輸入 3P，對菱形的任意三邊，分別點取物件鎖點的 　 (切點)，完成圓的繪製

4　點選繪圖工具列上的 　 多邊形(polygon)，完成內接五邊形的繪製

5　點選繪圖工具列上的 　 圓(circle)，點取物件鎖點的中心點 　 (中心點)，點取剛剛所繪製的圓，點取物件鎖點的切點 　 (切點)，選取五邊形的任一邊，完成圓的繪製

6　點選繪圖工具列上的 　 多邊形(polygon)，完成內部兩個三角形的繪製

7　點選修改工具列上的 　 修剪(trim)，完成如上圖所示

8　點選繪圖工具列上的 　 線(line)，繪製 AB 線段

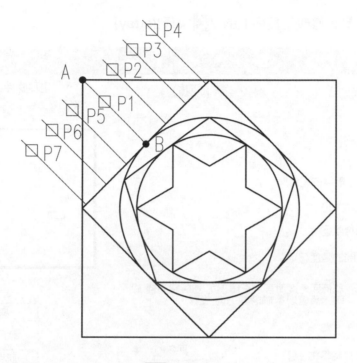

9 點選修改工具列上的 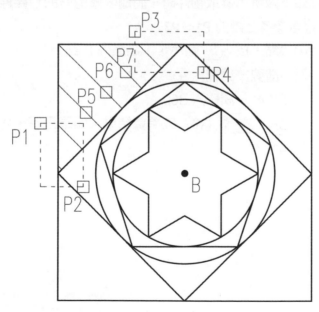 偏移複製(offset)，輸入 10

10 點選 P1，P2；P2，P3；P3，P4；P1，P5；P5，P6；P6，P7

11 點選修改工具列上的 修剪(trim)，修剪多餘的線段，如下圖所示

12 點選修改工具列上的 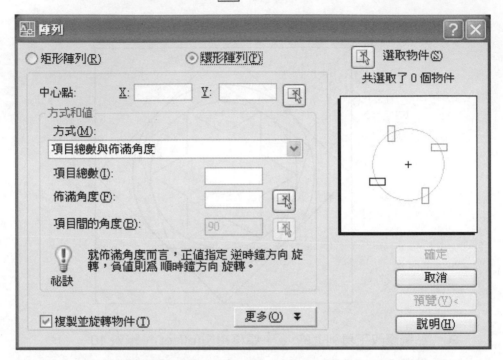 陣列(array)

- 選取環形陣列
- 如下圖所示選取物件時,將剛才修剪好的七條線段選取
  (可參考上圖的 P1~P7)
- 中心點,按 圖示,,請點取 B 點
- 項目總數,請輸入 4
- 佈滿角度,請輸入 360
- 可先按 [預覽 (V)] 先預覽結果,如果正確,可按 [確定] 完成陣
  列指令

13 點取縮放工具列的縮放窗選 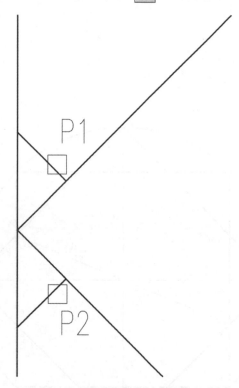 ，將畫面放大至如下圖所示

14 點選修改工具列上的 延伸(extend)，選取物件時，不要輸入任何東西，直接按 ENTER (輸入)，會出現：選取要延伸的物件或 [投影(P)/邊緣(E)/復原(U)]:，此時輸入 E ENTER (輸入)，再出現：輸入隱含的邊緣延伸模式 [延伸(E)/不延伸(N)] <延伸>:此再時輸入 E ENTER (輸入)，點取 P1、P2 即完成。(點選 P1 與 P2 時請小心點取，一定要點在超過線段一半的位置)

15 重複步驟 14，完成其餘三個角的修改

 **補充**

→ 步驟 14 的方法，也可以用 圓角(fillet)，半徑為 0 的方式繪製。

範 例

017

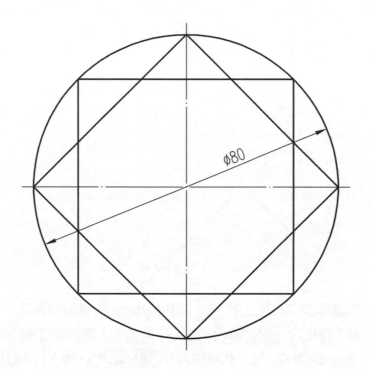

$\phi80$

🔍 重點提示

➡️ 🕐 圓(circle)，畫圓為最基本的指令，也使用的很多，要熟加練習：

- 中心點，半徑
- 中心點，D(切換成輸入直徑)，直徑
- 2P(知道直徑)
- 3P(不知道圓心的位置)
- T(切點，切點，半徑)

作法

步驟

1 點選繪圖工具列上的 ⊘ 圓(circle)，在繪圖區適當位置點取一點
2 輸入 40 ENTER (輸入)
3 點選繪圖工具列上的 ⬠ 多邊形(polygon)
4 輸入 4 ENTER (輸入)，點取此圓的中心點，輸入 I，點取四分點，選取此圓東邊方向零度的位置
5 點選繪圖工具列上的 ⬠ 多邊形(polygon)
6 輸入 4 ENTER (輸入)，點取此圓的中心點，輸入 I，輸入@40<45 ENTER (輸入)
7 繪製中心線

➡ 製中心線時，先製實線，再載入中心線型，變更線型為中心線及顏色(綠色)即可。

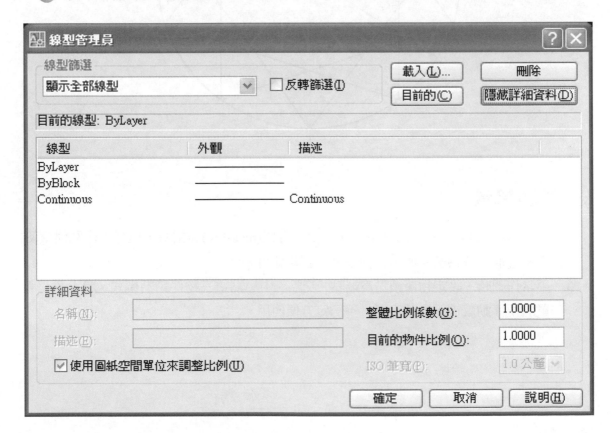

範 例

018

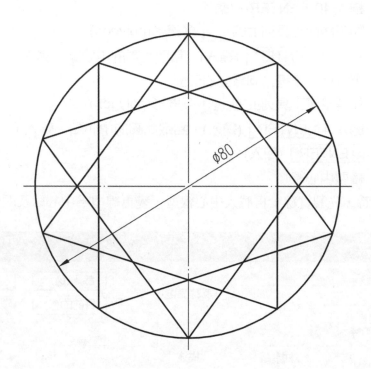

重點提示

- AutoCAD 雖有 等分(divide)與 等距(measure)等指令,但是等分圓建議使用多邊形,等繪製完成,再把多邊形刪除即可。
- 平常作圖時,設定物件鎖點為端點、交點、中心點這三物件鎖點模式,設太多,滑鼠隨便移動就被鎖點鎖定了,不一定方便使用。

作法

步驟

1　點選繪圖工具列上的 ⊘ 圓(circle)，在繪圖區適當位置點取一點
2　輸入 40 ENTER (輸入)
3　點選繪圖工具列上的 ⬠ 多邊形(polygon)
4　輸入 10 ENTER (輸入)，點取此圓的中心點，輸入 I，點取四分點，選取此圓北邊方向 90 度的位置

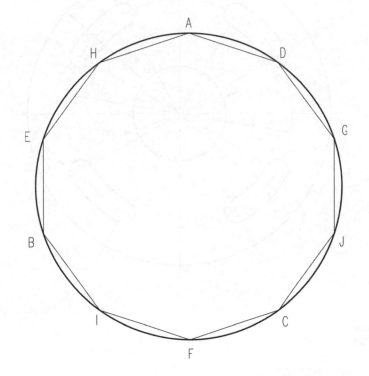

5　點選繪圖工具列上的 ／ 線(line)，此時物件鎖點有打開，依 A～J 的順序繪製
6　繪製中心線

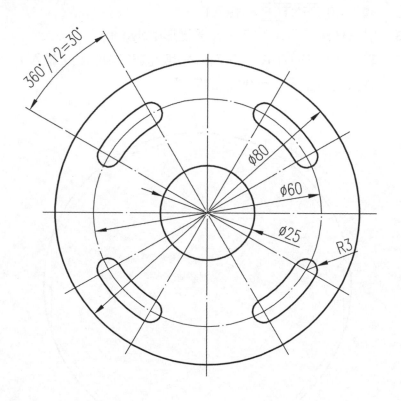

範 例

019

🔍 重點提示

→ ⊙ 圓(circle)，畫圓練習。

→ ✒ 建構線(xline)，沒有起點與終點的線。

→ ✒ 射線(ray)，有起始點，沒有終點的線。

→ ✒ 建構線(xline)、✒ 射線(ray)、✒ 線(line)，基本上是相同的，最大的不同，
在於使用縮放窗選 🔍 這一類的指令時，不考慮建構線與射線。

→ 使用 🔲 切斷(break)，可將建構線與射線變成線(賦予起點、終點)。

作法

步驟

1　點選繪圖工具列上的 ⊘ 圓(circle)，在繪圖區適當位置點取一點 O

2　輸入 40 　ENTER　 (輸入)

3　使用畫圓的指令，分別繪製半徑 30、33、27、12.5 的圓

4　點選繪圖工具列上的 ⤢ 建構線(xline)，起點選取步驟一繪製的圓心，
　　輸入@1<30 　ENTER　 (輸入)，輸入@1<60 　ENTER　 (輸入)

5　點選繪圖工具列上的 ⊘ 圓(circle)，中心點點選 A 點，半徑使用物件鎖
　　點抓取 B 點

6　點選繪圖工具列上的 ⊘ 圓(circle)，中心點點選 C 點，半徑使用物件
　　鎖點抓取 D 點

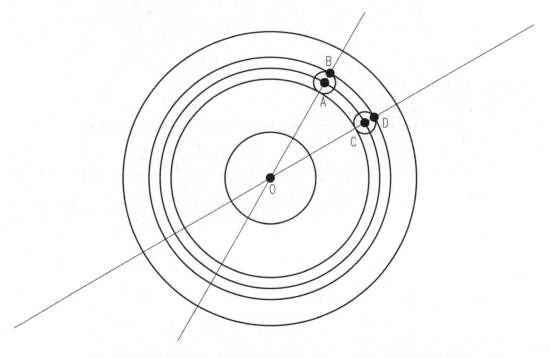

7　點選修改工具列上的 ⊹ 修剪(trim)，修剪多餘的線段

8　點選修改工具列上的 ▦ 陣列(array)，選取剛才修剪好的圖形，做 4 個
　　環形陣列

9　繪製中心線

範 例

020

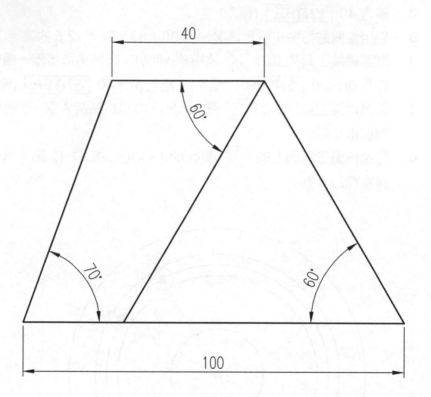

🔍 重點提示

➡️ 區分 ⬘ 偏移複製(offset)與 ⌖ 複製(copy)的不同。

偏移複製 (offset)　　　　　　　　　　複製 (copy)

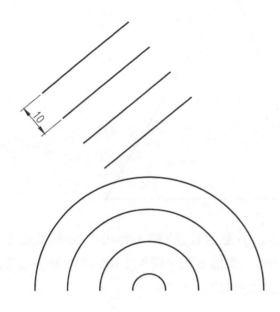
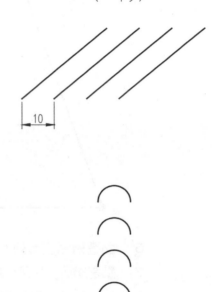

▮ 作法

步驟 ◢
- -

1 　點選繪圖工具列上的 ⟋ 線(line)，然後在繪圖區適當位置點取一點 A

2 　輸入@100<0 ENTER (輸入)

3 　輸入@100<120 ENTER (結束指令)(因為不知道多長，但是知道角度，所以假設為 100)

4 　點選繪圖工具列上的 ⟋ 線(line)，點取點 A，輸入@100<70 (因為不知道多長，但是知道角度，所以假設為 100)

5 　點選修改工具列上的 ⌖ 複製(copy)，點取 P1，基準點隨便在螢幕上點一點，輸入@40<0 ENTER (結束指令)，完成後如下圖所示

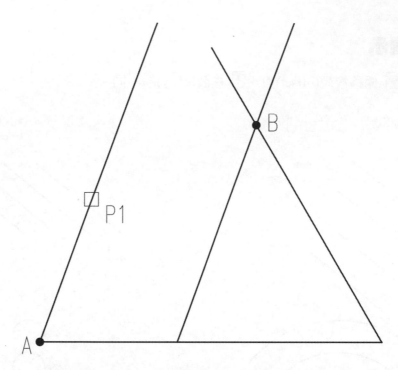

6 點選繪圖工具列上的 ✏ 線(line)，點取 B 點，輸入@40<180(結束指令)

7 點選繪圖工具列上的 ✏ 線(line)，點取 B 點，輸入@100<240(結束指令)

8 使用修剪與刪除指令，去掉多餘的線段

範 例

021

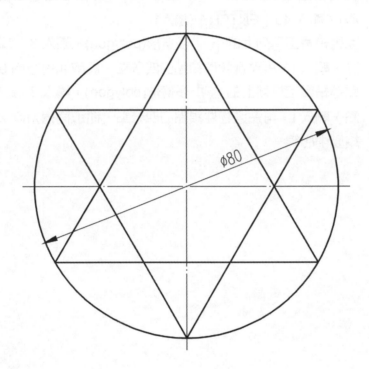

重點提示

◯ 圓(circle)與 ⬠ 多邊形(polygon)綜合練習。

作法

步驟

1 點選繪圖工具列上的 ⊘ 圓(circle)，在繪圖區適當位置點取一點(圓心)，輸入 40 ENTER (輸入)

2 點選繪圖工具列上的 ⬠ 多邊形(polygon)，輸入 3，起點點取圓的中心點，輸入 I，再點選物件鎖點的四分點，抓取北邊方向 90 度的四分點

3 點選繪圖工具列上的 ⬠ 多邊形(polygon)，輸入 3，起點點取圓的中心點，輸入 I，再點選物件鎖點的四分點，抓取南邊方向 270 度的四分點

4 繪製中心線

範例

022

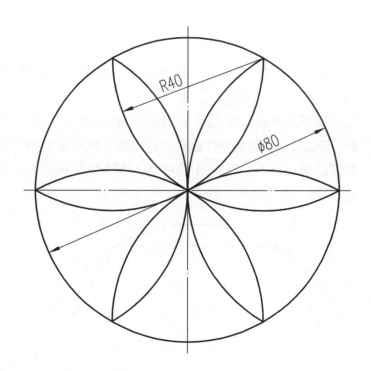

🔍 重點提示

➡️ 🖊 弧(arc)，有 10 種畫弧的方法，其中一定要先知道起點或中心點。

- 三點，任意不共線的三點，可繪製一個弧
- 起點(S)，中心點(C)，終點(E)
- 起點(S)，中心點(C)，角度(A)
- 起點(S)，中心點(C)，弦長(L)
- 起點(S)，終點(E)，角度(A)
- 起點(S)，終點(E)，方向(D)，方向指的是切線方向
- 起點(S)，終點(E)，半徑(R)

- 中心點(C)，起點(S)，終點(E)
- 中心點(C)，起點(S)，角度(A)
- 中心點(C)，起點(S)，弦長(L)

作法 1

步驟

1　點選繪圖工具列上的 ⊘ 圓(circle)，在繪圖區適當位置點取一點 B(圓心)，輸入 40 **ENTER** (輸入)

2　點選繪圖工具列上的 ⬠ 多邊形(polygon)，輸入 6，起點點取圓的中心點，輸入 I，再點選物件鎖點的四分點，抓取東邊方向 0 度的四分點 C

3　點選繪圖工具列上的 ◠ 弧(arc)，依序點取 A(端點)、B(中心點)、C(端點)三點，完成後如下圖所示

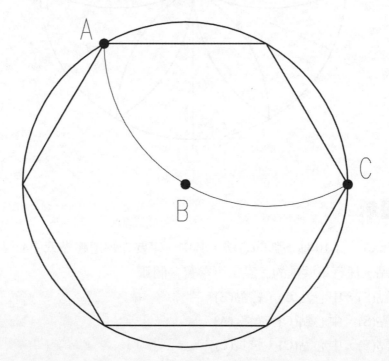

4 點選修改工具列上的 ⊞ 陣列(array)

- 選取環形陣列
- 選取物件，選取剛才畫的弧
- 中心點，點取 B 點
- 項目總數，請輸入 6
- 佈滿角度，請輸入 360

5 刪除六邊形，繪製中心線

作法 2

步驟

1 點選繪圖工具列上的 ⊘ 圓(circle)，在繪圖區適當位置點取一點 B(圓心)，輸入 40 ENTER (輸入)

2 點選繪圖工具列上的 ⬠ 多邊形(polygon)，輸入 6，起點點取圓的中心點，輸入 I，再點選物件鎖點的四分點，抓取東邊方向 0 度的四分點 C

3 點選繪圖工具列上的 ⌒ 弧(arc)，點取起點 A(交點)，輸入 E(選擇輸入終點)，點取 B(中心點)，輸入 R(選擇輸入半徑)，輸入 40

4 點選繪圖工具列上的 ⌒ 弧(arc)，點取起點 B(交點)，輸入 E(選擇輸入終點)，點取 A(端點)，輸入 R(選擇輸入半徑)，輸入 40，完成後如下圖所示

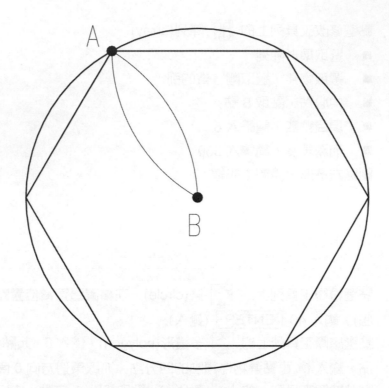

5　點選修改工具列上的 陣列(array)選取環形陣列

  ■　選取物件，選取剛才畫的弧

  ■　中心點，點取 B 點

  ■　項目總數，請輸入 6

  ■　佈滿角度，請輸入 360

6　刪除六邊形，繪製中心線

023

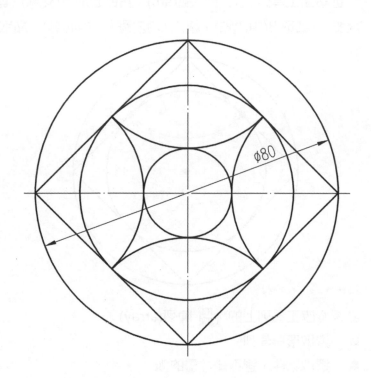

重點提示

➡ ⊙ 圓(circle)與 ⬠ 多邊形(polygon)綜合練習。

作法

步驟

1　點選繪圖工具列上的 ⊙ 圓(circle)，在繪圖區適當位置點取一點 D(圓心)，輸入 40 ENTER (輸入)

2 點選繪圖工具列上的 ⬠ 多邊形(polygon)，輸入 4，點取圓的中心點 D，輸入 I，再點選物件鎖點的四分點，抓取東邊方向 0 度的四分點

3 點選繪圖工具列上的 ⊘ 圓(circle)，中心點點選點 D，輸入半徑時，先點選物件鎖點的切點，再選取點 P1 的位置

4 點選繪圖工具列上的 ⌒ 弧(arc)，點取起點 A(交點)，輸入 E(選擇輸入終點)，點取 B(中心點)，輸入 C(選擇輸入中心點)，點取 C 點

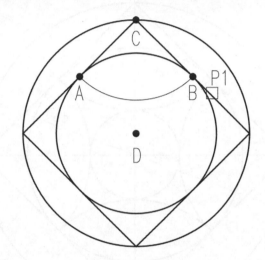

5 點選修改工具列上的 ⊞ 陣列(array)

- 選取環形陣列
- 選取物件，選取剛才畫的弧
- 中心點，點取 D 點
- 項目總數，請輸入 4
- 佈滿角度，請輸入 360

6 點選繪圖工具列上的 ⊘ 圓(circle)，起點點取 D，半徑則使用物件鎖點的切點，點取任意一個弧

7 繪製中心線

範 例

024

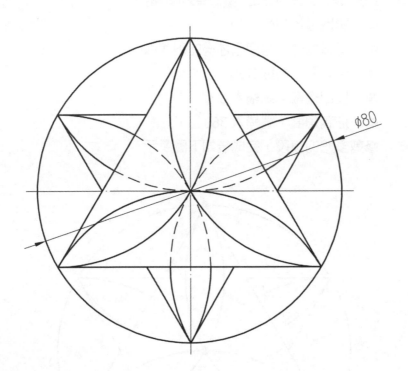

∅80

重點提示

⊙ 圓(circle)與 ⬠ 多邊形(polygon)綜合練習。

作法

步驟

1　點選繪圖工具列上的 ⊙ 圓(circle)，在繪圖區適當位置點取一點 B(圓心)，輸入 40 ＥＮＴＥＲ (輸入)

2　點選繪圖工具列上的 ⬠ 多邊形(polygon)，繪製兩個三角形

3　點選繪圖工具列上的 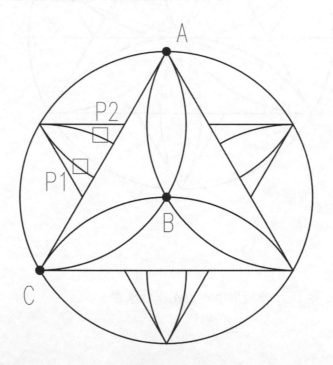 弧(arc)，起點點取 A(端點)，輸入 E(選擇輸入終點)，終點點取 B(中心點)，輸入 D(選擇輸入方向)，點取 C(端點)

4　點選修改工具列上的 　鏡射(mirror)，AB 線段為鏡射線鏡射剛才畫的弧

5　點選修改工具列上的 　陣列(array)

- 選取環形陣列
- 選取物件，選取剛才畫的兩個弧
- 中心點，點取 B 點
- 項目總數，請輸入 6
- 佈滿角度，請輸入 360

6　修剪多餘的線段，完成後如下圖所示

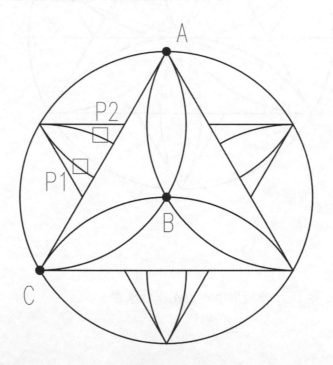

7　點選修改工具列上的 　鏡射(mirror)，選取物件時，點選 P1、P2，以 AC 線段為鏡射線，鏡射選取的兩弧

8　變更鏡射後的兩弧的顏色(中線的顏色)與線型(虛線)之後，選取此兩弧做環形陣列，以 B(陣列中心點)，輸入 3(個數)

9　繪製中心線

範例

025

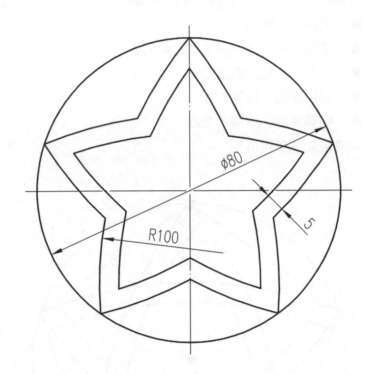

重點提示

➡ ⊙ 圓(circle)與 ⬠ 多邊形(polygon)綜合練習。

作法

步驟

1 點選繪圖工具列上的 ⊙ 圓(circle)，在繪圖區適當位置點取一點 C(圓心)，輸入 40 [ENTER] (輸入)

2 點選繪圖工具列上的 ⬠ 多邊形(polygon)，繪製五邊形

3 點選繪圖工具列上的 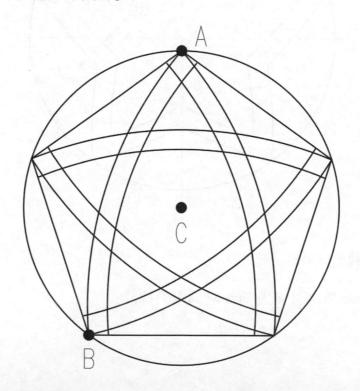 弧(arc)，起點點取 A(端點)，輸入 E(選擇輸入終點)，終點點取 B(端點)，輸入 R(選擇輸入半徑)，輸入半徑 100

4 點選修改工具列上的 ▣ 偏移複製(offset)，輸入 5(距離)，點取剛才畫的弧，向內偏移複製

5 點選修改工具列上的 ▦ 陣列(array)

- 選取環形陣列
- 選取物件，選取剛才畫的兩個弧
- 中心點，點取圓心 C 點
- 項目總數，請輸入 5
- 佈滿角度，請輸入 360

完成後如下圖所示

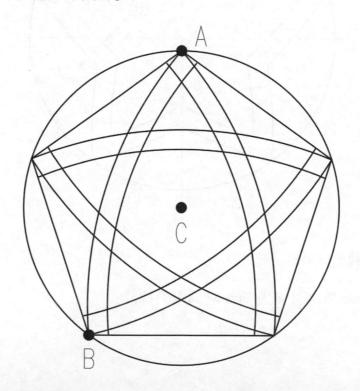

6 刪除五邊形，修剪多餘的線段，並繪製中心線

範 例

026

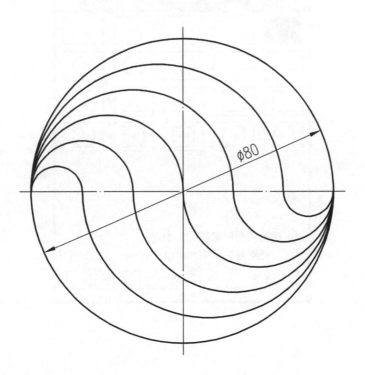

重點提示

→ 點型式視窗畫面。

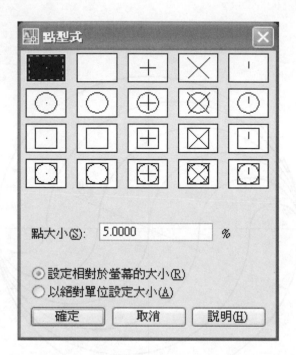

作法

步驟

1 點選繪圖工具列上的 ⊙ 圓(circle)，在繪圖區適當位置點取一點 D(圓心)，輸入 40 **ENTER** (輸入)

2 點選繪圖工具列上的 ╱ 線(line)，物件鎖點選取四分點，繪製 AG 線段

3 點選下拉功能表的格式→點型式，選取 X 的點型式

4 點選下拉功能表的繪圖→點→等分，輸入 6，選取 AG 線段

5 設定物件鎖點 ∩ ，選取單點 ○

6 點選繪圖工具列上的 ╱ 弧(arc)，起點選取 B 點，輸入 E(切換輸入終點)，選取端點 A，輸入 A(切換輸入角度)，輸入 180

7 使用步驟六的方法，將其餘的弧畫出，如下圖所示

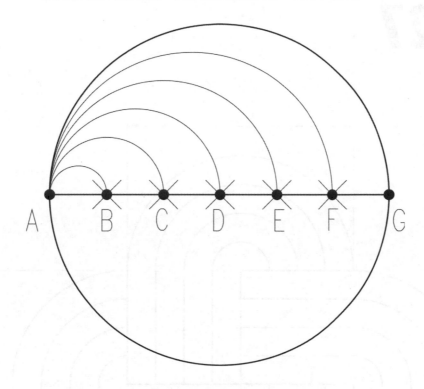

8 點選修改工具列上的  陣列(array)
- 選取環形陣列
- 選取物件，選取剛才畫的所有弧(五個)
- 中心點，點取圓心 D 點
- 項目總數，請輸入 2
- 佈滿角度，請輸入 360

9 刪除 AG 線段與等分所產生的五個點

範 例

027

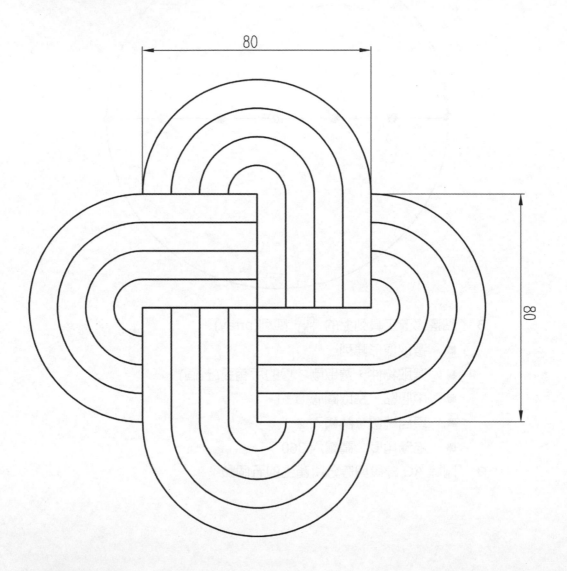

重點提示

弧(arc)與 陣列(array)綜合練習。

作法

步驟

1 點選繪圖工具列上的 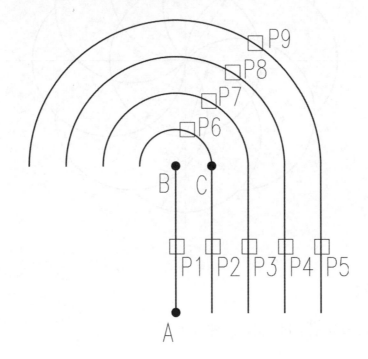 線(line)，在繪圖區適當位置點取一點 A，輸入 @40<90 `ENTER` (輸入) `ENTER` (結束指令)

2 點選繪圖工具列上的 弧(arc)，輸入 C(切換輸入中心點)，選取 B 點，起點輸入 @5<0(即到 C 點)，終點輸入 @5<180

3 點選修改工具列上的 偏移複製(offset)，輸入 10

4 依序點選 P1，P2；P2，P3；P3，P4；P4，P5；P6，P7；P7，P8；P8，P9，完成後如下圖所示

5 點選修改工具列上的 陣列(array)

- 選取環形陣列
- 選取物件，選取剛才畫的所有物件
- 中心點，點取圓心 B 點
- 項目總數，請輸入 4
- 佈滿角度，請輸入 360

範 例

028

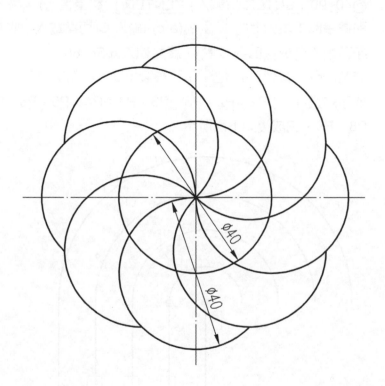

重點提示

 圓(circle)與 陣列(array)綜合練習。

作法

步驟

1. 點選繪圖工具列上的 ⊘ 圓(circle)，在繪圖區適當位置點取一點 A，輸入 20

2. 點選繪圖工具列上的 ⊘ 圓(circle)，輸入 2P，第一點選取 A 點，第二點輸入 @40<90，完成後如下圖所示

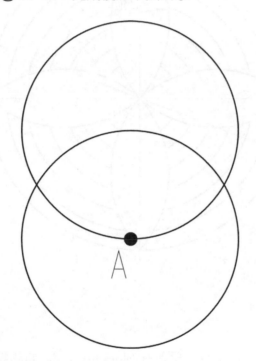

3. 點選修改工具列上的 ⊞ 陣列(array)

   - 選取環形陣列
   - 選取物件，選取剛才畫的圓
   - 中心點，點取 A 點
   - 項目總數，請輸入 8 佈滿角度，請輸入 360

4. 修剪多餘的線段，並繪製中心線

029

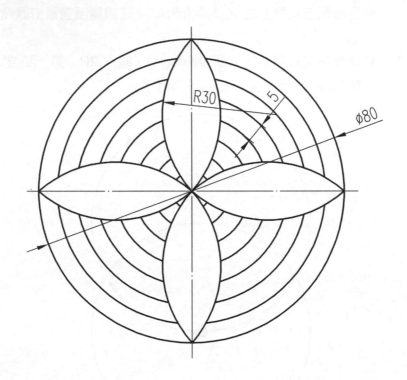

重點提示

弧(arc)、 圓(circle)、 陣列(array)、 偏移複製(offset)綜合練習。

作法

步驟

1 點選繪圖工具列上的 圓(circle)，在繪圖區適當位置點取一點 B，輸入 40

2 點選繪圖工具列上的 弧(arc)，起點選取四分點 A 點，輸入 E(切換輸入終點)，終點選取中心點 B，輸入 R(切換輸入半徑)，輸入 30

3 點選繪圖工具列上的 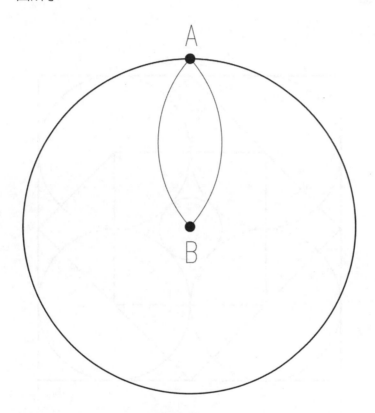 弧(arc)，起點選取端 B 點，輸入 E(切換輸入
終點)，終點選取端點 A，輸入 R(切換輸入半徑)，輸入 30，完成後如下
圖所示

4 點選修改工具列上的 田 陣列(array)
- 選取環形陣列
- 選取物件，選取剛才畫的兩個弧
- 中心點，點取圓心 B 點
- 項目總數，請輸入 4
- 佈滿角度，請輸入 360

5 點選修改工具列上的 偏移複製(offset)，輸入 5，向內依序偏移製步
驟一所繪製的圓

6 修剪多餘的線段，並繪製中心線

範 例

030

□80

重點提示

➔ ▢ 矩形(rectang)、⬠ 多邊形(polygon)、◉ 圓(circle)綜合練習。

作法

步驟

1　點選繪圖工具列上的 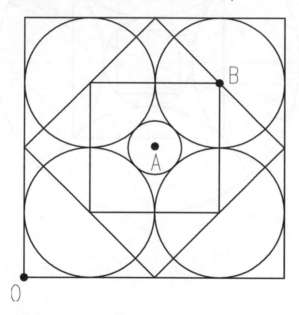 矩形(rectang)，在繪圖區適當位置點取一點 O，輸入@80,80

2　點選繪圖工具列上的 ╱ 線(line)，分別選取正方形四邊的中點繪製菱形

3　點選繪圖工具列上的 ⊘ 圓(circle)，分別選取菱形四邊的中點繪製四個 (其半徑則選取切點切鄰近正方形的一邊)

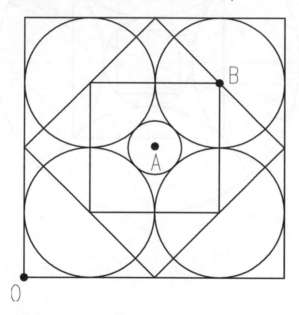

4　點選繪圖工具列上的 ⊘ 圓(circle)，輸入 3P，任意選取三個圓的切點，繪製中間的小圓

5　點選繪圖工具列上的 ⬠ 多邊形(polygon)，輸入 4(繪製四邊形)，多邊形的中心點選取中心點 A 點，輸入 I(選擇內接)，圓的半徑選取中點 B

範 例

031

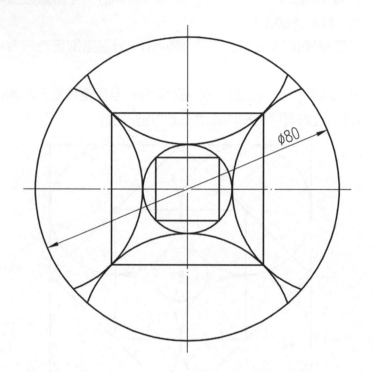

ø80

重點提示

→ ⚊ 修剪(trim)、⬠ 多邊形(polygon)、◎ 圓(circle)綜合練習。

作法

步驟

1 點選繪圖工具列上的 ◎ 圓(circle)，在繪圖區適當位置點取一點 A，輸入 40，繪出半徑 40 的圓

2 點選繪圖工具列上的 ⬿ 建構線(xline)，點取 A 點，輸入@1<45 (繪出一條 45 度的建構線)

3 點選繪圖工具列上的 ⊘ 圓(circle)，以四分點 B 為圓心，半徑選取切點，點取剛才繪製的建構線

4 點選修改工具列上的 ⊞ 陣列(array)，選取步驟三繪製的圓，做環形陣列

5 點選繪圖工具列上的 ⊘ 圓(circle)，在繪圖區適當位置點取一點 A，半徑選取切點，點取 P1，完成後如下圖所示

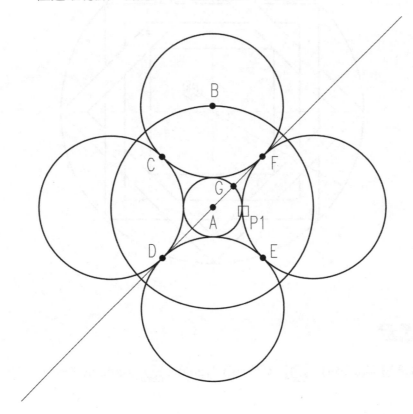

6 點選繪圖工具列上的 ⬿ 線(line)，起點點取 F 點，依序點取 C、D、E、F 四個交點， ENTER (結束指令)

7 修剪多餘的線段，並繪製中心線

範 例

032

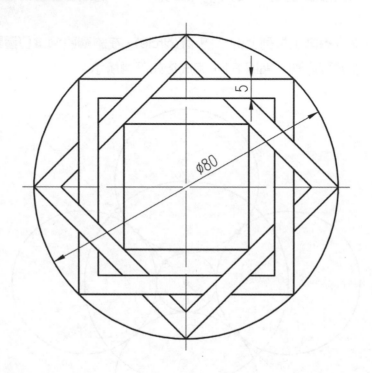

重點提示

⭢ 🔲 偏移複製(offset)、⬠ 多邊形(polygon)、🕐 圓(circle)綜合練習。

作法

步驟

1. 點選繪圖工具列上的 ⊙ 圓(circle)，在繪圖區適當位置點取一點 A，輸入 40，繪出半徑 40 的圓

2. 點選繪圖工具列上的 ⬠ 多邊形(polygon)，輸入 4，點取中心點 A，輸入 I，輸入@40<45

3. 點選繪圖工具列上的 ⬠ 多邊形(polygon)，輸入 4，點取中心點 A，輸入 I，輸入@40<0

4. 點選修改工具列上的 ⬒ 偏移複製(offset)，輸入 5，將剛才的兩個四邊形，都向內偏移複製 5

5. 點選繪圖工具列上的 ⬠ 多邊形(polygon)，輸入 4，點取中心點 A，輸入 I，點取中點 B，完成後如下圖所示

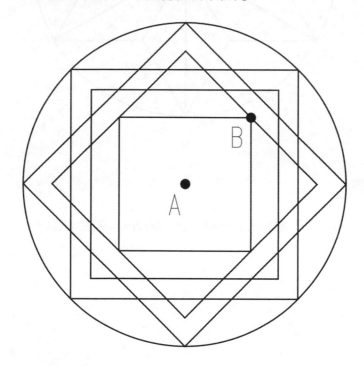

6. 修剪多餘的線段，並繪製中心線

範 例

033

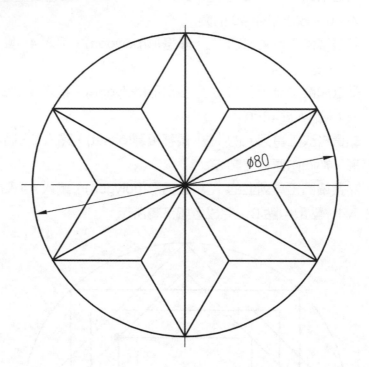

重點提示

線(line)、 多邊形(polygon)、 圓(circle)綜合練習。

作法

步驟

1. 點選繪圖工具列上的 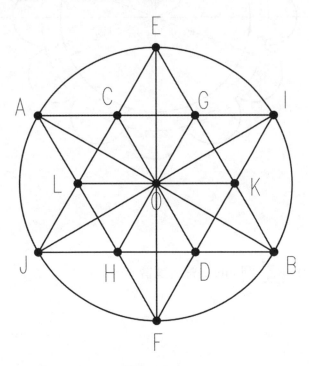 圓(circle)，在繪圖區適當位置點取一點 O，輸入 40，繪出半徑 40 的圓

2. 點選繪圖工具列上的 ⬠ 多邊形(polygon)，輸入 3，點取中心點 O，輸入 I，點取四分點 E

3. 點選繪圖工具列上的 ⬠ 邊形(polygon)，輸入 3，點取中心點 O，輸入 I，點取四分點 F

4. 點選繪圖工具列上的 ╱ 線(line)，分別繪製 AB、CD、EF、GH、IJ、KL 等線段，完成後如下圖所示

5. 修剪多餘的線段，並繪製中心線

範 例

034

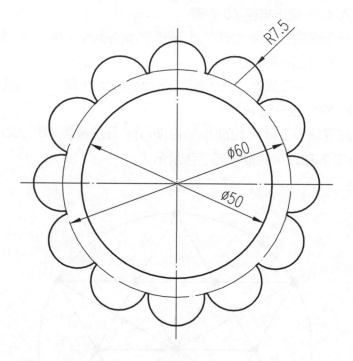

作法

步驟

1. 點選繪圖工具列上的 圓(circle)，在繪圖區適當位置點取一點 A，輸入半徑 30

2. 點選繪圖工具列上的 圓(circle)，點取四分點 B，輸入半徑 7.5

3. 點選修改工具列上的 陣列(array)，做環形陣列，陣列 12 個，半徑 7.5 的圓，完成後如下圖所示

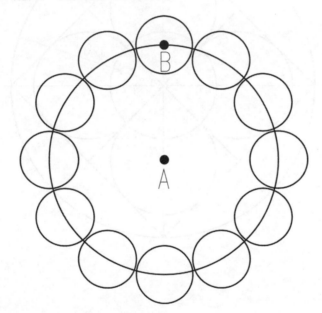

4. 點選繪圖工具列上的 圓(circle)，點取中心點 A，輸入半徑 25

5. 修剪多餘的線段，並繪製中心線

035

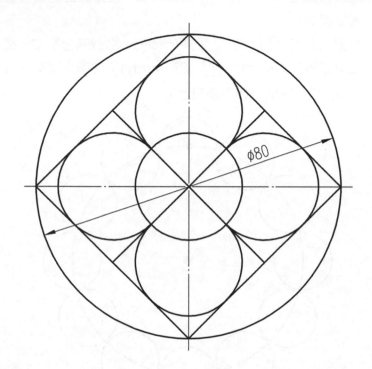

Ø80

重點提示

→ 📊 陣列(array)、⬠ 多邊形(polygon)、🕐 圓(circle)綜合練習。

作法

步驟

1. 點選繪圖工具列上的 ⊘ 圓(circle)，在繪圖區適當位置點取一點 O，輸入半徑 40

2. 點選繪圖工具列上的 ⬠ 多邊形(polygon)，輸入 4，點取中心點 O，輸入 I，輸入 @40<0

3. 點選繪圖工具列上的 ╱ 線(line)，分別選繪製 AB、CD 線段

4. 點選繪圖工具列上的 ⊘ 圓(circle)，輸入 3P，點取 P1、P2、P3 三個切點，完成後如下圖所示

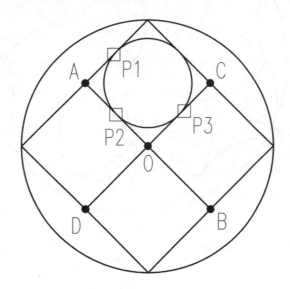

5. 點選修改工具列上的 ▦ 陣列(array)，環形陣列 4 個於步驟四所繪製的圓

6. 點選繪圖工具列上的 ⊘ 圓(circle)，圓心點取交點 O，半徑選取交點 P3

7. 修剪多餘線段，繪製中心線

範 例

036

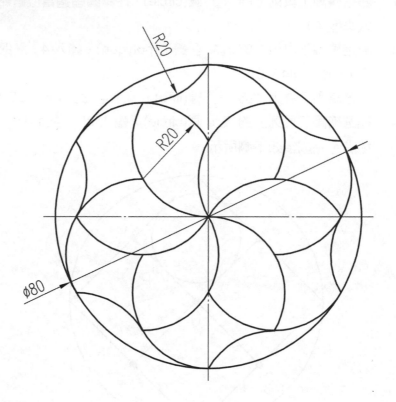

 重點提示

➜ 🔲 陣列(array)、 📐 弧(arc)、 ⊘ 圓(circle)綜合練習。

作法

步驟

1 點選繪圖工具列上的 ⊘ 圓(circle)，在繪圖區適當位置點取一點 A，輸入半徑 40

2 點選繪圖工具列上的 ⊘ 圓(circle)，輸入 2P，點取中心點 A，再點取四分點 B

3 點選修改工具列上的 ⊞ 陣列(array)，環形陣列 6 個於步驟二的圓

4 點選繪圖工具列上的 ⌒ 弧(arc)，起點選取交點 C，輸入 E(切換輸入終點)，點取交點 D，輸入 R(切換輸入半徑)，輸入 20，完成後如下圖所示

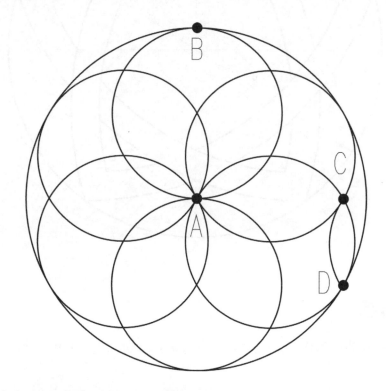

5 點選修改工具列上的 ⊞ 陣列(array)，環形陣列 6 個 CD 弧

6 修剪多餘的線段，並繪製中心線

範 例

037

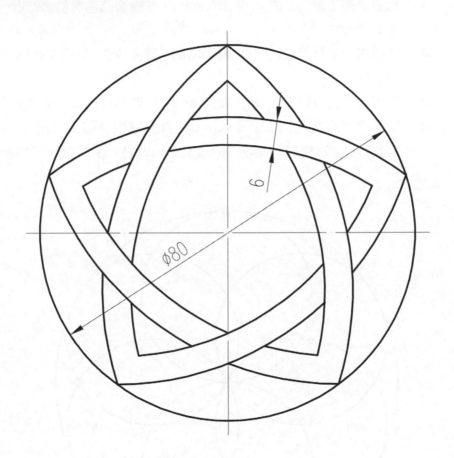

重點提示

偏移複製(offset)、 多邊形(polygon)、 圓(circle)綜合練習。

作法

步驟

1. 點選繪圖工具列上的 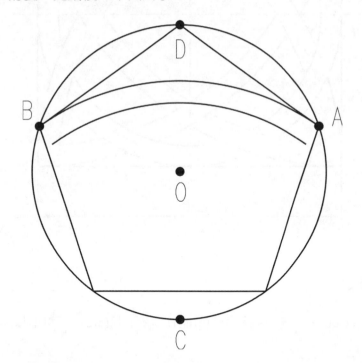 圓(circle)，在繪圖區適當位置點取一點 O，輸入半徑 40

2. 點選繪圖工具列上的 ⬠ 多邊形(polygon)，輸入 5，點取中心點 O，輸入 I，點取四分點 D

3. 點選繪圖工具列上的 ✏ 弧(arc)，起點點取端點 A，輸入 E(切換輸入終點)，點取端點 B，輸入 C(切換輸入中心點)，點取 C 點

4. 點選修改工具列上的 🗇 偏移複製(offset)，向下偏移複製 1 個距離 6 的弧，完成後如下圖所示

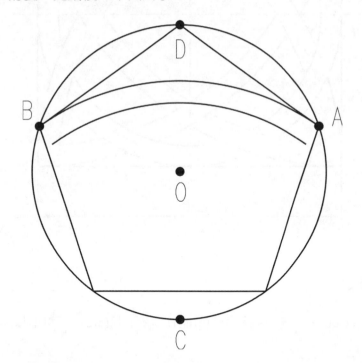

5. 點選修改工具列上的 ⊞ 陣列(array)，環形陣列 5 個於步驟三、步驟四的弧

6. 修剪多餘的線段，刪除五邊形，並繪製中心線

範 例

038

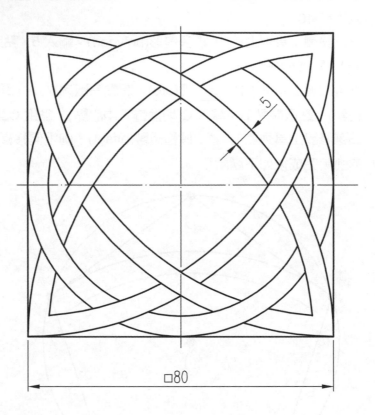

□80

重點提示

→ ▢ 矩形(rectang)、⬚ 偏移複製(offset)、◿ 弧(arc)、◎ 圓(circle)綜合練習。

→ 點過濾器：
- .X `.x` (擷取 X 座標)
- .Y `.y` (擷取 Y 座標)
- .Z `.z` (擷取 Z 座標)
- .XY `.xy` (擷取 X 座標與 Y 座標)

- .XZ .xz (擷取 X 座標與 Z 座標)
- .YZ .yz (擷取 Y 座標與 Z 座標)

作法

步驟

1　點選繪圖工具列上的 □ 矩形(rectang)，在繪圖區適當位置點取一點 C，輸入@80,80

2　點選繪圖工具列上的 ╱ 弧(arc)，起點點取端點 A，輸入 E(切換輸入終點)，點取端點 B，輸入 C(切換輸入中心點)，點取 C 點

3　點選繪圖工具列上的 ⊘ 圓(circle)，在輸入中心點時，先輸入.X .x (點過濾器)，選取 AC 線段的中點，輸入.YZ .yz (點過濾器)，輸入 BC 線段的中點，輸入半徑 40

4　點選修改工具列上的 △ 偏移複製(offset)，向左偏移複製 1 個距離 5 的弧，向內偏移複製 1 個距離 5 的圓，完成後如下圖所示

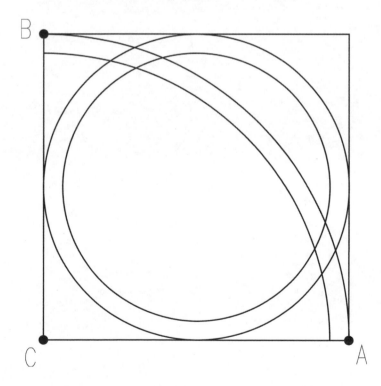

5 點選修改工具列上的 ⊞ 陣列(array)，環形陣列 4 個於步驟二、步驟四的弧

6 修剪多餘的線段，並繪製中心線

範例

039

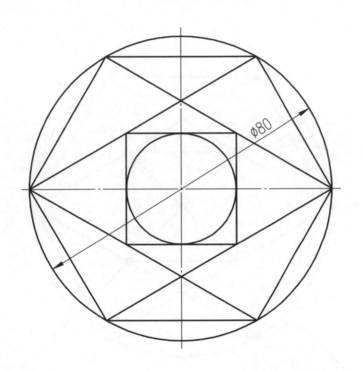

重點提示

線(line)、 多邊形(polygon)、 圓(circle)綜合練習。

作法

步驟

1. 點選繪圖工具列上的 圓(circle)，在繪圖區適當位置點取一點 G，輸入半徑 40

2 　點選繪圖工具列上的 ⬠ 多邊形(polygon)，輸入 6，點取中心點 G，輸
　　入 I，點取四分點 B

3 　點選繪圖工具列上的 ╱ 線(line)，繪製 AB、BC 線段與 DE、EF 線段

4 　點選繪圖工具列上的 ╱ 建構線(xline)，點取 G 點，輸入@1<45，輸
　　入@1<-45，完成後如下圖所示

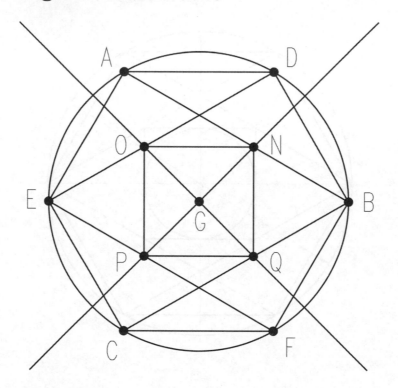

5 　點選繪圖工具列上的 ╱ 線(line)，點取 N 點，依序點取 O、P、Q、N
　　四點

6 　點選繪圖工具列上的 ◯ 圓(circle)，中心點選取點 G，半徑選取 NQ 線
　　段的切點

7 　刪除建構線，並繪製中心線

040

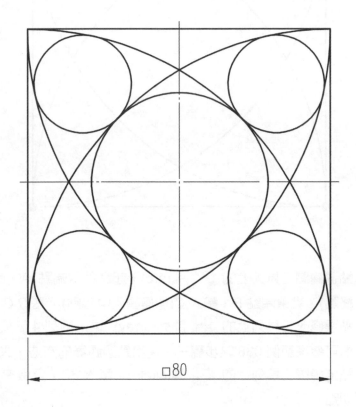

□80

重點提示

→ ☐ 矩形(rectang)、◢ 弧(arc)、◎ 圓(circle)綜合練習。

作法

步驟

1　點選繪圖工具列上的 ☐ 矩形(rectang)，在繪圖區適當位置點取一點
　　C，輸入@80,80

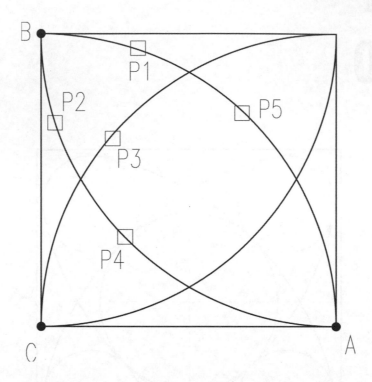

2 點選繪圖工具列上的 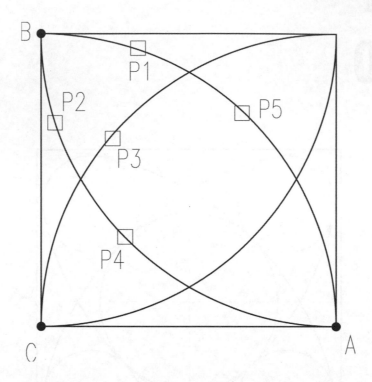 弧(arc)，起點點取端點 A，輸入 E(切換輸入終點)，點取端點 B，輸入 C(切換輸入中心點)，點取 C 點

3 點選修改工具列上的 陣列(array)，環形陣列 4 個於步驟二的弧。(此處可參考範例 038 之步驟三，使用點過濾器的方法，求取陣列中心點)

4 點選繪圖工具列上的 圓(circle)，輸入 3P，選取 P1、P2、P3 三個切點

5 點選修改工具列上的 陣列(array)，環形陣列 4 個於步驟四的圓

6 點選繪圖工具列上的 圓(circle)，輸入 3P，選取 P3、P4、P5 三個切點

7 繪製中心線

範例

041

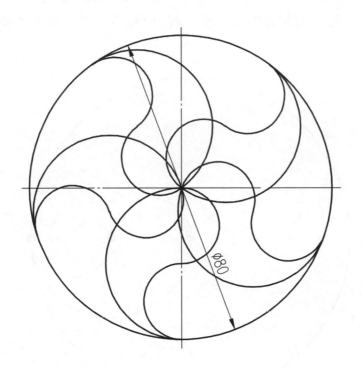

重點提示

⊙ 圓(circle)、 弧(arc)綜合練習。

作法

步驟

1 點選繪圖工具列上的 ⊙ 圓(circle)，在繪圖區適當位置點取一點 A，輸
入半徑 40

2 點選繪圖工具列上的 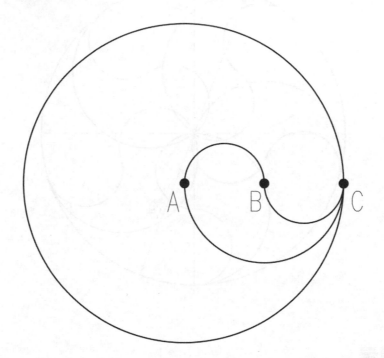 弧(arc)，起點點取中心點 A，輸入 E(切換輸入終點)，點取四分點 C，輸入 A(切換輸入角度)，輸入 180

3 點選繪圖工具列上的 弧(arc)，起點點取 AC 弧之中心點 B，輸入 E(切換輸入終點)，點取端點 A，輸入 A(切換輸入角度)，輸入 180

4 點選繪圖工具列上的 弧(arc)，起點點取端點 B，輸入 E(切換輸入終點)，點取端點 C，輸入 A(切換輸入角度)，輸入 180，完成後如下圖所示

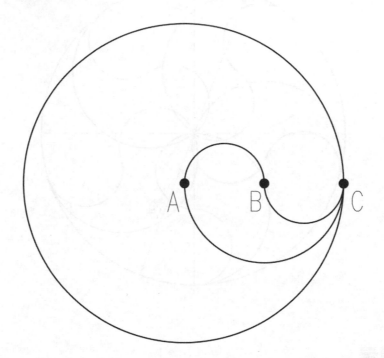

5 點選修改工具列上的 陣列(array)，環形陣列 5 個於步驟二、三、四的弧

6 繪製中心線

042

重點提示

⬢ 多邊形(polygon)、⊙ 圓(circle)綜合練習。

作法

步驟

1　點選繪圖工具列上的 ⊙ 圓(circle)，點取一點 A，輸入半徑 40
2　點選繪圖工具列上的 ⬡ 多邊形(polygon)，輸入 6，點取中心點 A，輸入 I，點取四分點 C

3　點選繪圖工具列上的 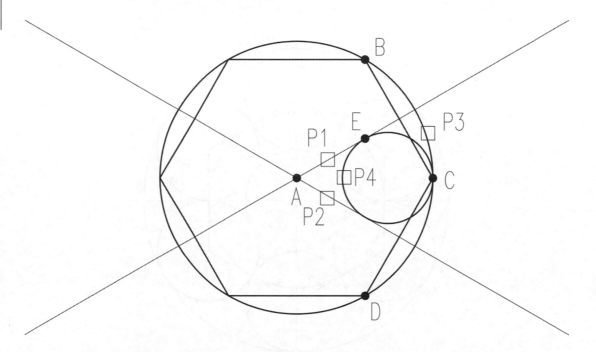 建構線(xline)，點取 A 點，點取 BC 線段的中點，再點取 CD 線段的中點

4　點選繪圖工具列上的 ⊙ 圓(circle)，輸入 3P，選取 P1、P2、P3 三個切點，完成後如下圖所示

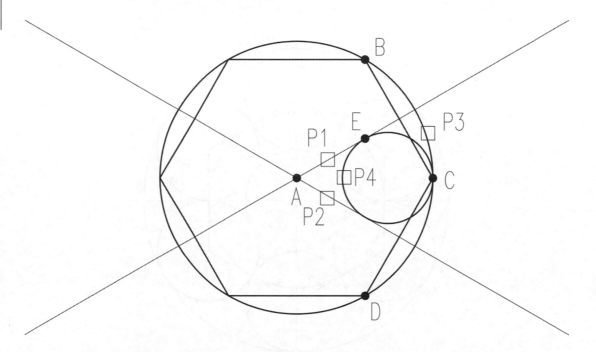

5　點選修改工具列上的 ▦ 陣列(array)，環形陣列 6 個步驟四的圓

6　點選繪圖工具列上的 ⊙ 圓(circle)，點取 A 點，半徑選取切點 P4

7　點選繪圖工具列上的 ⬠ 多邊形(polygon)，輸入 6，點取中心點 A，輸入 C，點取交點 E

8　點選繪圖工具列上的 ⊙ 圓(circle)，點取 A 點，半徑相切步驟七的六邊形

9　刪除建構線與最外層的六邊形，並繪製中心線

範 例

043

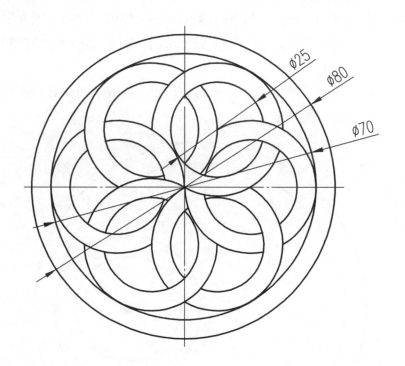

ø25
ø80
ø70

重點提示

➔ 偏移複製(offset)、 ⊙ 圓(circle)綜合練習。

作法

步驟

1　點選繪圖工具列上的 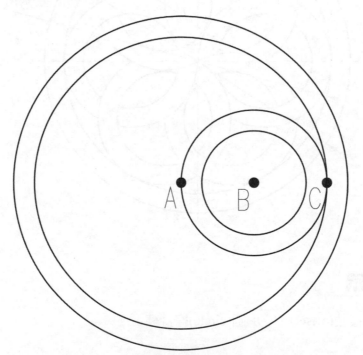圓(circle)，點取一點 A，輸入半徑 40
2　點選繪圖工具列上的 圓(circle)，點取一點 A，輸入半徑 35
3　點選繪圖工具列上的 圓(circle)，輸入 2P，點取中心點 A，再點取四分點 C
4　點選繪圖工具列上的 圓(circle)，點取中心點 B，輸入半徑 12.5，完成後如下圖所示

5　點選修改工具列上的 陣列(array)，環形陣列 6 個於步驟三、四的圓
6　修剪多餘的線段，並繪製中心線

範 例

044

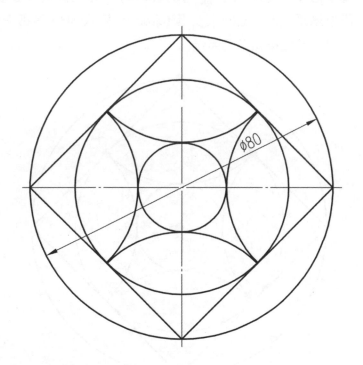

重點提示

→ ⌒ 弧(arc)、⬠ 多邊形(polygon)、◉ 圓(circle)綜合練習。

作法

步驟

1　點選繪圖工具列上的 ◉ 圓(circle)，點取一點 D，輸入半徑 40

2　點選繪圖工具列上的 ⬠ 多邊形(polygon)，輸入 4，點取中心點 D，輸入 I，點取四分點 C

3 點選繪圖工具列上的 ⊘ 圓(circle)，點取點 D，切點選取四邊形的任一邊

4 點選繪圖工具列上的 弧(arc)，起點點取交點 A，輸入 E(切換輸入終點)，點取交點 B，輸入 C(切換輸入中心點)，選取 C 點

5 點選修改工具列上的 陣列(array)，環形陣列 4 個步驟三的弧

6 點選繪圖工具列上的 ⊘ 圓(circle)，輸入 3P，選取 P1、P2、P3 三個切點，完成後如下圖所示

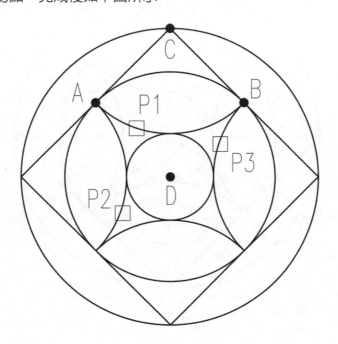

7 繪製中心線

範 例

045

註：此圖形為□12之漸開線曲線

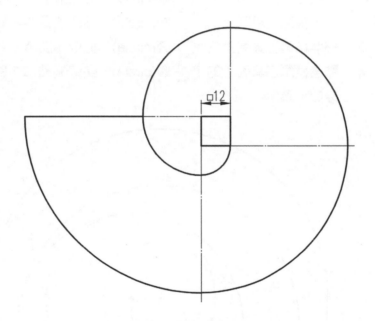

重點提示

→ □ 矩形(rectang)、⊙ 圓(circle)綜合練習。

→ 此圖形為□12 之漸開線曲線。

作法

步驟

1. 點選繪圖工具列上的 ▭ 矩形(rectang)，點取一點 A，輸入@12,12
2. 點選繪圖工具列上的 ⊘ 圓(circle)，點取端點 A，點取端點 B
3. 點選繪圖工具列上的 ⊘ 圓(circle)，點取端點 C，點取四分點 D
4. 點選繪圖工具列上的 ⊘ 圓(circle)，點取端點 E，點取四分點 F
5. 點選繪圖工具列上的 ⊘ 圓(circle)，點取端點 B，點取四分點 G
6. 點選繪圖工具列上的 ⊘ 圓(circle)，點取端點 A，點取四分點 H
7. 點選繪圖工具列上的 ⊘ 圓(circle)，點取端點 C，點取四分點 I，完成後如下圖所示

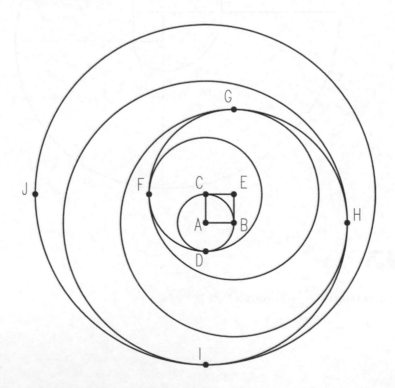

8. 修剪多餘的線段，繪製 JF 線段，並繪製中心線

範例 046

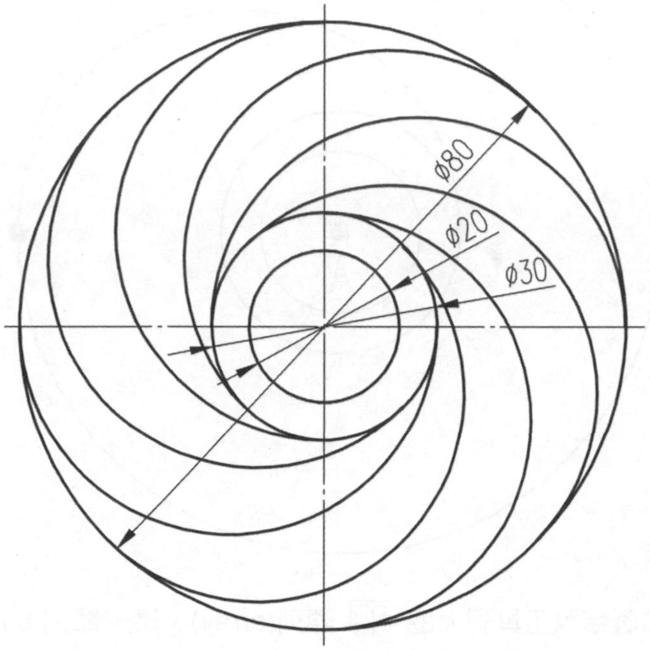

重點提示

- 陣列(array)、弧(arc)、圓(circle)綜合練習。

作法

步驟

1 點選繪圖工具列上的 圓(circle)，點取一點 A，輸入半徑 40

2 點選繪圖工具列上的 圓(circle)，點取中心點 A，輸入半徑 15

3 點選繪圖工具列上的 圓(circle)，點取中心點 A，輸入半徑 10

4 點選繪圖工具列上的 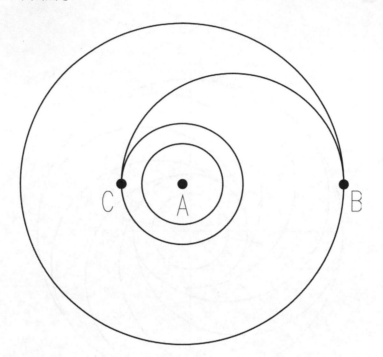 弧(arc)，起點點取四分點 B，輸入 E(切換輸入終點)，點取四分點 C，輸入 A(切換輸入角度)，輸入 180，完成後如下圖所示

C   A   B

5 點選修改工具列上的 ⊞ 陣列(array)，環形陣列 8 個步驟四的弧

6 繪製中心線

範 例

047

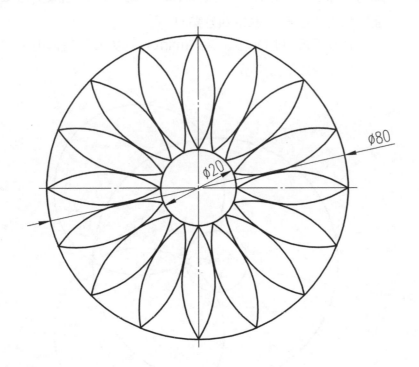

重點提示

→ 圓的等分，建議使用 ⬠ 多邊形(polygon)來執行。

→ 🔳 陣列(array)、／ 弧(arc)、⊙ 圓(circle)綜合練習。

作法

步驟△ ....

1 　點選繪圖工具列上的 ⊙ 圓(circle)，點取一點 A，輸入半徑 40

2 　點選繪圖工具列上的 ⬠ 多邊形(polygon)，輸入 32，點取中心點 A，輸入 I，點取四分點 E

3 　點選繪圖工具列上的 ✐ 建構線(xline)，點取 A 點，點取交點 B，再點取交點 C

4 　點選繪圖工具列上的 ◷ 圓(circle)，輸入 3P，點取交點 E，點取上方建構線之切點 P1，點取四分點 D

5 　點選修改工具列上的 ⧄ 鏡射(mirror)，以 DE 為鏡射，鏡射步驟四的圓，完成後如下圖所示

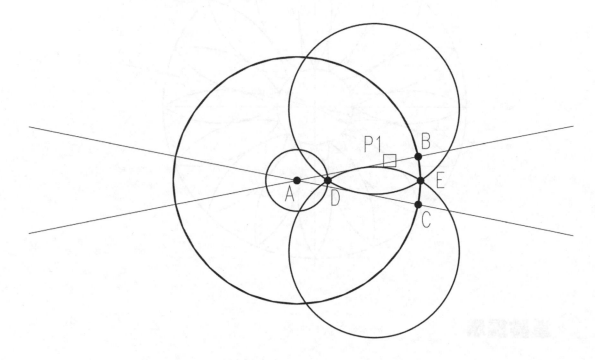

6 　修剪多餘的線段，刪除建構線

7 　點選修改工具列上的 ⊞ 陣列(array)，環形陣列 16 個步驟四、五的兩弧

8 　繪製中心線

範 例

048

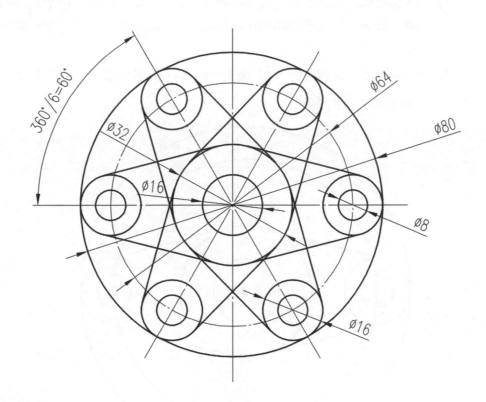

重點提示

→ ⊞ 陣列(array)、◮ 線(line)、⊘ 圓(circle)綜合練習。

作法

步驟 ◭

1　點選繪圖工具列上的 ⊘ 圓(circle)，點取一點 A，輸入半徑 40
2　點選繪圖工具列上的 ⊘ 圓(circle)，點取中心點 A，輸入 32

3 點選繪圖工具列上的 ⊙ 圓(circle)，以點 A 為圓心，分別繪出半徑 16、8 兩個圓

4 點選繪圖工具列上的 ⊙ 圓(circle)，以點 B 為圓心，分別繪出半徑 8、4 兩個圓

5 點選繪圖工具列上的 ╱ 線(line)，使用切點，點取 P1、P2；再點選繪圖工具列上的 ╱ 線(line)，使用切點，點取 P3、P4，完成繪製兩條切線

6 點選修改工具列上的 ◭ 鏡射(mirror)，鏡射步驟四、五的兩圓兩線段，完成後如下圖所示

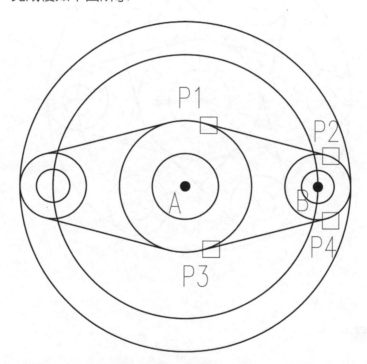

7 點選修改工具列上的 ⊞ 陣列(array)，環形陣列 3 個於步驟四、五、六的四個圓與四條線段

8 繪製中心線

範 例

049

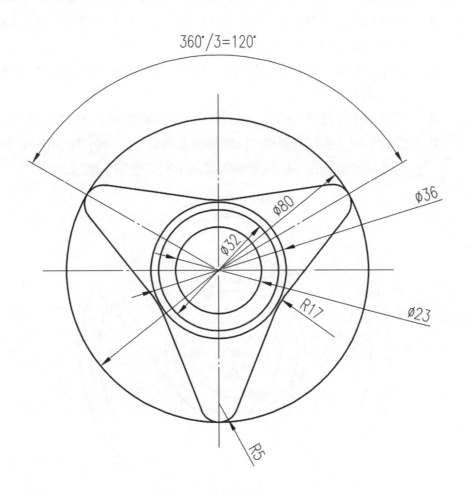

🔍 **重點提示**

➡ 🔲 陣列(array)、／ 線(line)、⊙ 圓(circle)綜合練習。

作法

步驟

1   點選繪圖工具列上的 ⊘ 圓(circle)，點取一點 A，輸入半徑 40

2   點選繪圖工具列上的 ⊘ 圓(circle)，以 A 點為圓心，分別繪出半徑 11.5，16，18，35 四個圓

3   點選繪圖工具列上的 ⊘ 圓(circle)，以半徑為 35 之圓的四分點 B 為圓心，輸入半徑 5

4   點選繪圖工具列上的 ╱ 線(line)，分別繪製 P1、P2 與 P3、P4 兩切線

5   修剪步驟三多餘的圓弧，點選修改工具列上的 ▦ 陣列(array)，環形陣列 3 個於步驟三、四所繪製的圖形，完成後如下圖所示

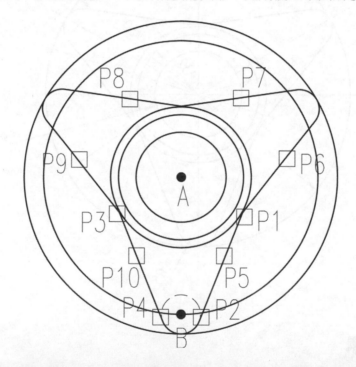

6   點選修改工具列上的 ▢ 圓角(fillet)，輸入半徑 17，再執行 3 次 ▢ 圓角(fillet)的指令，分別對 P5、P6；P7、P8；P9、P10 做半徑 17 的圓角

7   刪除多餘的圓，並繪製中心線

範 例

050

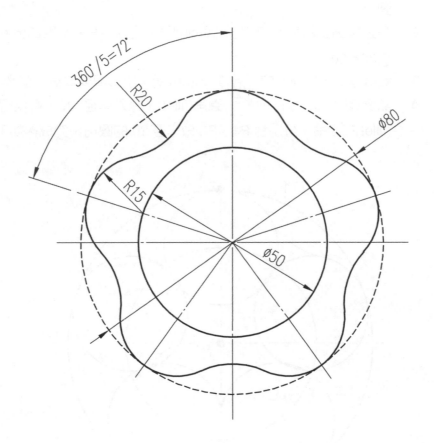

重點提示

📐 陣列(array)、圓角(fillet)、圓(circle)綜合練習。

作法

步驟

1. 點選繪圖工具列上的 ⊙ 圓(circle)，點取一點 B，繪製半徑 40、25 兩圓

2. 點選繪圖工具列上的 ⊙ 圓(circle)，輸入 2P，選取四分點 A，輸入 @30<-90

3. 點選修改工具列上的 ⊞ 陣列(array)，環形陣列 5 個於步驟二的圓

4. 點選修改工具列上的 ⌐ 圓角(fillet)，輸入半徑 20，再執行 ⌐ 圓角(fillet)的指令，分別對 P1、P2 做半徑 20 的圓角，完成後如下圖所示

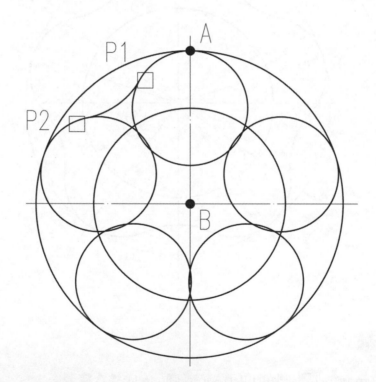

5. 點選修改工具列上的 ⊞ 陣列(array)，環形陣列 5 個於步驟四的弧

6. 選取半徑 25 圓上的任意點，將線型改成 hidden(隱藏線)，將顏色改成綠色(中線型的顏色，0.35mm 的寬度)

7. 修剪多餘的線段，並繪製中心線

範 例

051

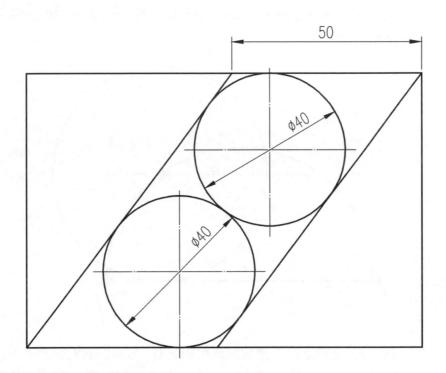

50

∅40

∅40

🔍 重點提示

➔ 使用下列的指令來作圖,搭配 🖳 偏移複製(offset),來繪製作圖所需的交點:

- ↗ 建構線(xline),沒有起點與終點的線
- ↗ 射線(ray),有起點,沒有終點的線
- ↗ 線(line),有起點與終點的線

作法

步驟

1. 先繪製 AB 線段，並在 AB 線段上繪製一個半圓弧，將 AB 線段向上偏移複製 20，產生交點 C，以 C 為圓心，繪製一個半徑 20 的圓，完成後如下圖所示

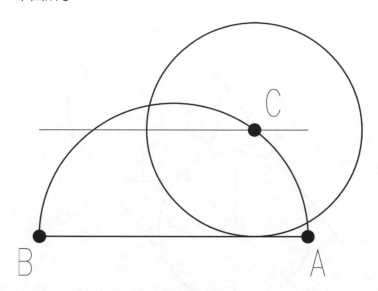

2. 各以 A、B 為起點，繪製兩條相切於 D、E 兩點的射線
3. 點取 P1、P2、P3 三個切點，用 3P 的方法繪製第二圓，在四分點 F 繪製一條水平線，交 AD 射線於 G 點
4. 各以 B、G 點為起點，繪製任意長的垂直線，完成後如下圖所示

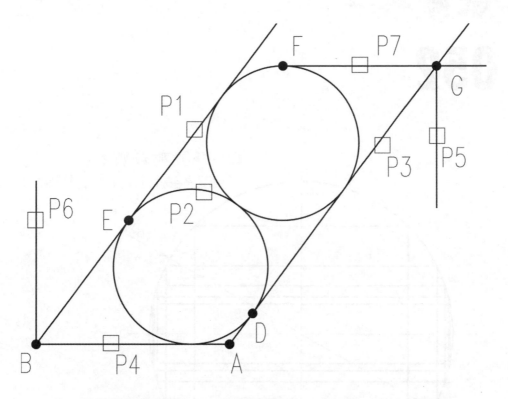

5   設定圓角的半徑=0，再分別選取 P4、P5 與 P6、P7 兩點

6   修剪多餘的線段，並繪製中心線

範 例

052

註: −∅80之圓內接五個矩形
其寬;高各為1:1,2:1,3:1,4:1及5:1

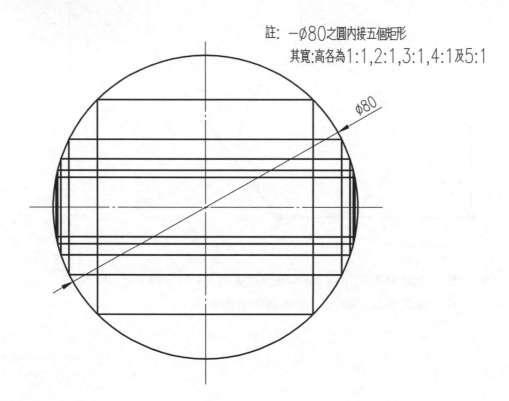

∅80

🔍 **重點提示**

➡️ 🔄 旋轉(rotate)：

- 選取物件
- ENTER (輸入)
- 指定基準點
- 指定旋轉角度或[參考(R)]：如果輸入 R(參考)，則會要求參考角度與新角度

- 🔲 比例(scale)：
  - 選取物件
  - **ENTER** (輸入)
  - 指定基準點
  - 指定比例係數或[參考(R)]:如果輸入 R(參考)，則會要求參考長度與新長度
- 🔲 拉伸(stretch)：
  - 選取物件(此時的選取物件，所選取的是**端點**)
  - **ENTER** (輸入)
  - 指定基準點或位移
  - 指定第二點
- 📐 調整長度(lengthen)：
  - 選取一個物件或[差值(DE)/百分比(P)/總長度(T)/動態(DY)]:
  - 此時會自動量測目前的長度
  - 指定基準點或位移
  - 輸入差值(DE)/百分比(P)/總長度(T)/動態(DY)來改變物件的長度
- 縮放窗選、即時平移、即時縮放、鳥瞰視景：
  - 即時平移(pan)
  - 即時縮放(zoom)
  - 縮放回前次(zoom p)
  - 縮放窗選(zoom w)
  - 動態縮放(zoom d)
  - 縮放比例(zoom s)
  - 縮放中心點(zoom c)
  - 拉近(zoom 2x)
  - 拉遠(zoom .5x)
  - 縮放全部(zoom all)
  - 縮放實際範圍(zoom e)
- 縮放功能表：

作法

步驟

1 繪製一直徑 80 的圓,再以圓心點 O 為中心點,繪製內接多邊形,半徑是 @40<45 的四邊形,完成後如下圖所示

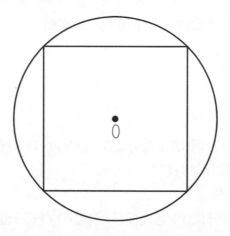

2 複製此四邊形(邊長 1:1)至空白處,並繪製 AC 線段,選取 ▯ 拉伸 (stretch)指令,先點取 P1 點、再選取 P2 點(即選擇 B、C 兩位置上的所有端點),基準點選點 A 位移選取端點 B,完成後的四邊形,其邊長長寬比例為 2:1

3 選取修改工具列上的 ▢ 比例(scale),選取拉伸後的四邊形,基準點選取中點 D,輸入 R(參考),參考長度先點選中點 D,再點選端點 A,新長度輸入 40,完成後如下圖所示。再將此四邊形的中心點 D,移動至步驟一所繪製的圓中心點,點 O 的位置上

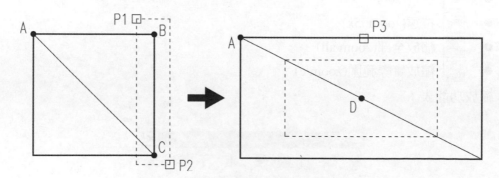

4 複製四邊形(長寬比 2:1)至空白處，並繪製 AC 線段，選取 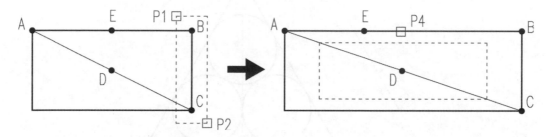 拉伸 (stretch)指令，點取 P1、P2 兩點(即距離 B、C 兩位置上的所有端點)，基準點選點 A 位移選取 AB 線段之中點 E，完成後的四邊形，其邊長長寬比例為 3:1

5 選取修改工具列上的 比例(scale)，選取拉伸後的四邊形基準點選取中間 D，輸入 R(參考)，參考長度先輸入中點 D，再輸入端點 A，新長度輸入 40，完成後如下圖所示，再將此四邊形的中心點 D，移動至步驟一所繪製的圓中心點，點 O 的位置上

6 依此要領繼續繪出長寬比為 4:1 及 5:1 的四邊形(可參考下圖)
其中，長寬比為 4:1 的矩形，先將長寬比拉伸成 2:1，再以長寬比為 2:1 的矩形，再拉伸成 4:1；而長寬比為 5:1 的矩形，可先複製一個長寬比為 4:1 的矩形，再拉伸長寬比為 1:1 的點 A 到點 B，即完成長寬比為 5:1 的矩形了

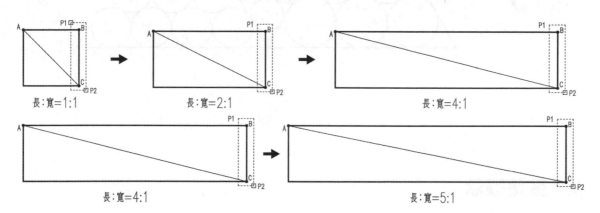

範 例

053

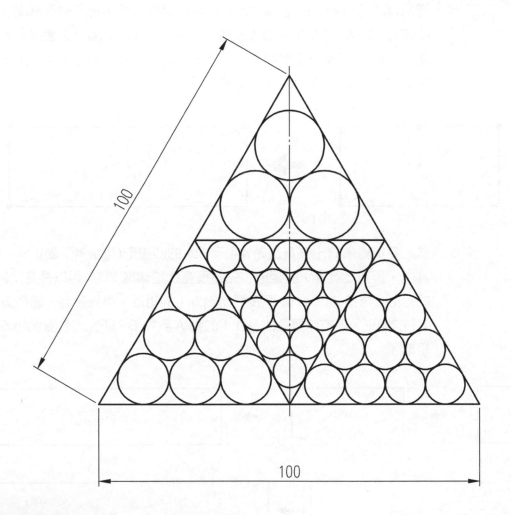

100

100

重點提示

→ 比例(scale)：

● 選取物件

● ENTER (輸入)

- 指定基準點
- 指定比例係數或[參考(R)]:如果輸入 R(參考)，則會要求參考長度與新長度
- 正三角形各邊的頂點至對邊的中點，所相交的點為此正三角形的中心。

作法

步驟

1   繪出邊長 50 的正三角形，並再繪製線段將各頂點與對邊的中點相連，再
    利用畫圓指令的 3P，點取 P1、P2、P3 三個切點完成圓的繪製。利用陣
    列將所畫的圓，環形陣列 3 個，完成後如下圖所示

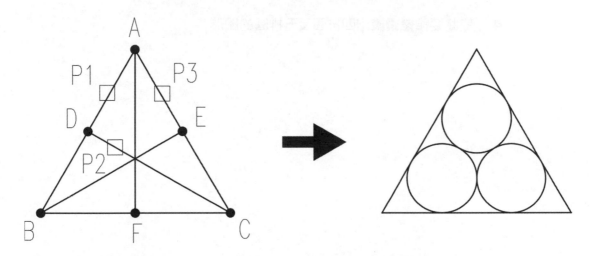

2   複製步驟一所繪製的所有物件至空白處，並繪製第三排的三個圓(執行鏡
    射指令，將最上方的圓，鏡射至第二排兩圓的下方，鏡射線為此兩圓之
    圓心連線。再執行複製指令來複製另外兩個圓)，選取四分點 G，繪製
    GI 線段，點選圓角指令，先輸入 R，設定半徑為 0，再執行圓角指令，
    點取 P4、P5，產生交點 H

3   選取修改工具列上的 ▢ 比例(scale)，選取此六個圓，基準點選取端點
    A，輸入 R(參考)，參考長度先點選端點 A，再點選交點 H，新長度點取
    交點 C，完成後如下圖所示。

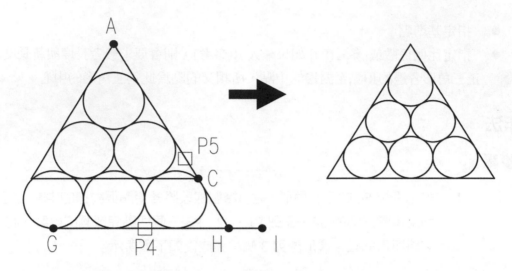

4 依此要領繼續繪出四排圓及五排圓的圖形

054

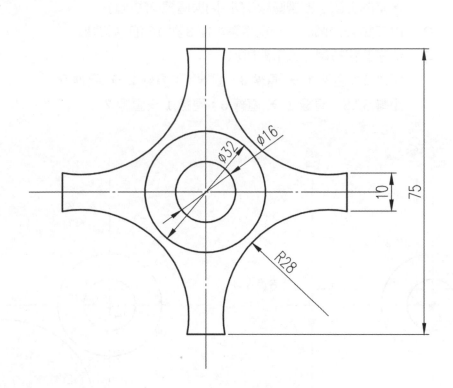

重點提示

使用下列的指令來作圖，搭配 [圖] 偏移複製(offset)，來繪製作圖所需的交點：

- [圖] 建構線(xline)，沒有起點與終點的線
- [圖] 射線(ray)，有起點，沒有終點的線
- [圖] 線(line)，有起點與終點的線

作法

步驟

1　您可選擇用 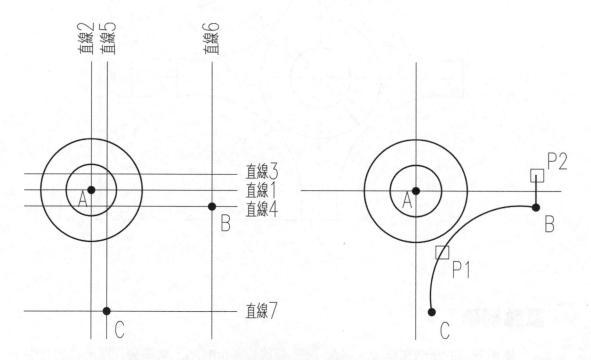 線(line)繪製，或 建構線(xline)來繪製，在繪圖區適當的位置，繪製直線 1(水平)與直線 2(垂直)

2　以交點 A 為圓心，分別繪製半徑 8 與 16 的兩個圓

3　依序偏移複製，如下圖所示
　　距離 5：直線 1 → 直線 3、直線 4；直線 2 → 直線 5
　　距離 37.5：直線 2 → 直線 6；直線 1 →直線 7

4　繪製 BC 弧，並在 B 點繪製一條向上 10 的垂直線

5　環形陣列 4 個於步驟四所繪製的兩個圖形(點取 P1、P2)

6　繪製中心線(或修改直線 1、直線 2 為中心線)

範 例

055

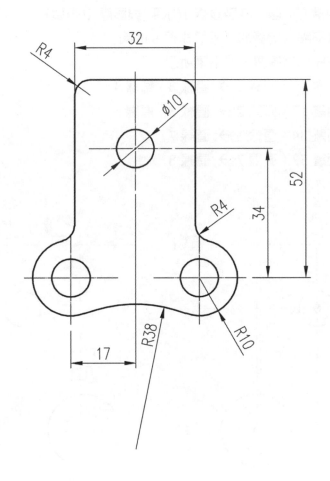

重點提示

➡ 幾何作圖綜合練習。

作法

步驟

1　您可選擇用 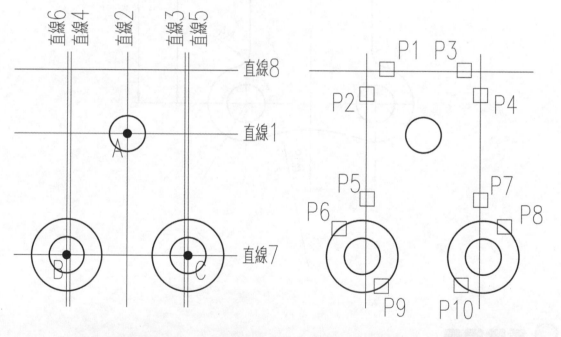 線(line)繪製，或 　 建構線(xline)來繪製，在繪圖區適當的位置，繪製直線 1(水平)與直線 2(垂直)

2　以交點 A 為圓心，繪製半徑 5 的圓

3　依序偏移複製，如下圖所示
　　距離 16：直線 2 → 直線 3、直線 4
　　距離 17：直線 2 → 直線 5、直線 6
　　距離 34：直線 1 → 直線 7
　　距離 52：直線 7 → 直線 8

4　各在 B 點與 C 點，繪製半徑 5 與半徑 10 的圓

5　執行圓角指令，先設定半徑為 4，再點取圓角指令，分別點取 P1、P2；P3、P4；P5、P6；P7、P8

6　執行圓角指令，先設定半徑為 38，再點取圓角指令，分別點取 P9、P10

7　修剪多餘的線段，並繪製中心線

範 例

056

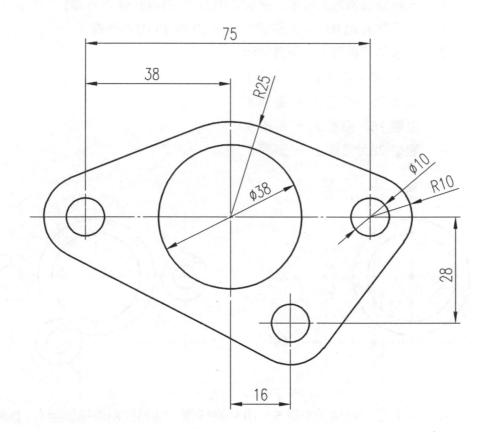

重點提示

➡ 幾何作圖綜合練習。

作法

步驟

1 在繪圖區適當的位置,繪製直線 1(水平)與直線 2(垂直)

2 以交點 A 為圓心,分別繪製半徑 19 與 25 的兩個圓

3 依序偏移複製,如下圖所示

距離 38:直線 2 → 直線 3

距離 75:直線 3 → 直線 4

距離 16:直線 2 → 直線 5

距離 28:直線 1 → 直線 6

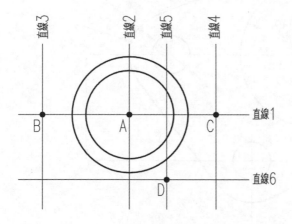 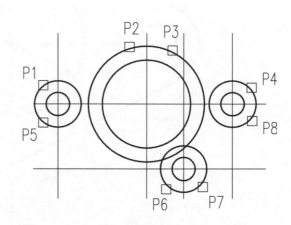

4 在 B 點分別繪製半徑 5、10 的兩個圓,並將此兩圓複製至 C、D 兩點

5 繪製四條切線,分別點選切點 P1、P2;P3、P4;P5、P6;P7、P8

6 修剪多餘的線段,並繪製中心線

範例

057

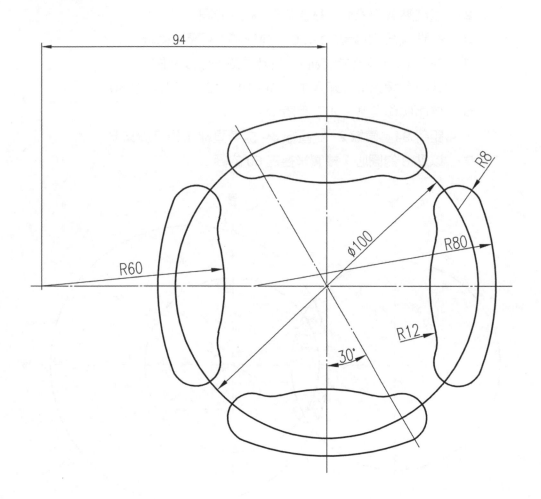

重點提示

→ 幾何作圖綜合練習。

作法

步驟

1. 在繪圖區適當的位置,繪製直線 1(水平)與直線 2(垂直)
2. 以交點 A 為圓心,繪製半徑為 50 的圓
3. 在點 A 分別繪製@1<30 與@1<-30 兩條建構線
4. 各以 C、D 兩點為圓心,繪製兩個半徑 8 的圓
5. 執行畫圓指令,輸入 T,點取 P1、P2,輸入半徑 80
6. 依序偏移複製,如下圖所示

   距離 94:直線 2 → 直線 3,並與直線 1 相交於點 B
7. 以點 B 為圓心,繪製半徑為 60 的圓

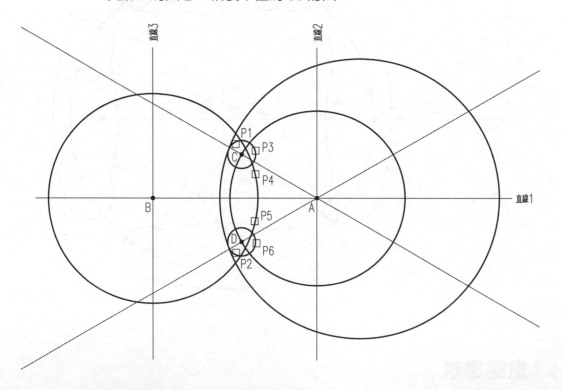

8. 執行圓角指令,先設定半徑為 12,再點取圓角指令,分別點取 P3、P4;P5、P6
9. 修剪多餘的線段,環形陣列 4 個修剪好的圖形
10. 刪除多餘的線段,並繪製中心線

範 例

058

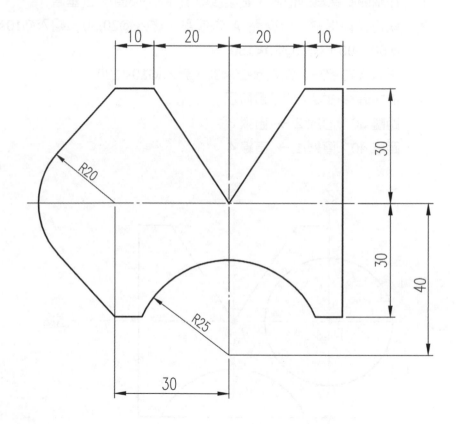

重點提示

⇒ 幾何作圖綜合練習。

作法

步驟

1 在繪圖區適當的位置，繪製直線 1(水平)與直線 2(垂直)

2 執行畫線指令，以交點 A 為起點，輸入@20,30，輸入@10<0，輸入@60<-90，輸入@80<180

3 再以 A 為起點，輸入@-20<30，輸入@10<180

4 依序偏移複製，如下圖所示

距離 30：直線 2 → 直線 3

距離 40：直線 1 → 直線 4

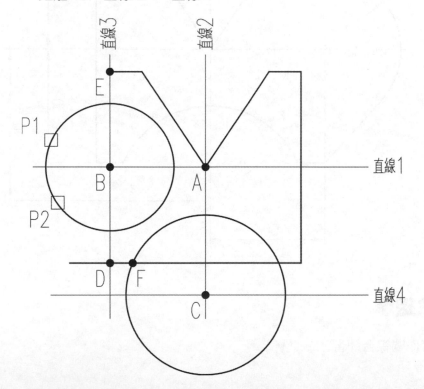

5 各以 B、C 為圓心，分別繪製半徑為 20、25 的兩個圓

6 繪製兩條切線，點取點 E，再點選切點 P1；點取點 D，再點選切點 P2

7 修剪多餘的線段，並繪製中心線

範例

059

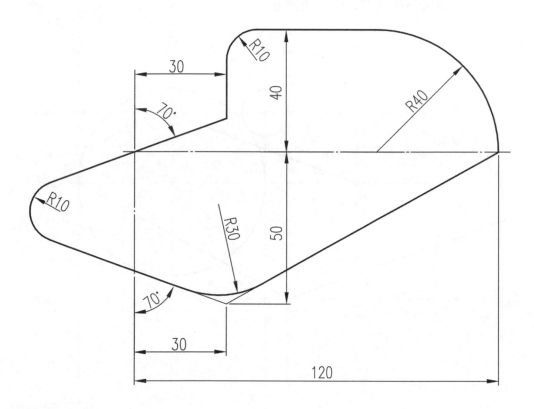

重點提示

➡ 幾何作圖綜合練習。

作法

步驟

1　在繪圖區適當的位置，繪製直線 1(水平)與直線 2(垂直)

2　依序偏移複製，如下圖所示

距離 30：直線 2 → 直線 3；直線 1 → 直線 4

距離 120：直線 2 → 直線 5

距離 40：直線 5 → 直線 6

距離 10：直線 3 → 直線 7

距離 50：直線 1 → 直線 8

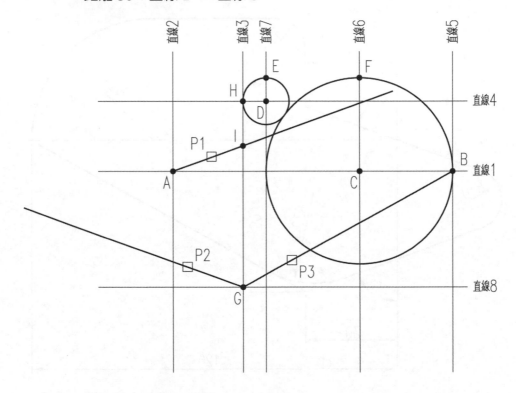

3　各以 C、D 兩點為圓心，分別畫出半徑 10、40 的兩個圓

4　以點 A 為起點，輸入 @100<20

5　以點 G 為起點，輸入 @100<160

6　連接 HI、EF、BG 線段

7　執行圓角指令，先設定半徑為 10，再點取圓角指令，分別點取 P1、P2

8　執行圓角指令，先設定半徑為 30，再點取圓角指令，分別點取 P3、P2

9　修剪多餘的線段，並繪製中心線

範例

060

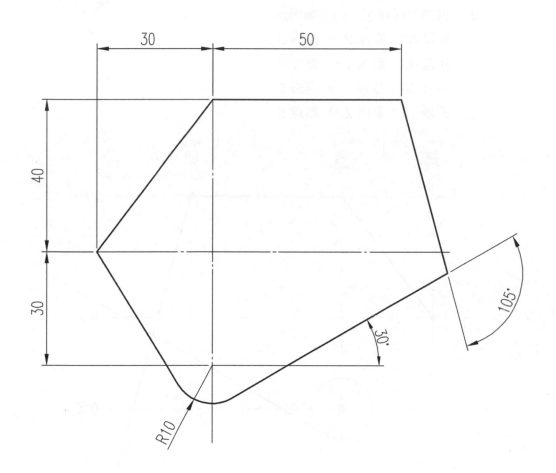

重點提示

→ 幾何作圖綜合練習。

作法

步驟

1. 在繪圖區適當的位置，繪製直線 1(水平)與直線 2(垂直)
2. 依序偏移複製，如下圖所示
   距離 50：直線 2 → 直線 3
   距離 40：直線 1 → 直線 4
   距離 30：直線 1 → 直線 6
   距離 30：直線 2 → 直線 5

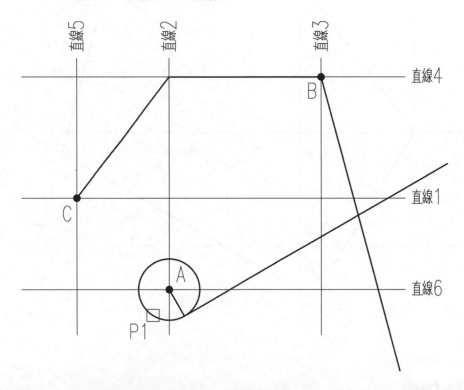

3. 以點 C 為起點，輸入 @30,40，輸入 @50<0，輸入 @100<-75
4. 以點 A 為圓心，畫出半徑為 10 的圓
5. 以點 A 為起點，輸入 @10<-60，輸入 @100<30
6. 以點 C 為起點，點取切點 P1，繪製切線
7. 修剪多餘的線段，並繪製中心線

061

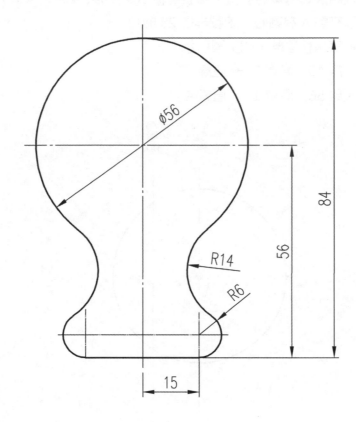

Ø56

84

56

R14

R6

15

重點提示

幾何作圖綜合練習。

作法

步驟

1　在繪圖區適當的位置，繪製直線 1(水平)與直線 2(垂直)
2　以交點 A 為圓心，繪製半徑 28 的圓
3　依序偏移複製，如下圖所示
　　距離 15：直線 2 → 直線 3
　　距離 56：直線 1 → 直線 4

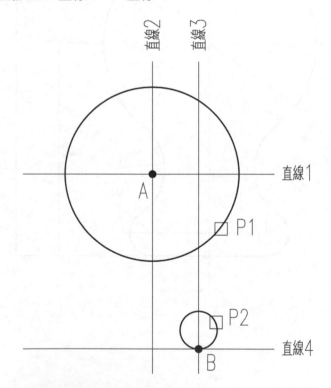

4　執行畫圓指令，輸入 2P，第一點點取 B 點，再輸入@12<90
5　執行圓角指令，先設定半徑為 14，再點取圓角指令，分別點取 P1、P2
6　以直線 2 為鏡射中心線，鏡射於步驟四、五的兩個圓
7　修剪多餘的線段，並繪製中心線

範 例

062

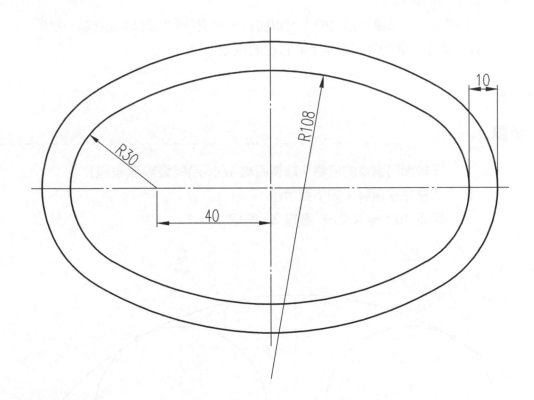

重點提示

- ⤳ 聚合線(pline)，此指令位於修改 II 之工具列上：
  - 指定起點
  - 指定下一點或[弧(A)/閉合(C)/半寬(H)/長度(L)/復原(U)/寬度(W)]
- ⤳ 編輯聚合線(pedit)：
  - 選取物件
  - 如果所選取的物件不是聚合線，就需轉換成聚合線

- 輸入的選項很多，共有[閉合(C)/結合(J)/寬度(W)/編輯頂點(E)/擬合(F)/雲形線(S)/直線化(D)/線型生成(L)/復原(U)]
  其中輸入頂點編輯選項，又細分成[下一點(N)/上一點(P)/切斷(B)/插入(I)/移動(M)/重生(R)/拉直(S)/相切(T)/寬度(W)/結束(X)]
- 最常用的選為
  J：結合。一筆畫可繪製的才可以結合，可使多個物件結合成單一物件
  W：寬度。讓物件在螢幕上有自己的寬度

作法

步驟

1. 在繪圖區適當的位置，繪製直線 1(水平)與直線 2(垂直)
2. 依序偏移複製，如下圖所示
   距離 40：直線 2 → 直線 3、直線 4

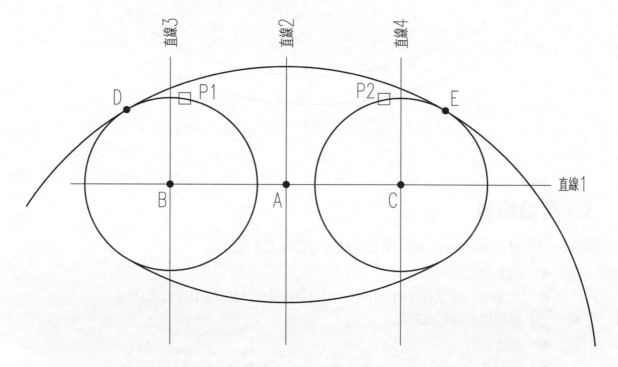

3 各以 B、C 為圓心，分別畫出兩個半徑 30 的圓

4 執行畫圓指令，輸入 T，點取 P1、P2，輸入半徑 108

5 修剪剛才畫的圓成 DE 弧，並以直線 1 為鏡射線，鏡射 DE 弧

6 修剪多餘的線段

7 執行  編輯聚合線(pedit)，點取 DE 弧，此時會詢問是否轉換成聚合線，輸入 Y，輸入 J(結合)，選取剛所繪製的所有物件即可。此時，剛才所繪製的圖形會變成一個單一的物件

8 選取於步驟七結合的聚合線，向外偏移複製距離 10

9 繪製中心線

範 例

063

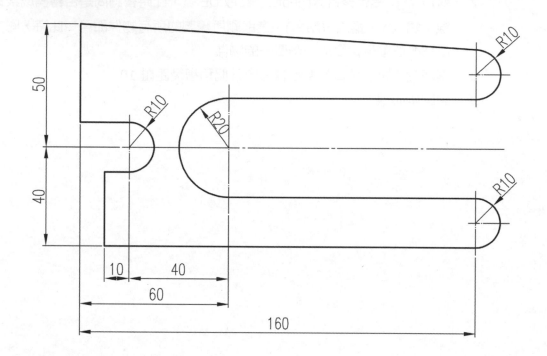

重點提示

幾何作圖綜合練習。

作法

步驟

1 在繪圖區適當的位置，繪製直線 1(水平)與直線 2(垂直)

2 依序偏移複製，如下圖所示

距離 40：直線 2 → 直線 3

距離 10：直線 3 → 直線 4；直線 4 → 直線 5

距離 160：直線 5 → 直線 6
距離 50：直線 1 → 直線 7
距離 30：直線 1 → 直線 8、直線 10
距離 10：直線 10 → 直線 9

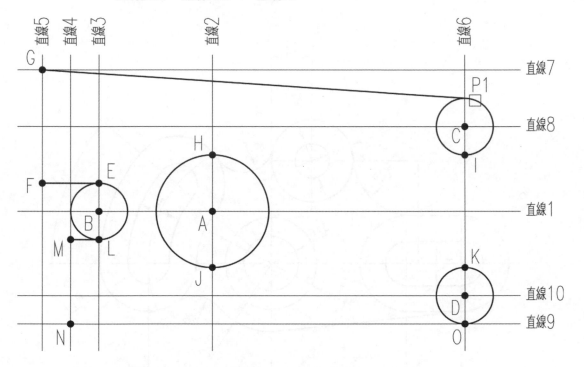

3 各以 A、B、C、D 為圓心，繪製半徑各為 20、10 的四個圓

4 畫線以交點 E 為起點，物件鎖點到直線 5 的垂直點 F，點取交點 G，再點取切點 P1

5 畫線以交點 L 為起點，物件鎖點到直線 4 的垂直點 M，點取交點 N，再點取交點 O

6 分別繪製 HI、JK 兩線段

7 修剪多餘的線段，並繪製中心線

範 例

064

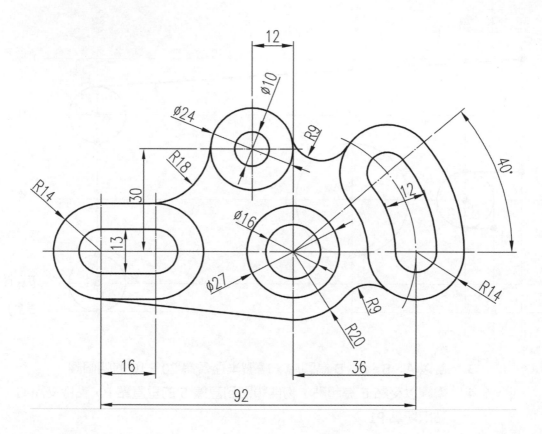

🔍 重點提示

→ 幾何作圖綜合練習。

作法

步驟

1 在繪圖區適當的位置，繪製直線 1(水平)與直線 2(垂直)

2 依序偏移複製，如下圖所示

距離 92：直線 2 → 直線 3

距離 36：直線 3 → 直線 4

距離 12：直線 4 → 直線 5

距離 30：直線 1 → 直線 6

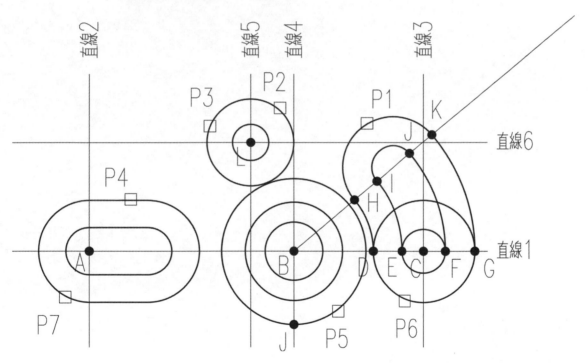

3 以點 A 為中心點繪製兩弧。先輸入 C，點取點 A，起點分別為@6.5<90、@14<90，角度 180。然後各在交於直線 2 的四個點，分別繪製 4 條 16 長的水平線。以此水平線的中點為鏡射線，鏡射剛才繪製的兩弧，完成局部的圖形

4 各以 B、C、L 三個交點為圓心，分別繪製半徑 8、13.5、20、6、14、5、12 共七個圓

5 分別以 D、E、F、G 為起點，B 為中心點，角度 40 度，分別繪出 DH 弧、EI 弧、FJ 弧、GK 弧四個弧

6 修剪在點 C 繪製的兩圓成兩半圓，以點 B 及 DH 弧中點為鏡射線，鏡射此兩弧

7 執行圓角指令，先設定半徑為 18，再點取圓角指令，分別點取 P3、P4

8 執行圓角指令，先設定半徑為 9，再點取圓角指令，分別點取 P1、P2；P5、P6

9 繪製線段，起點為點 J，選取切點 P7

10 修剪多餘的線段，並繪製中心線

065

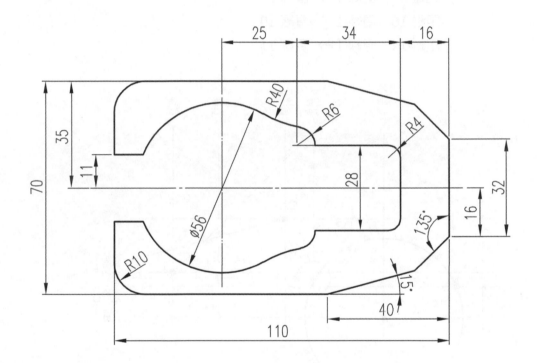

重點提示

➡ 幾何作圖綜合練習。

作法

步驟

1 在繪圖區適當的位置，繪製直線 1(水平)與直線 2(垂直)
2 依序偏移複製，如下圖所示
  距離 16：直線 2 → 直線 3
  距離 34：直線 3 → 直線 4

距離 25：直線 4 → 直線 5

距離 110：直線 2 → 直線 6

距離 40：直線 2 → 直線 7

距離 11：直線 1 → 直線 8

距離 35：直線 1 → 直線 9

距離 16：直線 1 → 直線 10

距離 14：直線 1 → 直線 11

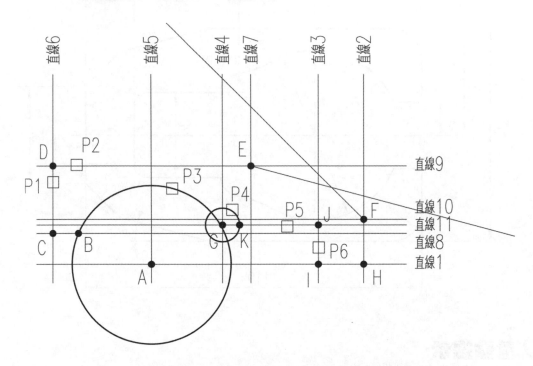

3 　各以 A、G 為圓心，分別繪製半徑 28、6 的兩個圓

4 　執行指令畫線，起點為點 B，依序連接點 C、D、E，輸入@100<-15

5 　執行指令畫線，起點為點 H，連接點 F，輸入@100<135

6 　執行指令畫線，起點為點 I，依序連接點 J、K

7 　執行圓角指令，先設定半徑為 10，再點取圓角指令，分別點取 P1、P2

8 　執行圓角指令，先設定半徑為 40，再點取圓角指令，分別點取 P3、P4

9 　執行圓角指令，先設定半徑為 4，再點取圓角指令，分別點取 P5、P6

10　修剪多餘的線段，完成上半部圖形，再以直線 1 為鏡射線，鏡射下半部圖形

066

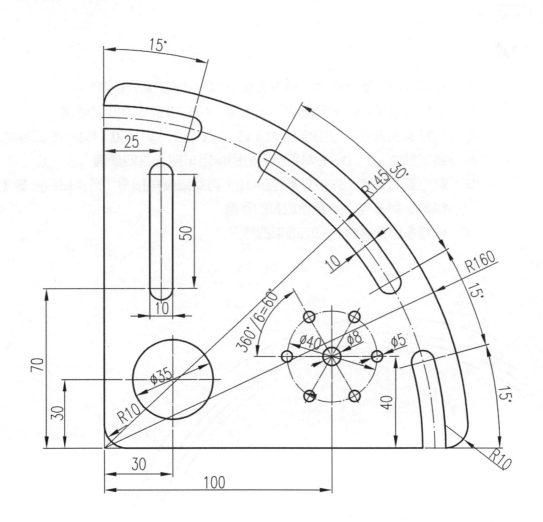

重點提示

 幾何作圖綜合練習。

作法

步驟

1　在繪圖區適當的位置，繪製直線 1(水平)與直線 2(垂直)

2　以點 A 為圓心，分別畫出半徑 140、145、150、160 四個圓

3　以點 A 為起點，分別畫出@1<15、@1<30、@1<60、@1<75 四條射線

4　各以點 B、C、D、E 為圓心，分別繪出半徑 5 共四個圓

5　執行圓角指令，先設定半徑為 10，再點取圓角指令，分別點取直線 1、直線 2 與半徑 160 圓所相鄰的各邊

6　修剪多餘的線段，完成局部的圖形

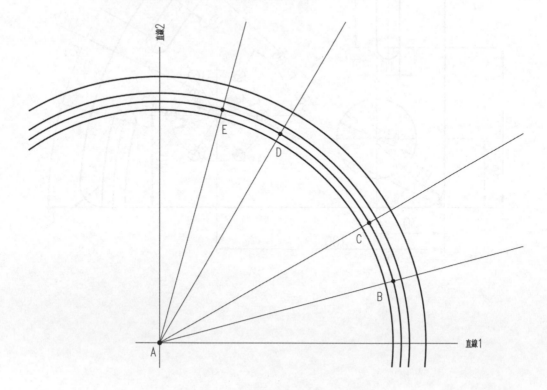

7 依序偏移複製，如下圖所示

距離 30：直線 1 → 直線 3；直線 2 → 直線 4

距離 5：直線 4 → 直線 5；直線 5 → 直線 6

距離 70：直線 1 → 直線 7

距離 50：直線 7 → 直線 8

距離 40：直線 1 → 直線 9

距離 100：直線 2 → 直線 10

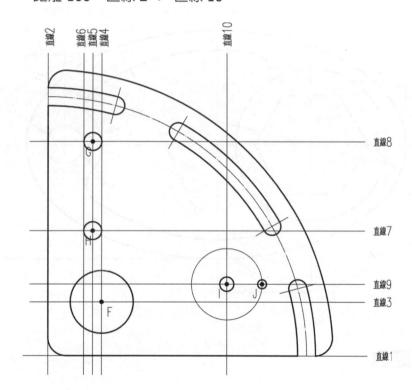

8 以點 I 為圓心，畫出半徑 20 的圓

9 各以點 F、G、H、I、J 為圓心，分別畫出半徑 17.5、5、5、4、2.5 五個圓

10 環形陣列 6 個點 J 所繪製的圓

11 修剪多餘的線段，並繪製中心線

範 例

067

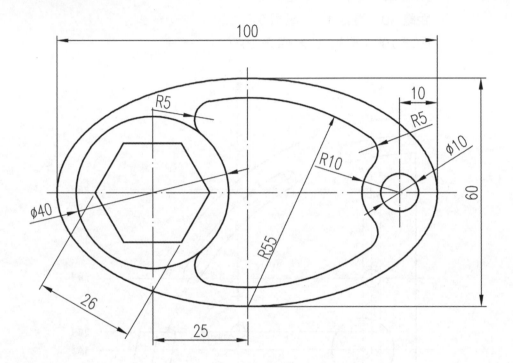

 重點提示

→ ⬭ 橢圓(ellipse)：
- 指定橢圓的軸端點或[弧(A)/中心點(C)]
- 指定軸的另一端點
- 指定到另一軸的距離或[旋轉(R)]

作法

步驟

1　在繪圖區適當的位置，繪製直線 1(水平)與直線 2(垂直)

2　依序偏移複製，如下圖所示

　　距離 25：直線 2 → 直線 3

　　距離 40：直線 2 → 直線 4

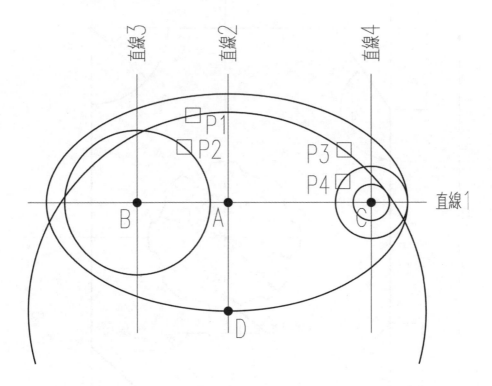

3　點取圖工具列的 ⬭ 橢圓(ellipse)，輸入 C，點取交點 A，輸入 @50<0，
輸入 @30<90

4　各以點 B、C、D 為圓心，分別繪出半徑 40、5、10、55 四個圓

5　在點 B 繪製一個半徑為 13 的外切六邊形

6　執行圓角指令，先設定半徑為 5，再點取圓角指令，分別點取 P1、P2；
P3、P4

7　以直線 1 為鏡射線，鏡射於步驟六所繪製的兩弧及半徑 55 的圓

8　修剪多餘的線段，並繪製中心線

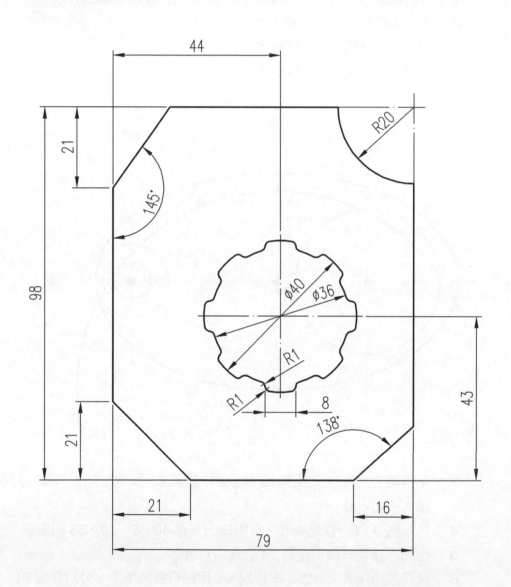

重點提示

→ 幾何作圖綜合練習。

作法

步驟

1　在繪圖區適當的位置，繪製水平 79，垂直 98 的四邊形(非聚合線)

2　依序偏移複製，如下圖所示

距離 43：直線 1 → 直線 3

距離 44：直線 2 → 直線 4

距離 4：直線 4 → 直線 5；直線 4 → 直線 6

距離 63：直線 2 → 直線 7

距離 77：直線 1 → 直線 8

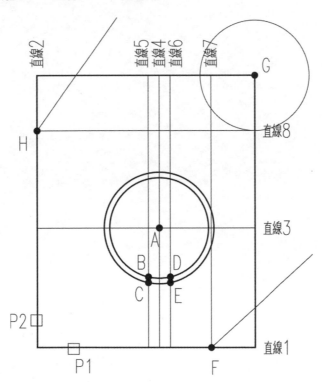

3 執行畫圓指令，以交點 A 為圓心，分別繪製半徑為 18 與 20 的兩個圓

4 連接 BC、DE 線段，再於各轉角處修正為半徑 1 之圓角，並環形陣列 8 組，完成陣列後，修剪多餘的線段

5 在點 F 繪製一條@1<42 的射線

6 在點 H 繪製一條@1<55 的射線

7 在點 G 繪製一個半徑 20 的圓

8 執行倒角指令，先輸入 D，設定兩邊的距離為 21，再執行倒角指令，點取 P1、P2 兩點

9 修剪多餘的線段，並繪製中心線

069

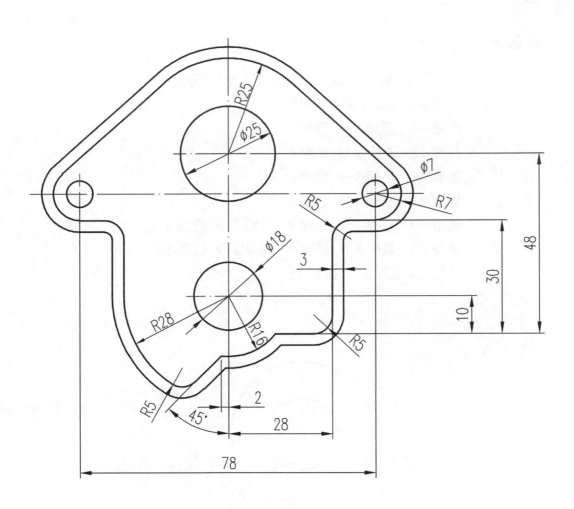

重點提示

→ 幾何作圖綜合練習。

作法

步驟

1　在繪圖區適當的位置，繪製直線 1(水平)與直線 2(垂直)

2　依序偏移複製，如下圖所示

距離 48：直線 1 → 直線 3

距離 10：直線 3 → 直線 4

距離 30：直線 3 → 直線 5

距離 37：直線 3 → 直線 6

距離 39：直線 2 → 直線 7；直線 2 → 直線 8

距離 28：直線 2 → 直線 9；直線 2 → 直線 10

距離 2：直線 2 → 直線 11

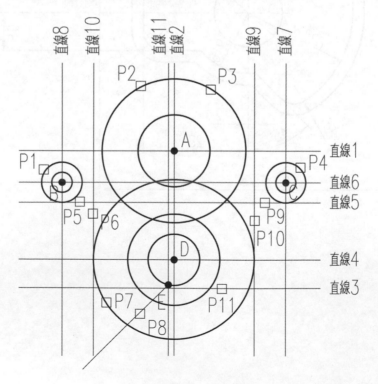

3 各以點 A、B、C、D 為圓心，分別繪出半徑各為 12.5、25、3.5、7、9、16、28 共九個圓

4 在點 E 繪出一條@1<-135 的射線

5 分別畫出切點 P1、切點 P2 與切點 P3、切點 P4 兩條切線

6 執行圓角指令，先設定半徑為 5，再點取圓角指令，分別點取 P5、P6；P7、P8；P9、P10；P10、P11

7 修剪多餘線段，並繪製中心線

8 執行編輯聚合線指令，將所繪製的輪廓，結合成一個物件，再向外偏移複製一個距離 3 的圖形

070

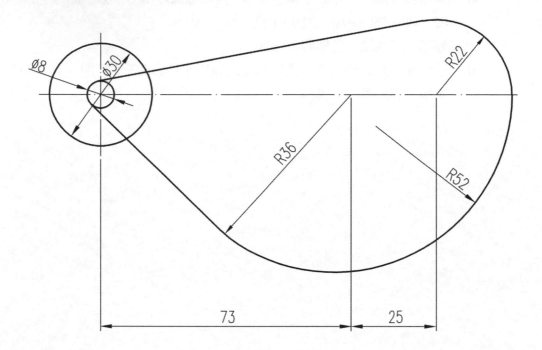

重點提示

→ 幾何作圖綜合練習。

作法

步驟

1 在繪圖區適當的位置，繪製直線 1(水平)與直線 2(垂直)

2 依序偏移複製，如下圖所示

距離 73：直線 2 → 直線 3

距離 25：直線 3 → 直線 4

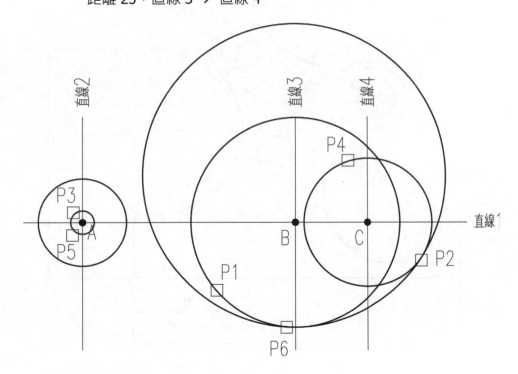

3 各以點 A、B、C 為圓心，分別畫出半徑各為 4、15、36、22 四個圓

4 執行畫圓指令，輸入 T，點取 P1、P2 兩切點，輸入 52

5 分別畫出切點 P3、切點 P4 與切點 P5、切點 P6 兩條切線

6 修剪多餘的線段，並繪製中心線

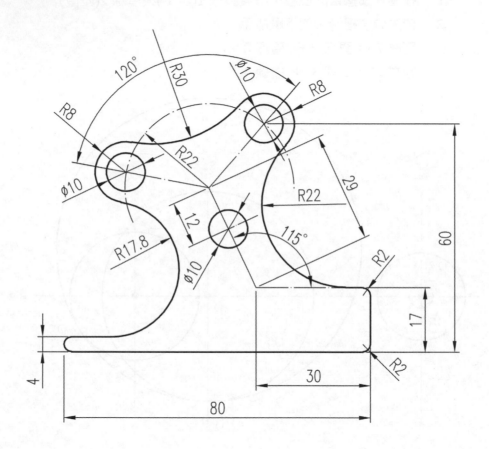

重點提示

幾何作圖綜合練習。

作法

步驟

1 在繪圖區適當的位置，繪製直線 1(水平)與直線 2(垂直)
2 依序偏移複製，如下圖所示
   距離 4：直線 1 → 直線 3
   距離 17：直線 1 → 直線 4
   距離 60：直線 1 → 直線 5
   距離 30：直線 2 → 直線 6
   距離 80：直線 6 → 直線 7

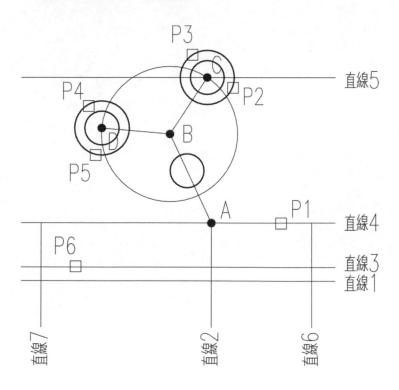

3 執行畫線指令，起點 A，輸入 @29<115
4 以點 B 為圓心，繪製一個半徑 22 的圓
5 繪製 BC 線段，環形陣列二個-120 度的 AB 線段成 BD 線段
6 各以點 C、D 為圓心，分別畫出半徑為 5、8 共四個圓

7 執行畫圓指令，指定圓心時，先點取物件鎖點的 ┄┄ 鎖點到延伸，滑鼠移至點 B 處，延著 BA 線段一小段，輸入 12，再輸入半徑 5

8 執行圓角指令，先設定半徑為 22，再點取圓角指令，分別點取 P1、P2

9 執行圓角指令，先設定半徑為 30，再點取圓角指令，分別點取 P3、P4

10 執行圓角指令，先設定半徑為 17.8，再點取圓角指令，分別點取 P5、P6

11 執行圓角指令，先設定半徑為 2，再點取圓角指令，分別將底座 4 個角，圓角成半徑 2 的圓角

範例

072

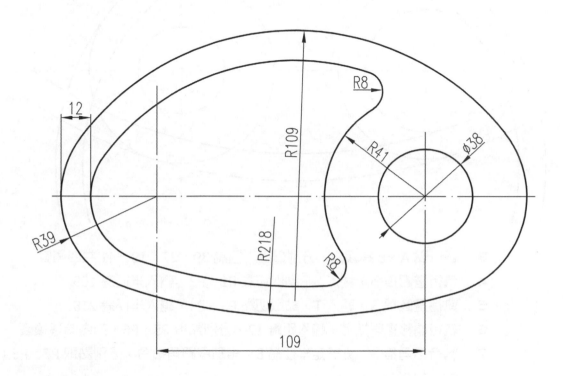

重點提示

→ 幾何作圖綜合練習。

作法

步驟

1　在繪圖區適當的位置，繪製直線 1(水平)與直線 2(垂直)

2　依序偏移複製，如下圖所示
　　距離 109：直線 2 → 直線 3

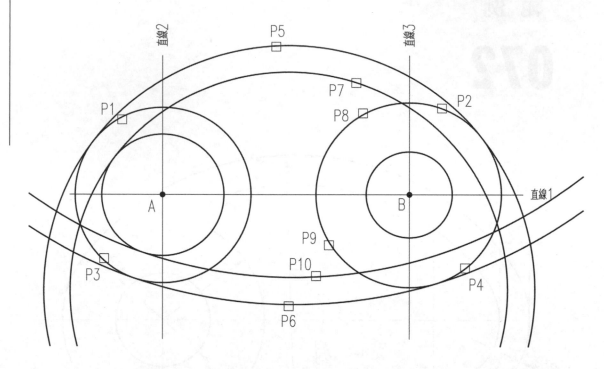

3　各以點 A、B 為圓心，分別畫出半徑為 39、27、19、41 共四個圓

4　執行畫圓指令，輸入 T，點取切點 P1、P2，輸入半徑為 109

5　執行畫圓指令，輸入 T，點取切點 P3、P4，輸入半徑為 218

6　執行偏移複製指令，輸入距離 12，分別點取 P5、P6，向內偏移複製

7　執行圓角指令，先設定半徑為 8，再點取圓角指令，分別點取 P7、P8；
　　P9、P10

8　修剪多餘的線段，並繪製中心線

範例

073

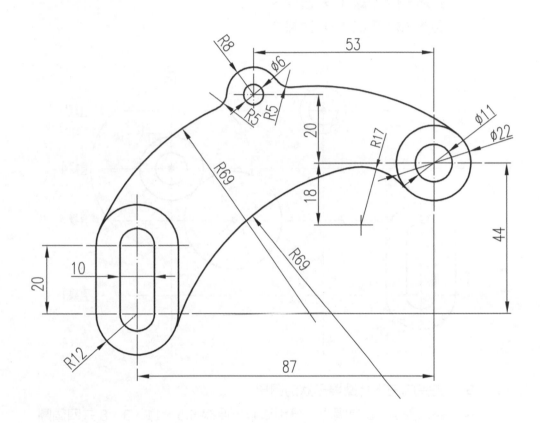

重點提示

➡ 幾何作圖綜合練習。

作法

步驟

1 在繪圖區適當的位置，繪製直線 1(水平)與直線 2(垂直)

2 依序偏移複製，如下圖所示
   距離 87：直線 2 → 直線 3
   距離 44：直線 1 → 直線 4
   距離 20：直線 4 → 直線 5
   距離 53：直線 3 → 直線 6
   距離 18：直線 4 → 直線 7

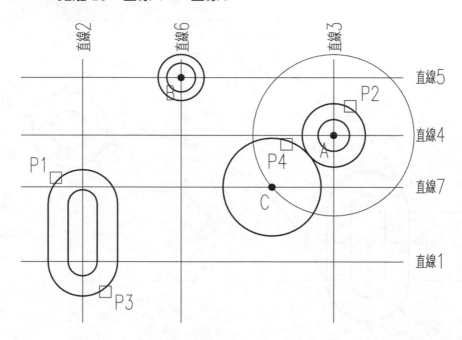

3 先完成左下方操場形狀的圖形

4 各以點 A、B 為圓心，分別繪製半徑為 5.5、11、3、8 共四個圓

5 尋找半徑 17 的圓心。因為與直徑 22 的圓相外切，所以，以點 A 為圓心，畫出一個半徑 28 的圓，交直線 7 於兩點，點 C 為所求，再以點 C 為圓心，畫出一個半徑 17 的圓，此圓一定和直徑 22 的圓相切，而且與直線 4 距離 18

6 執行畫圓指令，輸入 T，點取切點 P1、P2，輸入半徑為 69

7 執行畫圓指令，輸入 T，點取切點 P3、P4，輸入半徑為 69

8 執行圓角指令，先設定半徑為 5，再點取圓角指令，分別圖形上方兩處需圓角成半徑 5 的地方

9 修剪多餘的線段，並繪製中心線

範 例

074

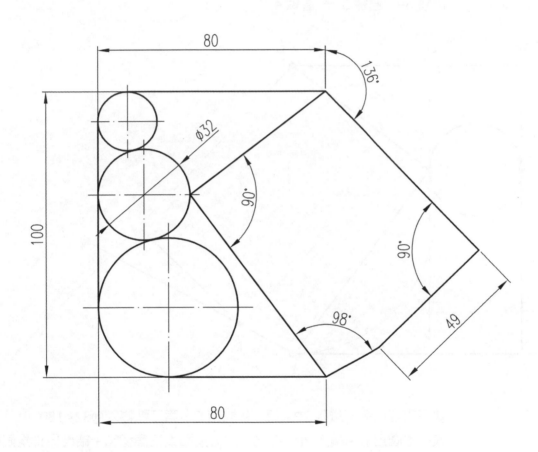

重點提示

幾何作圖綜合練習。

作法

步驟

1　執行畫線指令，起點取點 A，輸入@80<180，輸入@100<90，輸入@80<0

2 執行畫弧指令，起點為點 B，結束點為點 A，角度 180 度

3 在點 B 繪製一條射線，輸入 @1<-46(136-90=46)

4 依序偏移複製，如下圖所示

　　距離 32：直線 1 → 直線 2(交 AB 弧於兩點，點 C 為所求)

　　距離 49：直線 3 → 直線 4

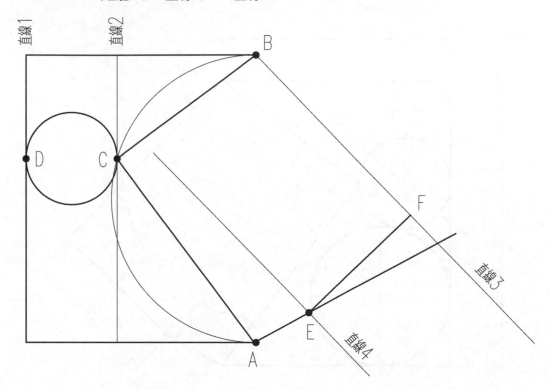

5 執行畫圓指令，輸入 2P，第一點點取 C，第二點輸入 @32<180

6 執行畫圓指令，輸入 3P，在適當處分別點取三個切點，繪製另外兩個相切圓

7 利用環形陣列，陣列 AC 線段，基準點為點 A，數量 2 個，佈滿角度-98 度，相交直線 4 於 E 點

8 執行畫線指令，起點取交點 E，選取物件鎖點的垂直點，再點取直線 3，完成後交於直線 3 於點 F

9 修剪多餘的線段，並繪製中心線

範例

075

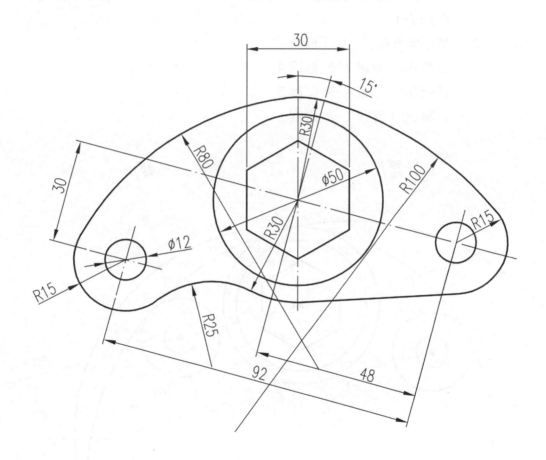

重點提示

→ 幾何作圖綜合練習。

作法

步驟

1 在繪圖區適當的位置，繪製直線 1(建構線@1<-15)與直線 2(建構線 @1<75)

2 依序偏移複製，如下圖所示
   距離 48：直線 2 → 直線 4
   距離 92：直線 4 → 直線 3
   距離 30：直線 1 → 直線 5

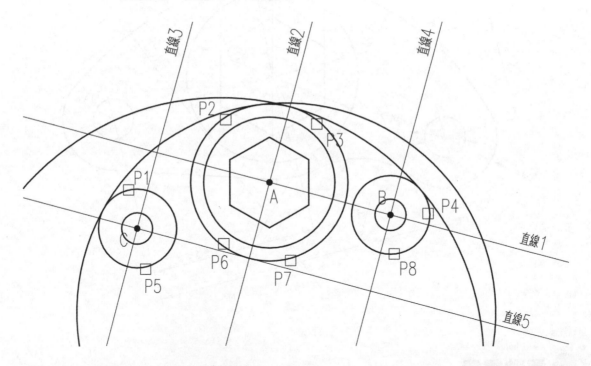

3 各以點 A、B、C 為圓心，分別畫出半徑各為 6、15、25、30 共六個圓

4 以點 A 為中心點，畫出一個外切六邊形，半徑是@15<90

5 執行畫圓指令，輸入 T，點取切點 P1、P2，輸入半徑 80

6 執行畫圓指令，輸入 T，點取切點 P3、P4，輸入半徑 100

7 執行圓角指令，先設定半徑為 25，再點取圓角指令，點取 P5、P6 兩點

8 執行畫線指令，點取切點 P7、P8

9 修剪多餘的線段，並繪製中心線

範 例

076

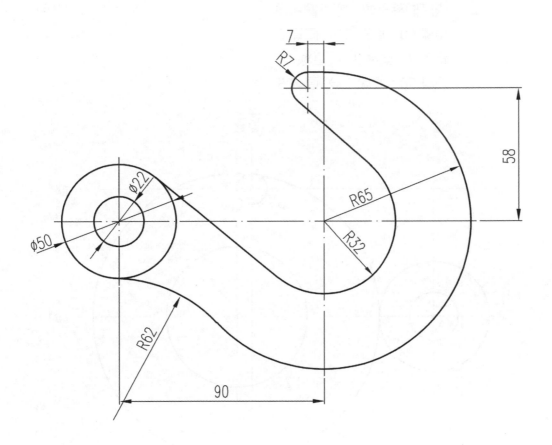

重點提示

→ 幾何作圖綜合練習。

作法

步驟

1 在繪圖區適當的位置，繪製直線 1(水平)與直線 2(垂直)
2 依序偏移複製，如下圖所示
   距離 90：直線 2 → 直線 3
   距離 7：直線 3 → 直線 4
   距離 58：直線 1 → 直線 5

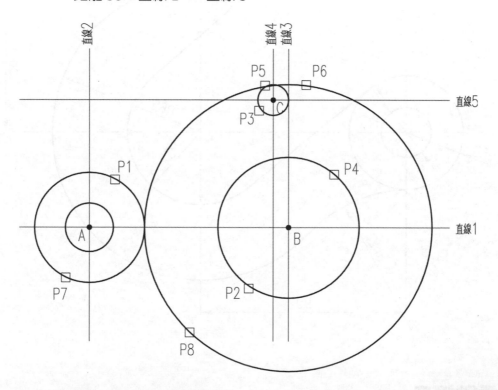

3 各以點 A、B、C 為圓心，分別畫出半徑各為 11、25、32、65、7 共五個圓
4 執行畫線指令，點取切點 P1、P2
5 執行畫線指令，點取切點 P3、P4
6 執行畫線指令，點取切點 P5、P6
7 執行圓角指令，先設定半徑為 62，再點取圓角指令，點取 P7、P8 兩點
8 修剪多餘的線段，並繪製中心線

077

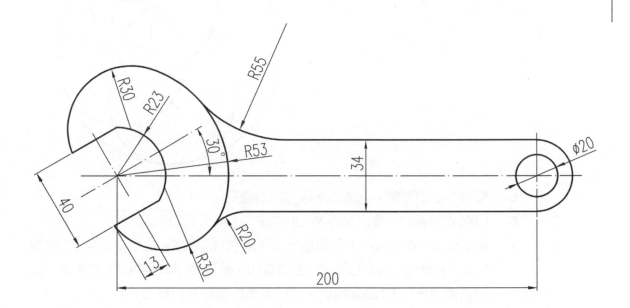

🔍 重點提示

➡ 幾何作圖綜合練習。

▌作法

步驟 △

1 在繪圖區適當的位置，繪製直線 1(水平)與直線 2(垂直)

2 以點 A 為起點，分別畫出@1<30(直線 3)、@1<120(直線 4)兩條射線

3 依序偏移複製，如下圖所示
   距離 20：直線 3 → 直線 5、直線 6
   距離 13：直線 4 → 直線 7

4 以點 A 為圓心，畫出半徑為 23 的圓

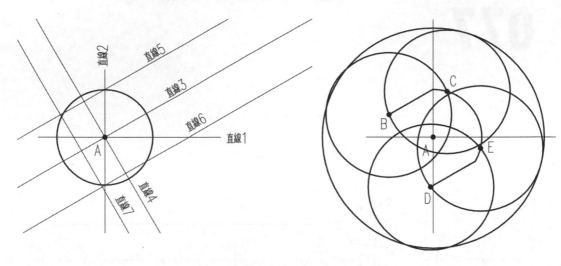

5 修剪多餘的線段，完成板手頭內口的圖形

6 以點 A 為圓心，畫出半徑為 53 的圓

7 各以點 B、D 為圓心，分別畫出半徑為 30 的兩圓，會相交半徑 23 的圓於 C、E 兩點。再各以點 C、E 為圓心，分別畫出半徑為 30 的兩圓。此兩圓會與半徑 53 的圓相切，並且各別經過點 B 與點 D

8 修剪多餘的線段，並完成板手尾的圖形

9 執行畫圓指令，輸入 T，點取 P1、P2，輸入 55

10 執行畫圓指令，輸入 T，點取 P3、P4，輸入 20

11 修剪多餘的線段，並繪製中心線

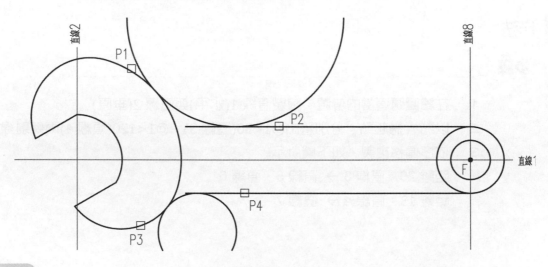

範 例

078

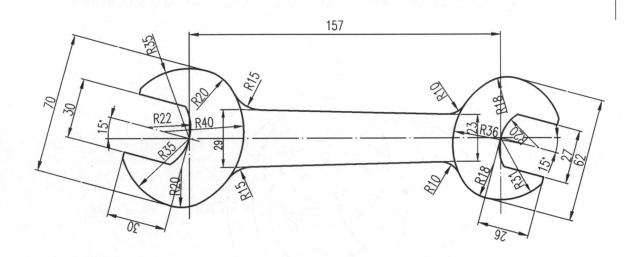

重點提示

幾何作圖綜合練習。

作法

步驟

1　在繪圖區適當的位置，繪製直線 1(水平)與直線 2(垂直)

2　以點 A 為起點，畫出@1<-15(直線 3)，@1<75(垂直於直線 3 的直線 0)。
　　移動直線 0 至直線 6 的位置上(@30<165)

3　依序偏移複製，距離 15：直線 3 → 直線 4、直線 5，如下圖所示

4　以點 A 為圓心，畫出半徑為 22 的圓，相交直線 3 於點 B，再以點 B 為
　　圓心，再畫出半徑為 22 的圓，如下圖所示

5　以點 A 為圓心，畫出半徑為 35 的圓，如下圖所示

6 以點 A 為圓心,畫出半徑為 15 的圓,如下圖所示,因為半徑 35 的圓與半徑 20 的圓相內接,所以 35-20=15;又最大距離為 70(一邊 35),向內偏移複製 20,正好為直線 4 與直線 5,並產生交點 C、D

7 各以點 C、D 為圓心,分別畫出半徑為 20 共兩個圓,如下圖所示

8 執行畫圓指令,輸入 T,點取切點 P1、P2,輸入 40,如下圖所示

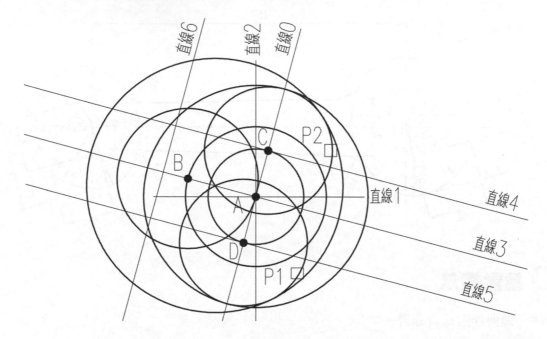

9 修剪多餘的線段,完成左邊板手頭部圖形,接下來畫右邊的板手頭部圖形

10 偏移複製,距離 157:直線 2 → 直線 7,如下圖所示

11 以點 E 為起點,畫出@1<-15(直線 8),@1<75(垂直於直線 8 的直線 0)。移動直線 0 至直線 11 的位置上(@26<-15)

12 依序偏移複製,如下圖所示

距離 13.5:直線 8 → 直線 9、直線 10

距離 31:直線 8 → 直線 12、直線 13

距離 18:直線 12 → 直線 14;直線 13 → 直線 15

13 以點 E 為圓心，畫出半徑為 20 的圓，相交直線 8 於點 F，再以點 F 為圓心，再畫出半徑為 20 的圓，如下圖所示

14 以點 E 為圓心，畫出半徑為 31 的圓，如下圖所示

15 以點 E 為圓心，畫出半徑為 13 的圓，如下圖所示，因為半徑 31 的圓與半徑 18 的圓相內接，所以 31-18=13；又最大距離為 62(直線 12 與直線 13)，向內偏移複製 18，正好為直線 14 與直線 15，並產生交點 G、H

16 各以點 G、H 為圓心，分別畫出半徑為 18 共兩個圓，如下圖所示

17 執行畫圓指令，輸入 T，點取切點 P3、P4，輸入 36，如下圖所示

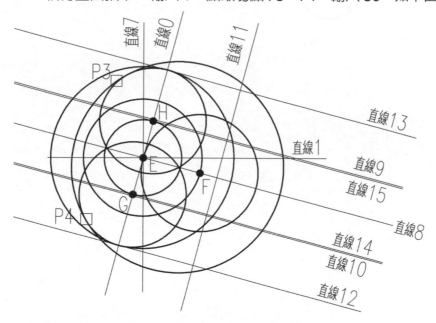

18 修剪多餘的線段，完成右邊的板手頭部圖形

19 依序偏移複製，如下圖所示

距離 14.5：直線 1 → 直線 16、直線 17

距離 11.5：直線 1 → 直線 18、直線 19

20 執行圓角指令，分別設定半徑為 15 與 10，再點取圓角指令，分別在 P5、P6；P7、P8；P9、P10；P11、P12 執行(或使用切點、切點、半徑的畫圓方式)

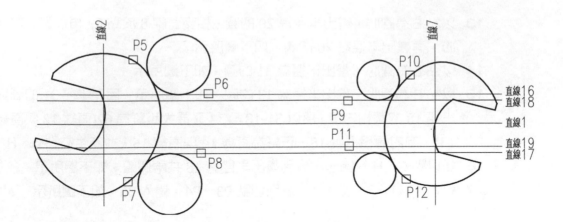

範 例

079

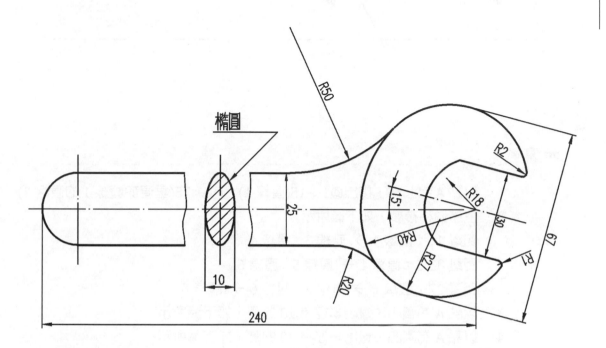

橢圓

R50

R2

25

R18

15°

30

R40

R27

67

R20

R7

10

240

重點提示

- 雲形線(spline)，繪製雲形線，結束指令前需指定起點與終點的切線方向。
- 編輯雲形線(splinedit)。
- 徒手描繪(sketch)。設定變數 SKPOLY=1 畫出來的線為聚合線。
- 下面介紹折斷線的三種畫法。

1.聚合線＋編輯聚合線－＞擬合
pline+pedit-＞F

2.雲形線:(spline)

3.徒手描繪:sketch

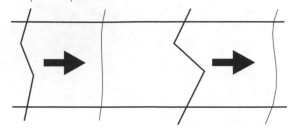

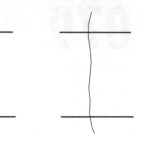

作法

步驟

1 以點 A 為起點，畫出@1<-15(直線 1)，@1<75(垂直於直線 1 的直線 2)

2 依序偏移複製，如下圖所示

距離 15：直線 1 → 直線 3、直線 4

距離 33.5：直線 1 → 直線 5、直線 6

距離 27：直線 5 → 直線 7；直線 6 → 直線 8

3 以點 A 為圓心，畫出半徑為 18 的圓，如下圖所示

4 以點 A 為圓心，畫出半徑為 40 的圓，如下圖所示

5 以點 A 為圓心，畫出半徑為 13 的圓，如下圖所示，因為半徑 40 的圓與半徑 27 的圓相內接，所以 40-27=13；又最大距離為 67(直線 5 與直線 6)，向內偏移複製 27，正好為直線 7 與直線 8，並產生交點 B、C

6 各以點 B、C 為圓心，分別畫出半徑為 27 共兩個圓，如下圖所示

7 執行圓角指令，設定半徑為 2，再點取圓角指令，分別點取 P1、P2；P3、P4

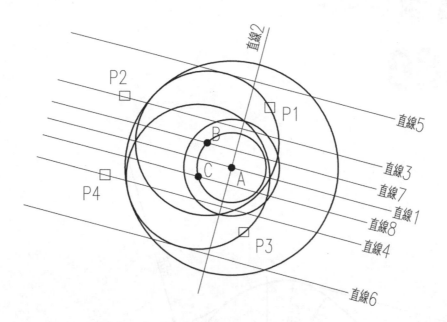

8　修剪多餘的線段，完成板手頭部圖形

9　在適當處完成板手柄的繪製

10　依上頁重點提示之方法，繪製折斷線，並改變顏色成紅色(細線)

11　繪製旋轉剖面。在折斷線中間繪製一兩軸長各為 25、10 的橢圓形，並
　　點取剖面線

12　修剪多餘的線段，並繪製中心線

範 例

080

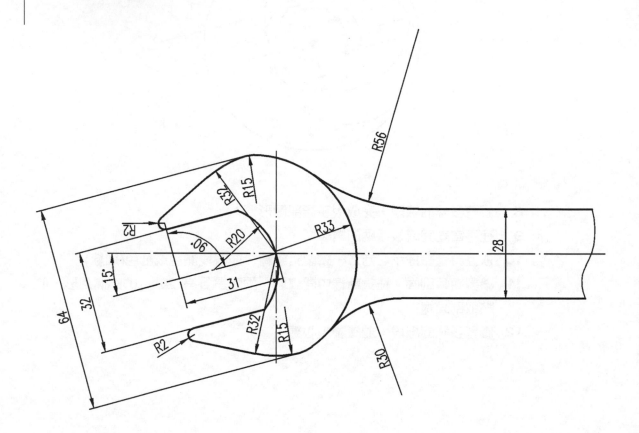

🔍 重點提示

➡️ 幾何作圖綜合練習。

作法

步驟

1 以點 A 為起點，畫出@1<15(直線 1)，@1<-75(垂直於直線 1 的直線 2)

2 使用之前方法，繪製板手頭部內口的圖形，如下圖所示(弧)

3 依序偏移複製，如下圖所示

   距離 31：直線 2 → 直線 3

   距離 32：直線 1 → 直線 4、直線 5

   距離 15：直線 4 → 直線 6；直線 5 → 直線 7

4 以點 A 為圓心，畫出半徑為 32 的圓，如下圖所示

5 以點 A 為圓心，畫出半徑為 17 的圓，如下圖所示，因為半徑 40 的圓與
   半徑 27 的圓相內接，所以 40-27=13；又最大距離為 64(直線 4 與直線
   5)，向內偏移複製 15，正好為直線 6 與直線 7，並產生交點 B、C

6 各以點 B、C 為圓心，分別畫出半徑為 15 共兩個圓，如下圖所示

7 執行畫圓指令，輸入 T，再點取切點 P1、P2，輸入半徑 33，如下圖所示

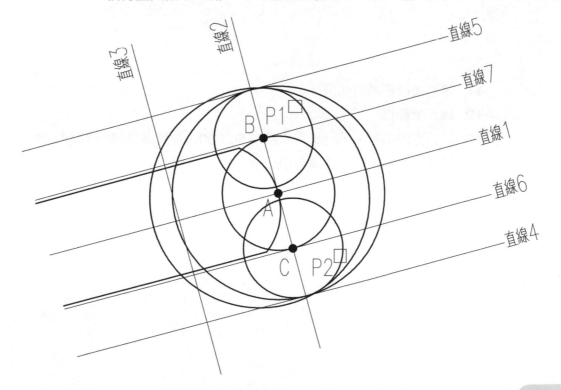

8 　修剪多餘的線段，依序偏移複製，如下圖所示
　　距離 2：直線 8 → 直線 10；直線 9 → 直線 11

9 　各以點 D、E 兩點為圓心，分別畫出半徑為 2 的兩個圓

10 　執行畫線指令，點取切點 P3、P4；P5、P6，分別畫出兩條切線

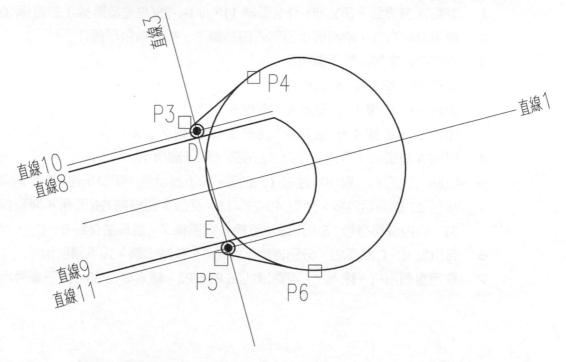

11 　繪製後段把柄的部份

12 　繪製折斷線

13 　執行圓角指令，分別輸入半徑為 56、30，在適當處執行圓角指令

14 　修剪多餘的線段，並繪製中心線

補充

→ 當執行 ▢ 圓角(fillet)指令時，會自動作修剪的動作。當原本的弧或線因圓角而有改變時，可以使用 ⊣⋯ 延伸(extend)或 ▧ 拉伸(stretch)指令，將其還原

→ 已經畫了 4 支板手了，相信對多半徑的弧，能得心應手。在作圓心中心點的輔助線時，兩圓相外切，則兩半徑相加；兩圓相內接，則兩圓半徑相減

範 例

081

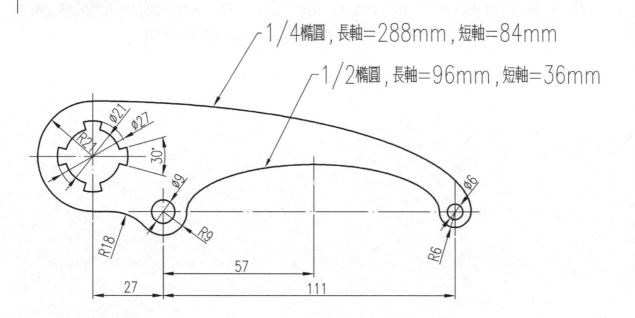

1/4橢圓, 長軸=288mm, 短軸=84mm

1/2橢圓, 長軸=96mm, 短軸=36mm

重點提示

➡ 幾何作圖綜合練習。

作法

步驟

1　在繪圖區適當的位置，繪製直線 1(水平)與直線 2(垂直)

2　依序偏移複製，如下圖所示
　　距離 21：直線 1 → 直線 3
　　距離 27：直線 2 → 直線 4
　　距離 57：直線 4 → 直線 5
　　距離 111：直線 4 → 直線 6

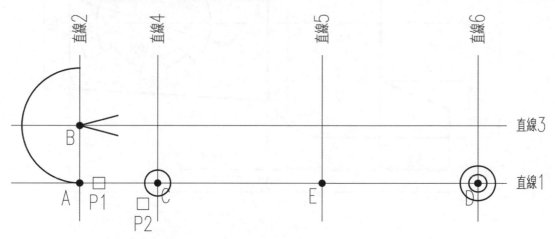

3　執行畫弧指令，點 A 為起點，終點輸入 @42<90，角度輸入 -180

4　以點 B 為圓心，分別畫出半徑各為 10.5、13.5 的兩個圓

5　分別在點 B 畫出兩條線，@13.5<15，@13.5<-15。環形陣列 4 組這兩條線，並修剪多餘的線段

6　以點 C 為圓心，分別畫出半徑為 4.5、9 的兩個圓

7　以點 D 為圓心，分別畫出半徑為 3、6 的兩個圓

8　執行橢圓指令，輸入 C，中心點選取點 E，輸入 @48<0，輸入 18

9　執行橢圓指令，輸入 C，中心點選取點 A，輸入 @144<0，輸入 42

10　修剪多餘的線段，並繪製中心線

範 例

082

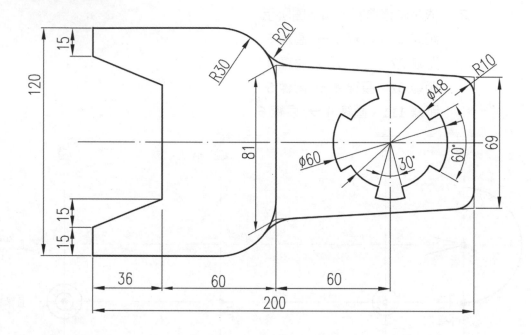

重點提示

➡ 幾何作圖綜合練習。

作法

步驟

1 在繪圖區適當的位置，繪製直線 1(水平)與直線 2(垂直)

2 以點 A 為基準點，完成如下圖齒輪狀的圖形

3 依序偏移複製，如下圖所示

　　距離 60：直線 2 → 直線 3、直線 4；直線 1 → 直線 9

距離 36：直線 4 → 直線 5
距離 200：直線 5 → 直線 6
距離 34.5：直線 1 → 直線 7
距離 40.5：直線 1 → 直線 8
距離 15：直線 9 → 直線 10、直線 11

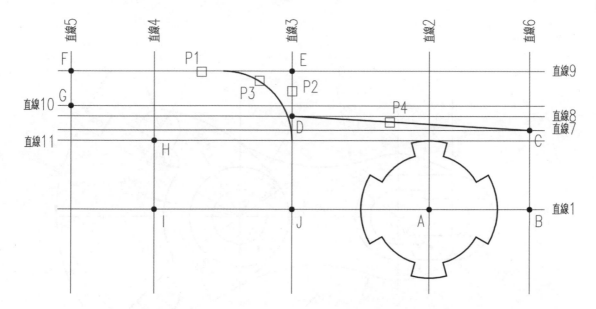

4 執行畫線指令，起點選取點 B，依序連接點 C、點 D

5 執行畫線指令，起點選取點 J，依序連接點 E、F、G、H、I

6 執行圓角指令，設定半徑為 30，再執行圓角指令，點取 P1、P2 兩點

7 執行圓角指令，設定半徑為 20，再執行圓角指令，點取 P3、P4 兩點

8 選取所需的線段，以直線 1 為鏡射線，完成下半部的圖形

9 修剪多餘的線段，並繪製中心線

範 例

083

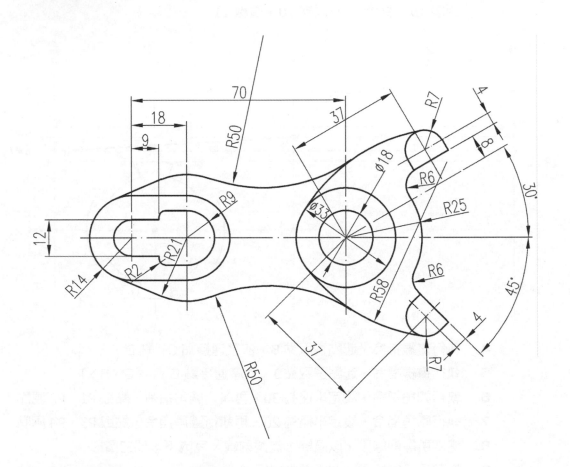

重點提示

➡ 幾何作圖綜合練習。

作法

步驟

1 在繪圖區適當的位置，繪製直線 1(水平)與直線 2(垂直)

2 以點 A 為基準，完成如下圖所示

3 執行偏移複製，輸入距離 70：直線 2 → 直線 3

4 執行畫圓指令，以點 B 為圓心，分別畫出半徑為 9、16.5、25 共三個圓

5 執行射線指令，以點 B 為起點，分別輸入@1<-45(直線 4)，@1<30(直線 5)

6 依序偏移複製，如下圖所示

    距離 8：直線 5 → 直線 6

    距離 4：直線 6 → 直線 7；直線 4 → 直線 8

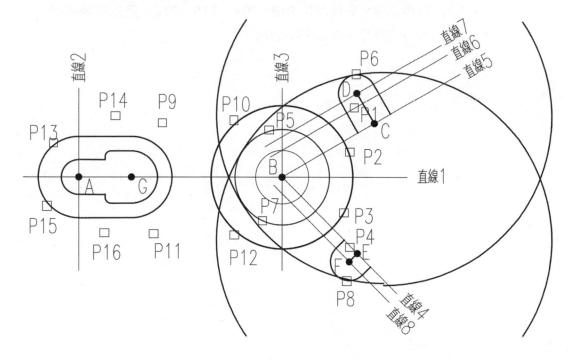

7 執行畫線指令，起點先點取物件鎖點的延伸，從點 B，延著直線 5 的方向，輸入 37，此時會抓到點 C，下一點取選與直線 7 的垂直點 D。執行偏移複製指令，各往左右偏移製 7，產生兩條線段，再畫上半圓弧，如上圖所示

8 執行畫線指令，起點先點取物件鎖點的延伸，從點 B，延著直線 4 的方向，輸入 37，此時會抓到點 E，下一點取選與直線 8 的垂直點 F。執行偏移複製指令，各往左右偏移製 7，產生兩條線段，再畫上半圓弧，如上圖所示

9 執行畫圓指令，輸入 T，使用切點、切點、半徑的方法，分別點取 P5、P6；P7、P8 半徑皆為 58 的兩個圓，如上圖所示

10 執行畫線指令，以點 G 為圓心，畫出一個半徑為 21 的圓，如上圖所示

11 執行圓角指令，分別點取 P9、P10；P11、P12，完成兩個半徑為 50 的圓角

12 執行畫線指令，分別點取 P13、P14；P15、P16，完成兩條切線

13 修剪多餘的線段，並繪製中心線

084

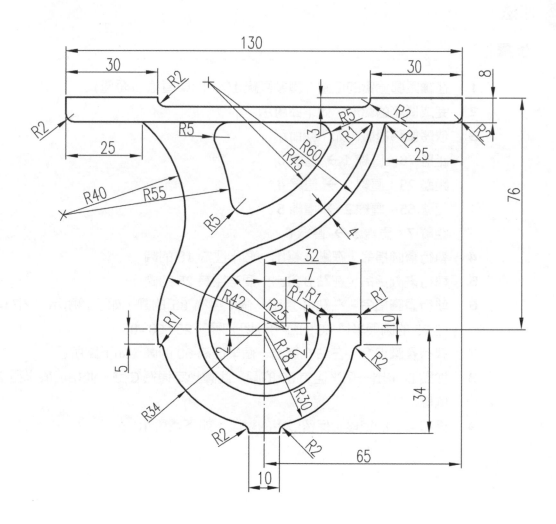

重點提示

➡ 幾何作圖綜合練習。

作法

步驟

1. 在繪圖區適當的位置，繪製直線 1(水平)與直線 2(垂直)
2. 完成頂座的圖形，如下圖所示
3. 依序偏移複製，如下圖所示

   距離 76：直線 1 → 直線 3

   距離 25：直線 2 → 直線 4

   距離 65：直線 2 → 直線 5

   距離 7：直線 5 → 直線 6

4. 執行畫圓指令，在點 A 畫出一個半徑為 18 的圓
5. 執行畫圓指令，在點 B 畫出一個半徑為 25 的圓
6. 執行畫圓指令，在點 B 畫出一個半徑為 85 的圓，如下圖所示。因為半徑 25 的圓與半徑 60 的圓相外切，所以 25+60=85
7. 執行畫圓指令，在點 C 畫出一個半徑為 60 的圓，如下圖所示
8. 從點 D 畫出一個半徑為 60 的圓，此圓必定通過 C 點，並相切於半徑 25 的圓
9. 修剪多餘的線段，保留最粗的線段，如下圖所示

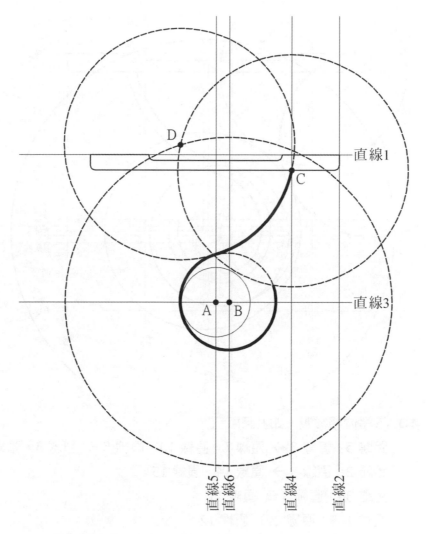

直線1

D

C

直線3

A B

直線5
直線6

直線4

直線2

10 執行編輯聚合線的指令(PEDIT)，將最粗線段部份的三段弧，結合成單一
物件(聚合線)。

即：在指令下輸入 PEDIT | Enter | → 選取最粗之任一段線段 → Y | Enter |
→ 輸入 J | Enter | → 依次點取三段最粗線段 | Enter | | Enter |

11 選取步驟 10 的弧，向左距離 4，偏移複製一條弧

12 刪除多餘的物件，修剪多餘的線段

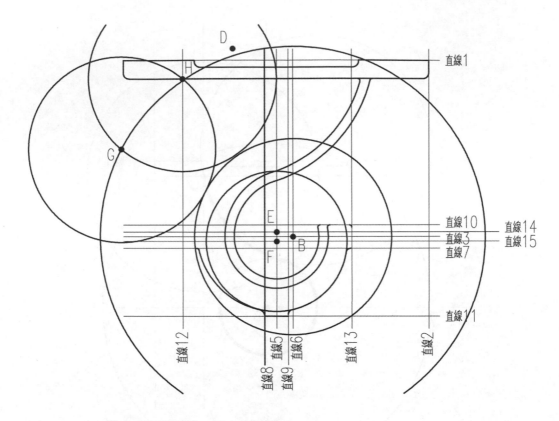

13 依序偏移複製，如上圖所示

距離 5：直線 3 → 直線 7、直線 10；直線 5 → 直線 8、直線 9

距離 2：直線 3 → 直線 14、直線 15

距離 34：直線 3 → 直線 11

距離 105：直線 2 → 直線 12

距離 32：直線 5 → 直線 13

14 執行畫圓指令，在點 F 畫出一個半徑為 30 的圓，如上圖所示

15 完成之前步驟所繪製的圓弧與頂座的圖形，其中多處接觸點的圓角半徑為 1，當執行圓角，線段被修剪時，使用拉伸指令將原線段還原

16 完成掛勾頭部繪製，如上圖所示

17 執行畫圓指令，在點 E 畫出一個半徑為 82 的圓，如上圖所示。因為半徑 42 的圓半徑 40 的圓相外切，所以 42+40=82

18 執行畫圓指令，在點 H 畫出一個半徑為 40 的圓，如上圖所示

19 執行畫圓指令，在點 E 畫出一個半徑為 42 的圓，如上圖所示

20 執行畫圓指令，在點 G 畫出一個半徑為 40 的圓，如上圖所示

21 修剪於步驟 19、20 所畫的兩圓，如上圖所示，保留兩段弧

22 刪除多餘的物件，修剪多餘的線段

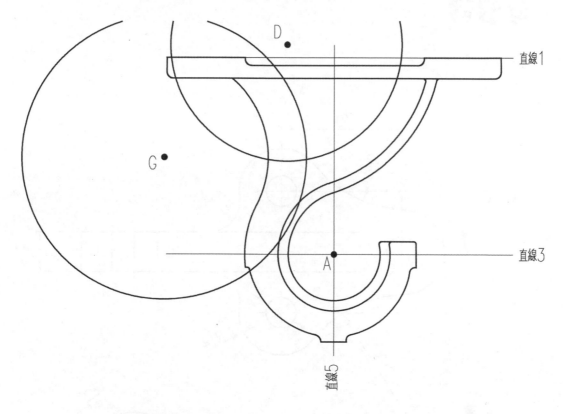

23 執行畫圓指令，在點 D 畫出一個半徑為 45 的圓，如上圖所示

24 執行畫圓指令，在點 G 畫出一個半徑為 55 的圓，如上圖所示

25 執行圓角指令，先設定半徑為 5，再執行圓角指令，在步驟 23、24 所畫出的兩圓與頂座所構成的區域，分別畫出三個半徑為 5 的圓角

26 刪除多餘的物件，修剪多餘的線段，並繪製中心線

心 得

　　製圖除了要細心，還要有恆心。本題雖然步驟多，但是只要按步就班，再複雜的圖，也迎刃而解。

範 例

085

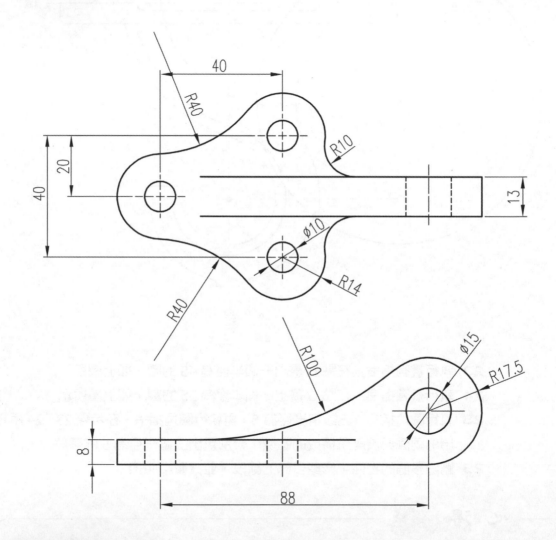

重點提示

- 幾何作圖綜合練習。
- 一次繪製兩個視圖：俯視圖、前視圖。
- 切線的終點，可以用投影的方式取得。

作法

步驟

1 在繪圖區適當的位置，繪製直線 1(水平)與直線 2(垂直)

2 依序偏移複製，如下圖所示

距離 40：直線 2 → 直線 3

距離 20：直線 1 → 直線 4、直線 5

距離 6.5：直線 1 → 直線 6、直線 7

距離 88：直線 3 → 直線 8

距離 17：直線 8 → 直線 9

距離 7.5：直線 8 → 直線 10、直線 11

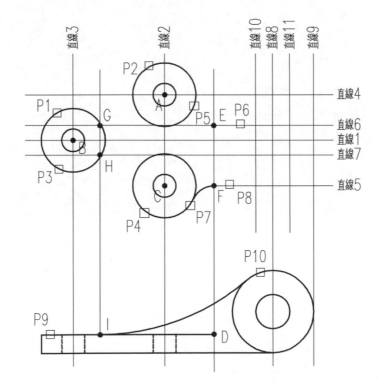

3 在點 A 分別畫出半徑為 5、14 的兩個圓，再將此兩個複製到點 B、點 C

4 執行圓角指令，分別點取 P1、P2；P3、P4，完成半徑為 40 的兩個圓角

5 執行圓角指令，分別點取 P5、P6；P7、P8，完成半徑為 10 的兩個圓角

6 修剪直線 10、直線 11，並變更成虛線(中線)

7 修剪多餘的線段，完成俯視圖。拉伸必的輔助線，完成部份的前視圖圖形

8 執行圓角指令，點取 P9、P10，完成半徑為 100 的圓角

9 從點 I 畫一條垂直線，分別交於直線 6、直線 7 於 G、H 兩點，此兩個點為直線 6、直線 7 的終點

10 從點 E 畫一條垂直線，相交於前視圖於 D 點，此點為該線段的終點

11 刪除輔助線，修剪多餘的線段，並繪製中心線

什麼是投影？

投影的意思，就是假想一透明平面，放置於物體與觀察者之間，以一定規則之投射線，將物體各個部份之頂點、輪廓、極限及表面或內部之變化投射，而在這平面留下原物體之物像，此一物像圖，即稱爲該物體在平面之投影。

投影依投射線與投射面之關係，可分爲平行投影和透視投影兩大類。平行投影乃觀察者距離物體無窮遠處，由觀察者之眼睛至物體上各點之視線，皆相互平行，故投射線也相互平行。若觀察者距離物體之距離有限，此時所有之投射線都集中在視點，即觀察者之眼睛，此種投影稱爲透視投影，如下圖所示。

平行投影與透視投影尙可細分如下表：

			正投影	
投影	平行投影	垂直投影	立體正投影	等角投影
				二等角投影
				不等角投影
		斜投影		
	透視投影	一點透視(平行透視)		
		二點透視(成角透視)		
		三點透視(斜透視)		

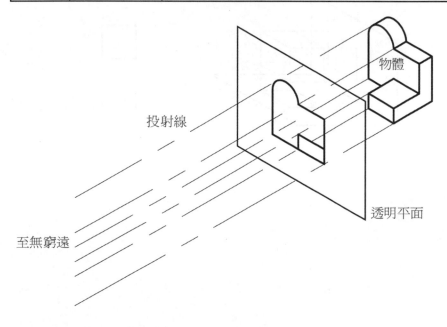

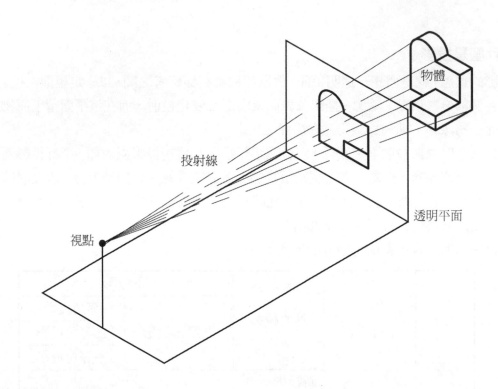

物體

投射線

透明平面

視點

各種投影視圖

正投影

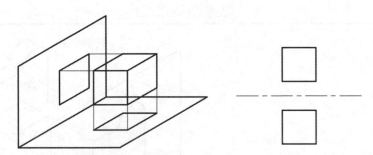

等角投影

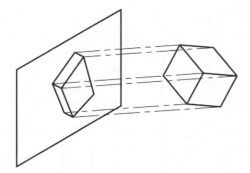 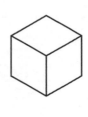

斜投影

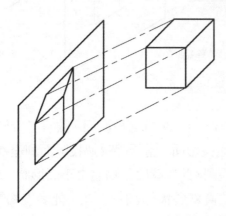

透視投影

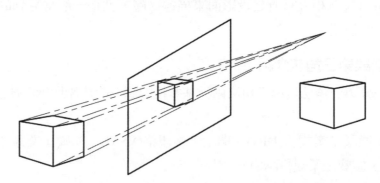

正投影之原理

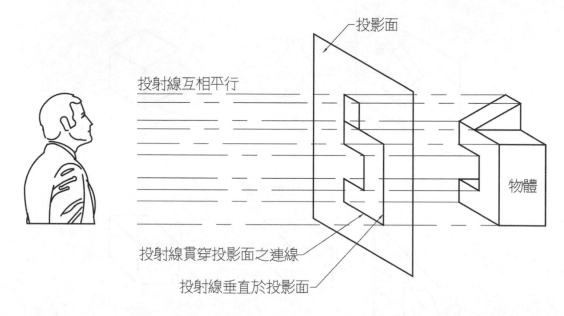

正投影之原理乃假設在物體之正前方，有一平行之投影面，觀察者自無窮遠處向物體垂直視之，故其投射線相互平行，且垂直投影面。當視線透過投影面到達物體時，物體上各點向投影面所作之垂線，便成為此一視圖，此視圖與該物體之正面形狀、大小完全相同。

正投影之每一視圖，雖顯現出正面之真實形狀、大小，但並不能表現物體之三度空間。換句話說，正投影之每一視圖只能表示其兩度空間，故一般物體欲用正投影描述其形狀、大小時，需同時有幾個相互垂直之投影面來描述物體，就是一般常見到的三視圖—俯視圖、前視圖、右側視圖。

 第一角法與第三角法介紹

正投影畫法分第一角法與第三角法兩種基本投影制，分別為世界各國之製圖規格之基本圖示法則：

第一角法：德國工業規格(DIN)、瑞士工業規格(VSM)、法國工業規格(NF)、意大利工業規格(UNI)、挪威工業規格(NS)。

第三角法：美國工業規格(ANS)。

第一角法與第三角法並用：中國國家標準(CNS)、日本工業規格(JIS)、國際標準化機構(ISO)、英國工業規格(BS)。

第一角法與第三角法之區別

(1) 物體擺放位置不同：以兩對平面互相垂直相接，構成垂直與水平二投影面，將空間分成四等份，按逆時針方向，依序命名為第一象限、第二象限、第三象限，第四象限。若物體置於第一象限內所作之投影，稱為第一角法投影；若物體置於第三象限內所作之投影，稱為第三角法投影。

(2) 投影方法不同：第一角法投影之物體，置於投影面之前，故投影線先投射到物體，然後透過物體再投射到投影面上。而第三角法是把物體置於投影面之後，故視線先投射到投影面，然後再投影到物體上，將物體之形狀反投至投影面上。

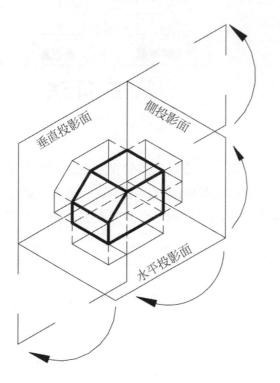

第一角法

垂直投影面	側投影面
前視圖	左側視圖
水平投影面	
俯視圖	

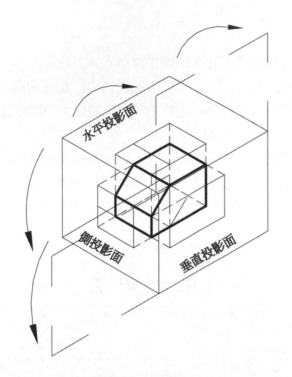

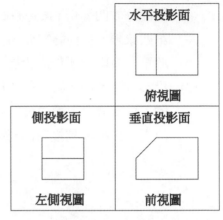

第三角法

(3) 投影面構成透明箱之攤平方式不同：第一角法以具有前視圖之一面爲基準，將其餘各投影面由近處翻至遠處，而與前視圖成同一平面。第三角法亦以具有前視圖之一面爲基準，其餘各面則由遠處翻至近處，而與前視圖成同一平面。可參考下圖所示。

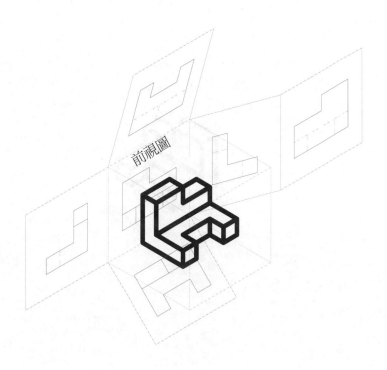

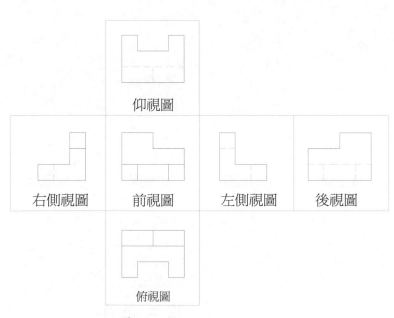

第一角法

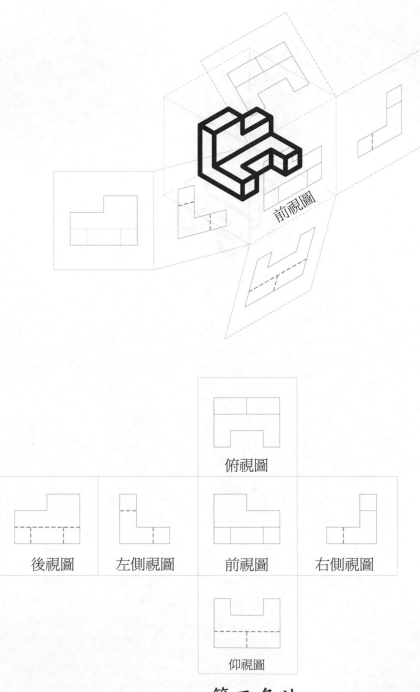

俯視圖

後視圖　左側視圖　前視圖　右側視圖

仰視圖

第三角法

(4) 基本六種視圖擺的位置不同：第一角法與第三角法除前視圖與後視圖之形狀及位置完全相同外，其餘各視圖之形狀相同，但是位置則相反。

(5) 符號不同：符號如下所示。

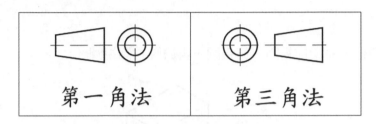

投影圖

001

投影視圖練習。先繪前視圖、俯視圖，再繪製右側視圖。

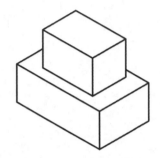

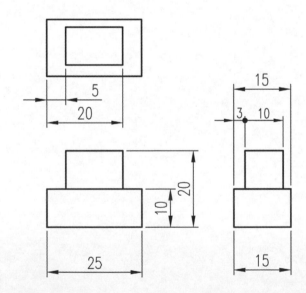

重點提示

➤ 參考題目，在適當位置先繪出前視圖。

➤ 使用 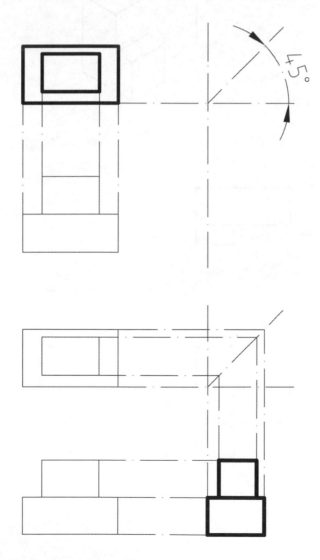 建構線(xline)，在前視圖各頂點繪製垂直線，完成俯視圖。

➤ 自俯視圖及前視圖，適當的距離繪出垂直線及水平線，在交點繪製一條 45 度建構線。

➤ 從俯視圖各頂點繪製水平建構線與剛剛畫的 45 度建構線各交點再繪製垂直建構線。

➤ 與前視圖之水平投影線投影得到各個交點，完成右側視圖繪製。如下圖所示：

投影圖

002

投影視圖練習。先繪前視圖、右側視圖，再繪製俯視圖。

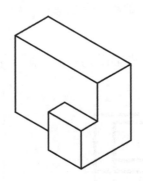

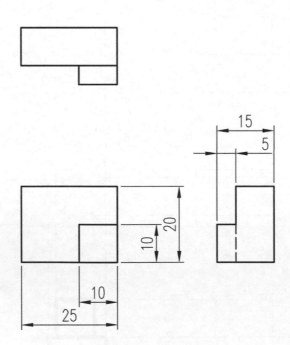

重點提示

➡ 參考題目，在適當位置先繪出前視圖。

➡ 使用 建構線(xline)，在前視圖各頂點繪製水平線，完成右側視圖。

➡ 自前視圖及右側視圖適當的距離繪出垂直線及水平線，在交點繪製一條 45 度建構線。

➡ 從右側視圖各頂點繪製垂直建構線與剛剛畫的 45 度建構線各交點再繪製水平建構線。

➡ 與前視圖各頂點投影得到各個交點，完成俯視圖繪製。如下圖所示：

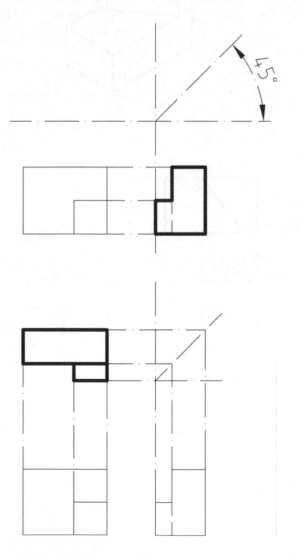

投影圖

003

投影視圖練習。先繪俯視圖、右側視圖,再繪製前視圖。

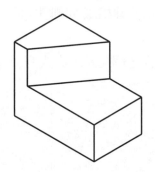

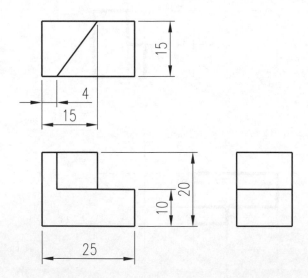

 重點提示

➡ 參考題目，在適當位置先繪出俯視圖。

➡ 參考題目，在適當位置再繪出右側視圖。

➡ 使用 建構線(xline)，在俯視圖各頂點繪製垂直線。

➡ 自右側視圖各頂點繪製水平線。

➡ 找到各個交點，完成前視圖繪製。如下圖所示：

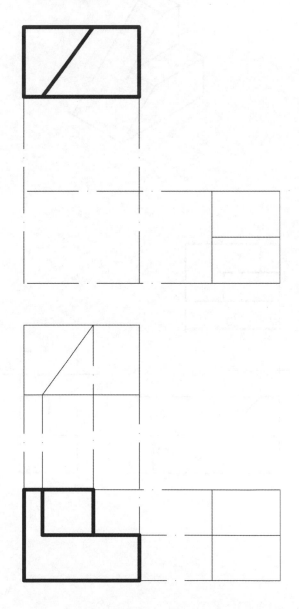

投影圖

004

投影視圖練習。繪製三視圖。

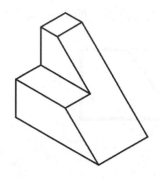

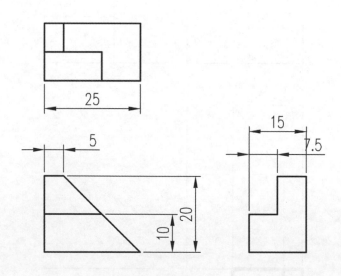

🔍 重點提示

→ 依之前範例之繪圖要領，繪製三視圖。如下圖所示：

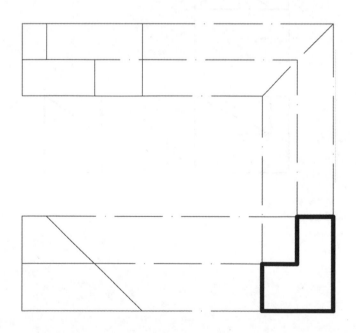

投影圖

005

投影視圖練習。繪製三視圖。

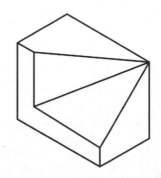

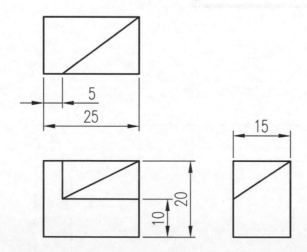

 重點提示

➡️ 依之前範例之繪圖要領，繪製三視圖。如下圖所示：

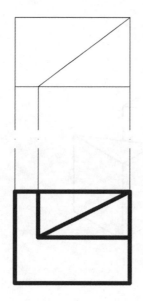

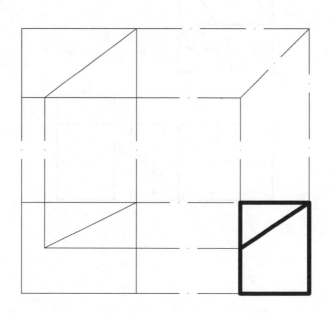

投影圖

006

投影視圖練習。繪製三視圖。

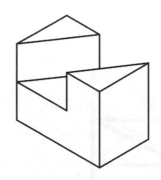

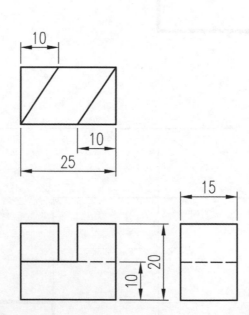

重點提示

依之前範例之繪圖要領，繪製三視圖。如下圖所示：

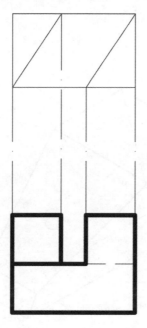

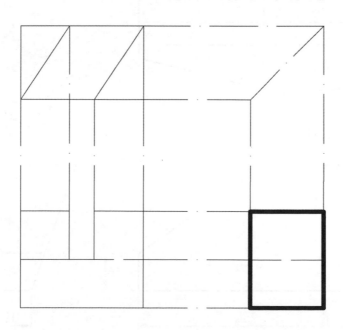

投影圖

007

輔助視圖練習。

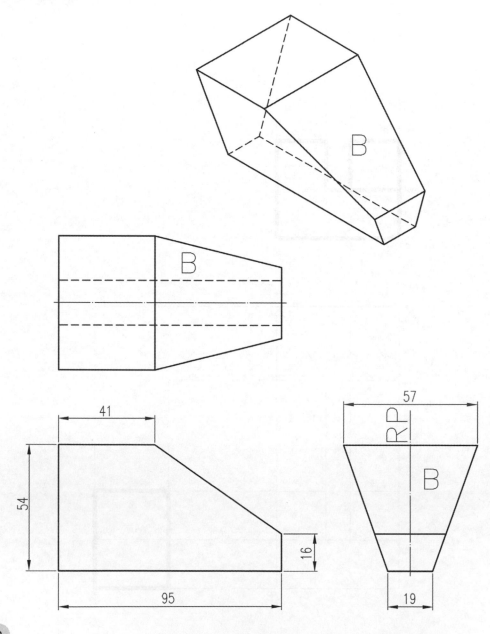

重點提示

→ 對稱物體，將參考面(RP)貼於物體之中心位置上，繪製面 B 的真實形狀。如下圖所示：

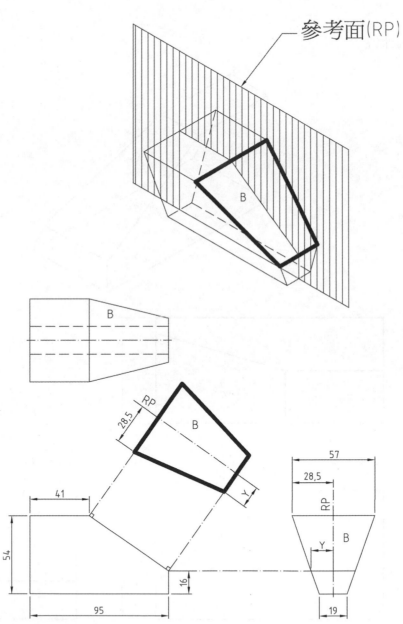

投影圖

008

輔助視圖練習。

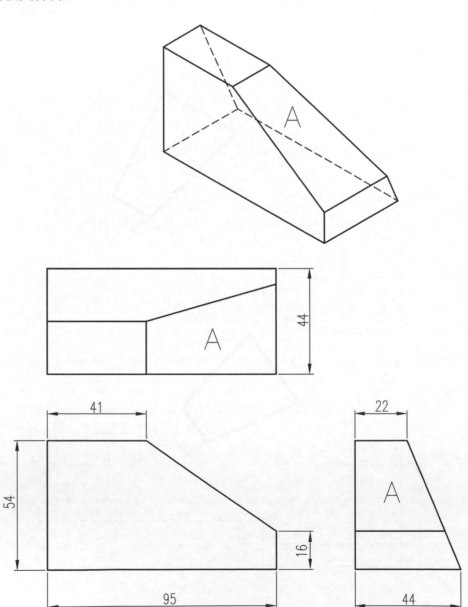

重點提示

參考面(RP)置於物體之左側面上,繪製面 A 的真實形狀。如下圖所示:

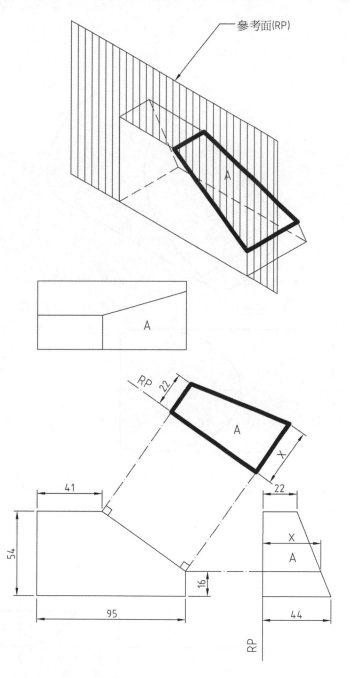

投影圖

009

輔助視圖練習。

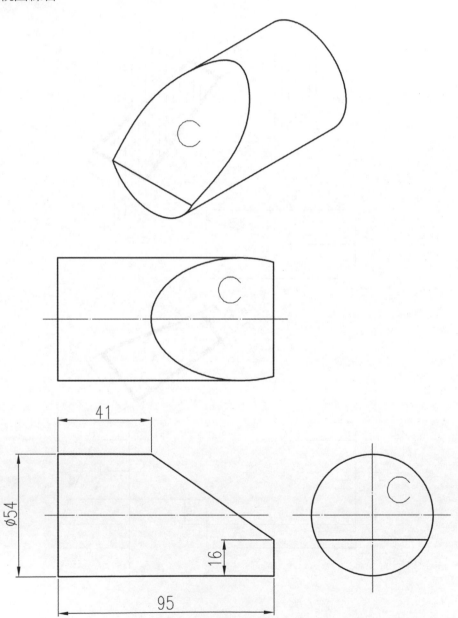

重點提示

➡ 對稱物體，參考面(RP)置於物體之中心位置上，繪製面 C 的真實形狀。如下圖所示：

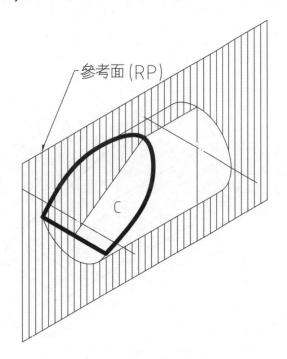

參考面 (RP)

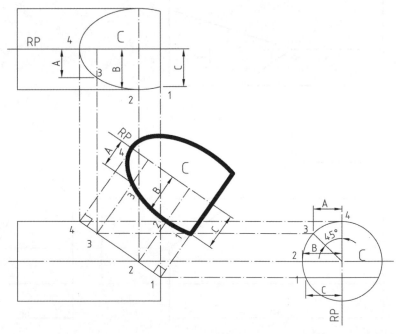

投影圖

010

輔助視圖練習。

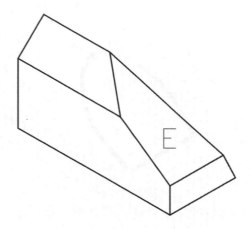

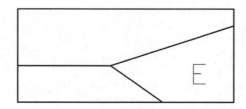

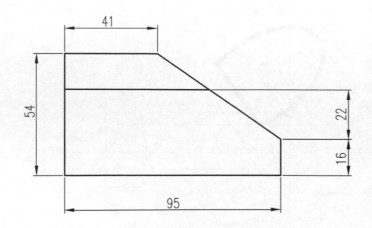

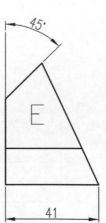

重點提示

➡ 如下圖所提示，在適當位置擺置參考面(RP)，繪製面 E 的眞實形狀。

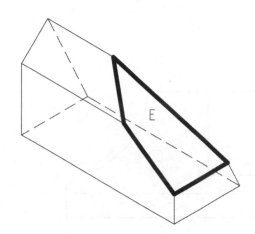

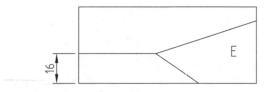

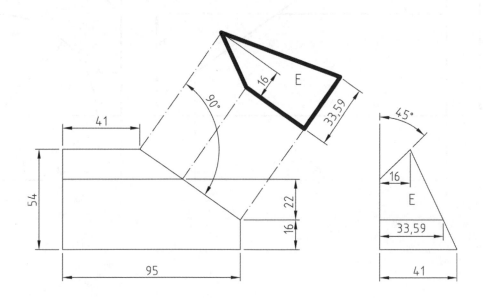

投影圖

011

輔助視圖練習。

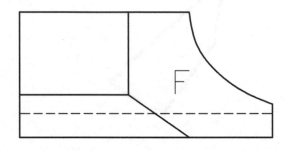

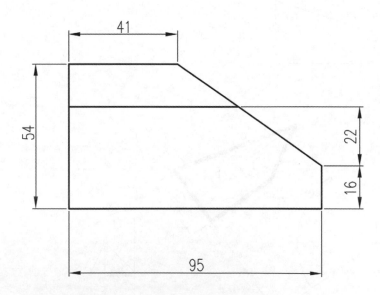

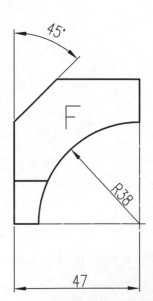

重點提示

➡ 如下圖所提示,在適當位置擺置參考面(RP),繪製面 F 的真實形狀。

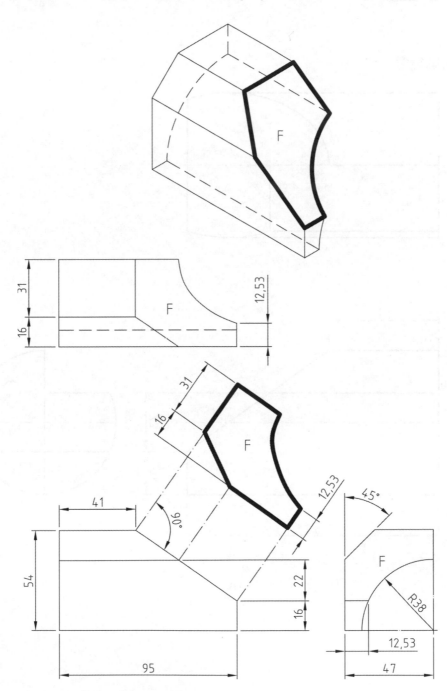

投影圖

012

輔助視圖練習。

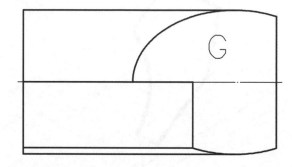

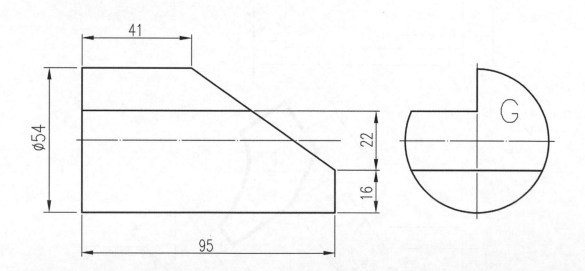

重點提示

➡ 如下圖所提示，在適當位置擺置參考面(RP)，繪製面 G 的眞實形狀。

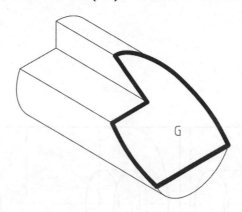

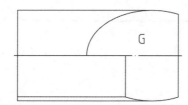

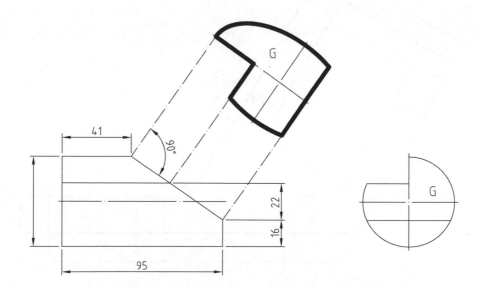

投影圖

013

輔助視圖練習。

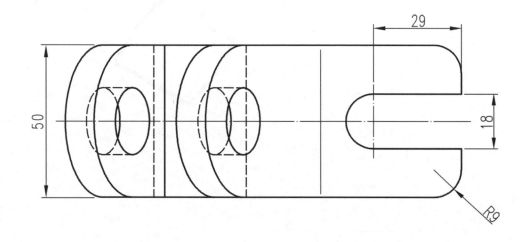

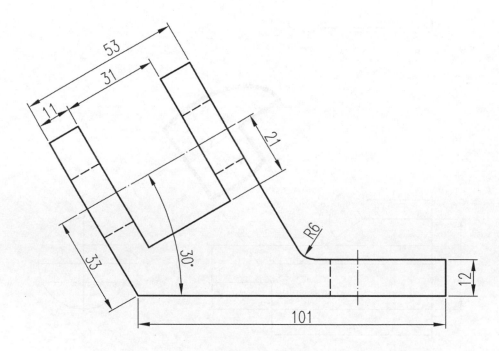

重點提示

→ 如下圖所提示，在適當位置擺置參考面，繪製此圖斜面的真實形狀。

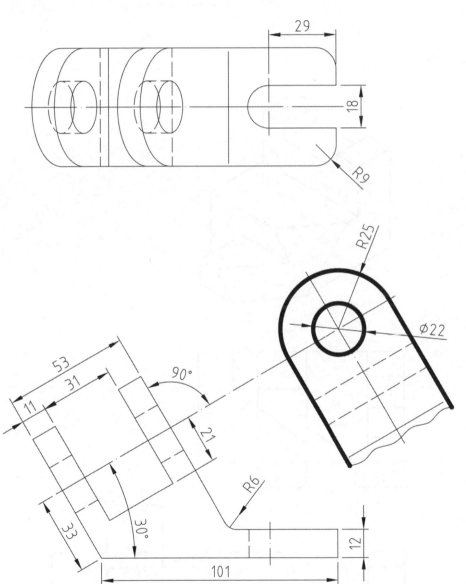

投影圖

014

複斜面練習。

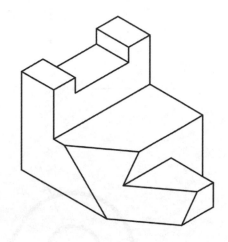

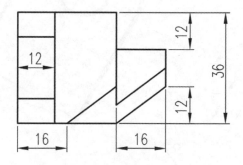

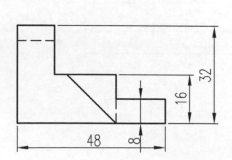

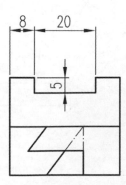

重點提示

→ 如下圖所提示，在適當位置上，繪製繪有斜線之複斜面。

→ 俯視圖中，12 // 34 // 56。

→ 右側視圖中，23 // 45。

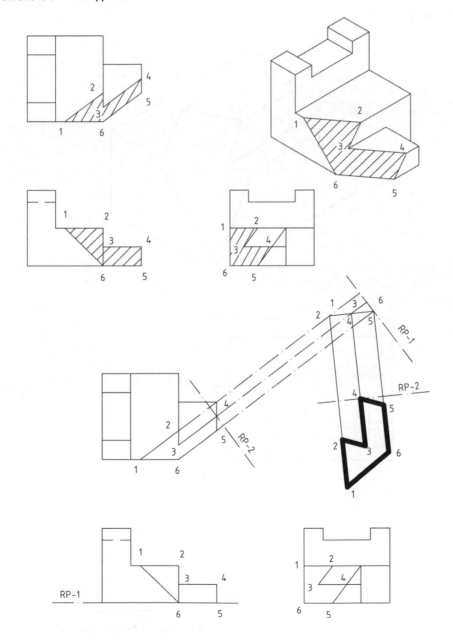

015

複斜面練習。

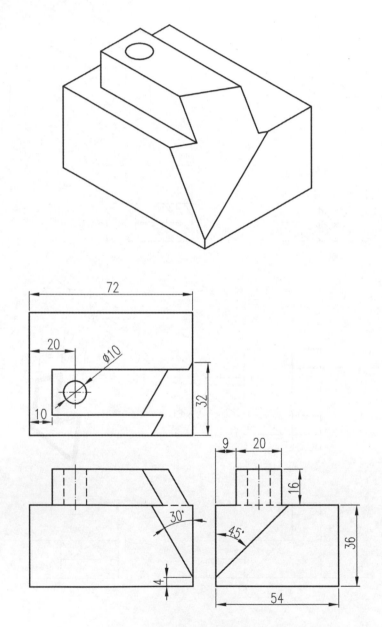

重點提示

➡ 如下圖所提示，在適當位置上，繪製繪有斜線之複斜面。

➡ 俯視圖中， 34 // 12-56。

➡ 前視圖中，23 // 45。

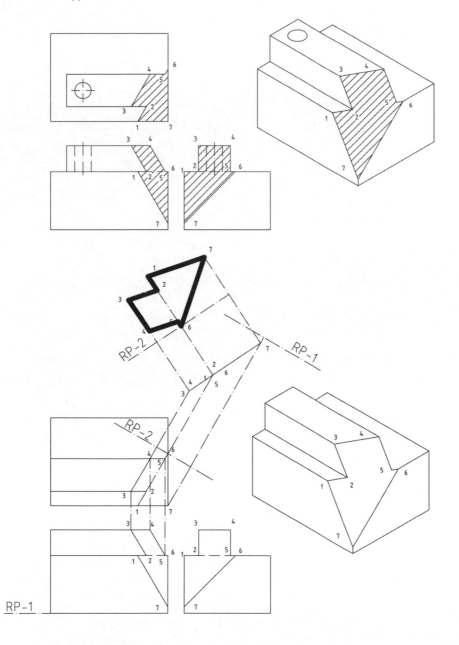

NOTE

等角圖

001

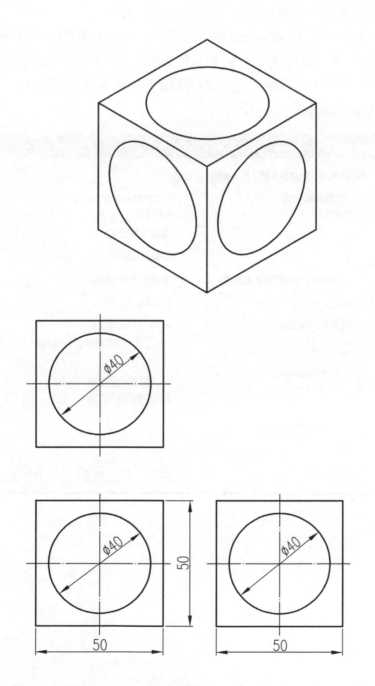

重點提示

- 繪製等角圖時，所有的指令都沒改變，唯一有變的，就是橢圓指令
  橢圓(ellipse)。
  指定橢圓的軸端點或[弧(A)/中心點(C)/等角圓(I)]。

- 在平常，選取 橢圓(ellipse)指令並不會出現等角圓(I)這一個選項，要先設定：
  繪圖設定值 → 鎖點與格點 → 鎖點類型與型式，選取等角鎖點，才會出現此選項。

- 在繪製等角圖時，切線使用 四分點鎖點，而非使用切點。

- 鎖點與格點視窗畫面。

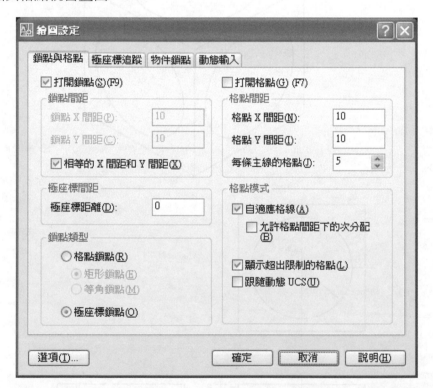

繪製等角圖時，多了 30 度、150 度、210 度、330 度，4 個等角角度。

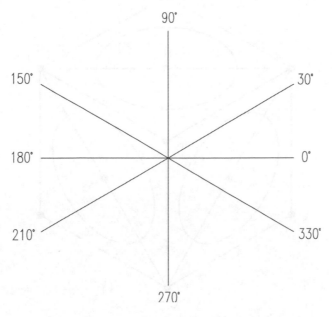

繪製等角圖時，輔助線使用複製來產生，而不使用偏移複製。

繪製等角圖時，使用 F5 或 ctrl + E 來切換等角平面。

其餘的作圖方法均不變。

作法

步驟

1 執行畫線指令，起點選取點 A，依序輸入@50<-90(至點 B)，輸入 @50<-30(至點 C)，輸入@50<90(至點 D)，輸入@50<150(至點 A)，輸 入@50<30(至點 E)，輸入@50<-30(至點 F)，輸入@50<-90(至點 G)， 輸入@50<210(至點 C)，結束畫線指令

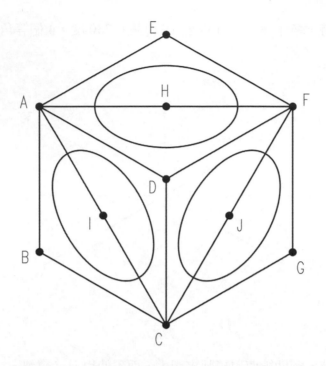

2 執行畫線指令，起點選取端點 D，依序輸入@50<30(至點 F)，下一點選取端點 A，下一點選取端點 C，下一點選取點端 F

3 執行橢圓指令，輸入 I，選取 AF 線段的中點 H，按 F5 來切換等角平面為上，輸入半徑為 20

4 執行橢圓指令，輸入 I，選取 AC 線段的中點 I，按 F5 來切換等角平面為左，輸入半徑為 20

5 執行橢圓指令，輸入 I，選取 CF 線段的中點 J，按 F5 來切換等角平面為右，輸入半徑為 20

6 刪除多餘線段(AF、AC、CF 線段)

等角圖

002

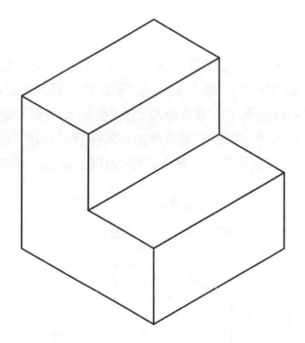

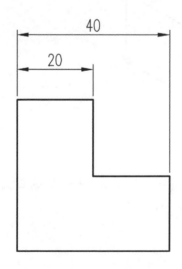

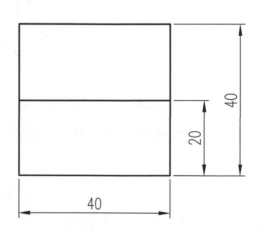

重點提示

→ 等角圖繪圖練習。

作法

步驟

1. 執行畫線指令，起點選取點 A，依序輸入 @40<-90(至點 B)，輸入 @40<-30(至點 C)，輸入 @20<90(至點 D)，輸入 @20<150(至點 E)，輸入 @20<90(至點 F)，輸入 @20<150(至點 A)，輸入 @40<30(至點 G)，輸入 @20<-30(至點 H)，輸入 @20<-90(至點 I)，輸入 @20<-30(至點 J)，輸入 @20<-90(至點 K)，輸入 @40<210(至點 C)，結束畫線指令

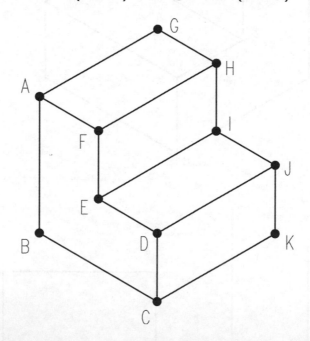

2. 執行複製指令，選取 AG 線段，輸入 M(多重)，以端點 A 為基準點，依序點取端點 F、E、D、C，複製 AG 線段

等角圖

003

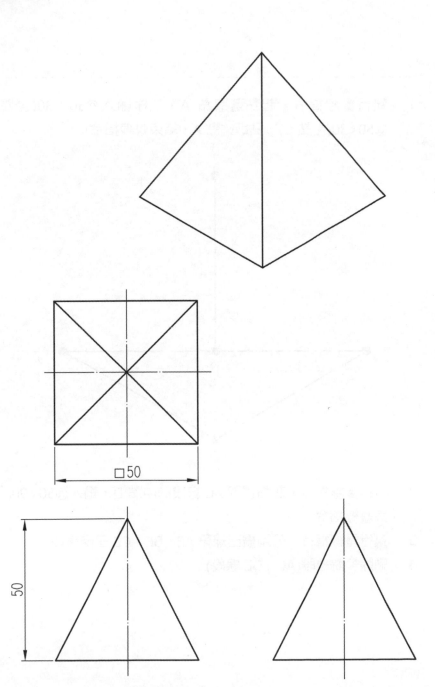

□50

50

重點提示

→ 等角圖繪圖練習。

作法

步驟

1 執行畫線指令，起點選取點 A，依序輸入@50<-30(至點 B)，輸入
@50<30(至點 C)，點取端點 A，結束畫線指令

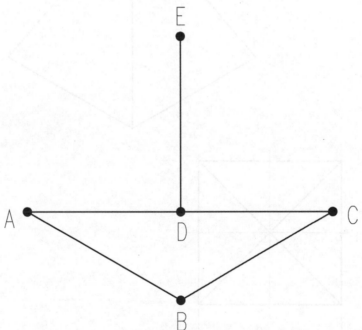

2 執行畫線指令，起點選取 AC 線段的中點 D，輸入@50<90(至點 E)，結
束畫線指令

3 執行畫線指令，分別畫出線段 AE、BE、CE 三條線段

4 刪除多餘線段(AC、DE 線段)

004

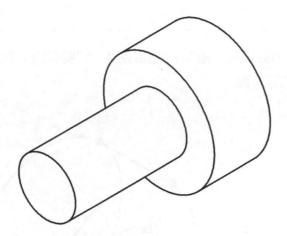

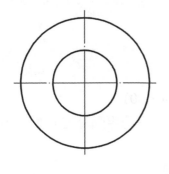

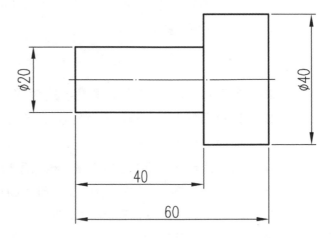

重點提示

➡ 等角圖繪圖練習。

作法

步驟

1 執行橢圓指令，輸入 I，選取點 A，切換等角平面為左，畫出一個半徑為 10 的等角圓

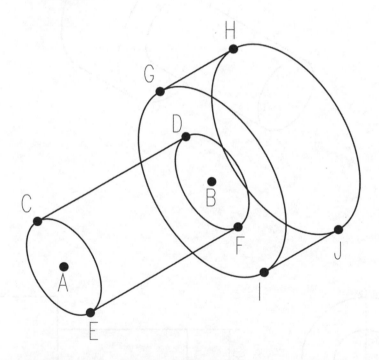

2 複製此半徑為 10 的等角圓至點 B(輸入@40<30)

3 執行橢圓指令，輸入 I，選取中心點 B，切換等角平面為左，畫出一個半徑為 20 的等角圓

4 複製此半徑為 20 的等角圓，輸入@20<30

5 執行畫線指令，分別畫出 CD、EF、GH、IJ 四條線段，其中點 C、D、E、F、G、H、I、J 皆為四分點

6 修剪多餘的線段

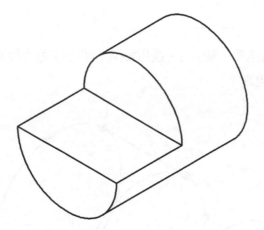

005

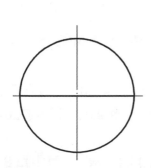

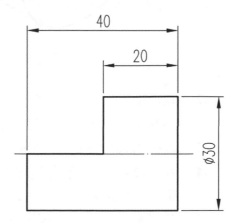

重點提示

→ 等角圖繪圖練習。

作法

步驟

1　執行橢圓指令，輸入 I，選取點 A，切換等角平面為左，畫出一個半徑為 15 的等角圓

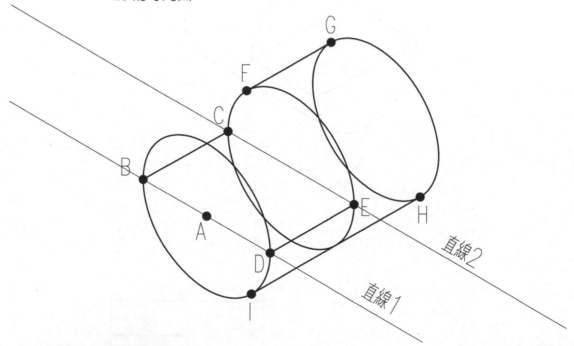

2　執行複製指令，選取步驟一所繪製的等角圓，輸入 M(多重)，以中心點 A 為基準點，依序輸入@20<30，@40<30

3　執行建構線指令，起點選取中心點 A，輸入@1<-30，完成直線 1 的繪製

4　執行複製指令，選取直線 1，以中心點 A 為基準點，輸入@20<30，複製完成直線 2

5　執行畫線指令，分別畫出 BC、DE、FG、HI 四條線段，其中點 B、C、D、E、F、G、H、I 皆為四分點

6　刪除多餘的線段(直線 1、直線 2)，修剪多餘的線段

006

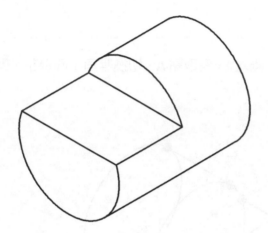

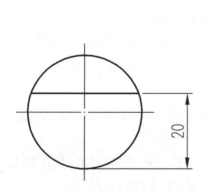

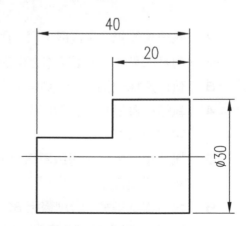

重點提示

→ 等角圖繪圖練習。

作法

步驟

1 執行橢圓指令,輸入 I,選取點 A,切換等角平面為左,畫出一個半徑為 15 的等角圓

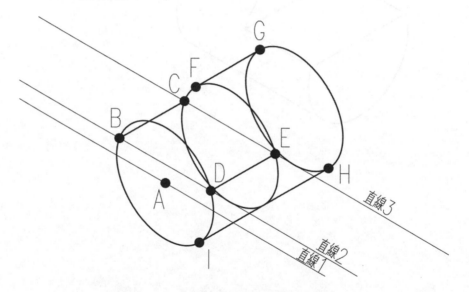

2 執行複製指令,選取步驟一所繪製的等角圓,輸入 M(多重),以中心點 A 為基準點,依序輸入 @20<30,@40<30

3 執行建構線指令,起點選取中心點 A,輸入 @1<-30,完成直線 1 的繪製

4 執行複製指令,選取直線 1,以中心點 A 為基準點,輸入 @5<90,複製完成直線 2

5 執行複製指令,選取直線 2,以中心點 A 為基準點,輸入 @20<30,複製完成直線 3

6 執行畫線指令,分別畫出 BC、DE、FG、HI 四條線段,其中點 B、C、D、E,為直線與橢圓的交點;F、G、H、I 皆為四分點

7 刪除多餘的線段(直線 1、直線 2、直線 3),修剪多餘的線段

等角圖

007

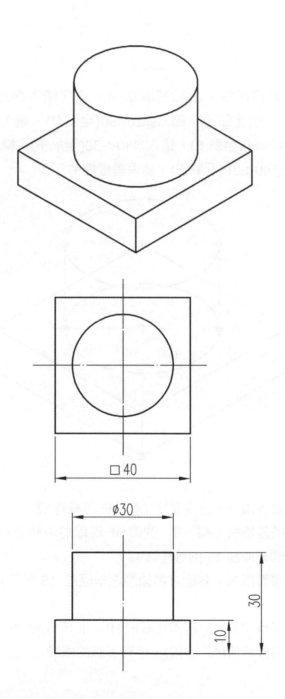

□ 40

ø30

30

10

重點提示

→ 等角圖繪圖練習。

作法

步驟

1 執行畫線指令，起點選取點 A，依序輸入 @10<-90(至點 B)，輸入
   @40<-30(至點 C)，輸入 @10<90(至點 D)，輸入 @40<150(至點 A)，輸
   入 @40<30(至點 E)，輸入 @40<-30(至點 F)，輸入 @10<-90(至點 G)，
   輸入 @40<-30(至點 C)，結束畫線指令

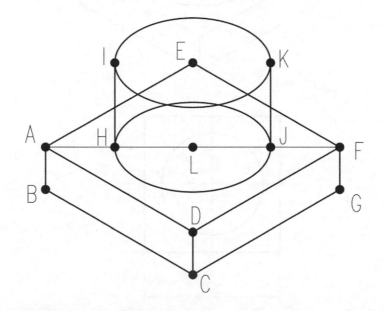

2 執行畫線指令，分別畫出 DF、AF 兩條線段
3 執行橢圓指令，輸入 I，選取 AF 線段的中點 L，切換等角平面為上，畫
   出一個半徑為 15 的等角圓
4 執行複製指令，將剛才所繪製之半徑為 15 的等角圓，輸入 @20<90 作
   複製
5 執行畫線指令，分別畫出線段 HI、JK 兩條線段(H、I、J、K 皆為四分點)
6 刪除多餘線段(AF 線段)，修剪多餘的線段

等角圖

008

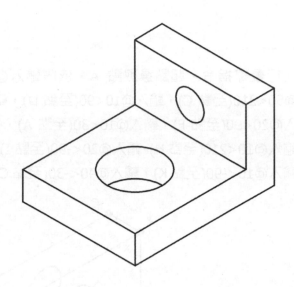

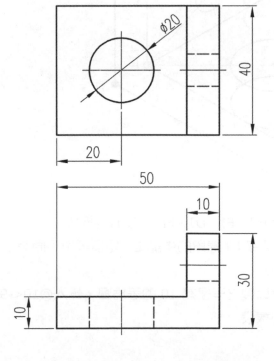

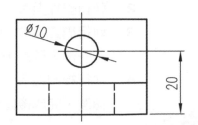

重點提示

➡ 等角圖繪圖練習。

作法

步驟

1 執行畫線指令，起點選取點 A，依序輸入 @30<-90(至點 B)，輸入 @50<210(至點 C)，輸入 @10<90(至點 D)，輸入 @40<30(至點 E)，輸入 @20<90(至點 F)，輸入 @10<30(至點 A)，輸入 @40<150(至點 G)，輸入 @10<210(至點 H)，輸入 @20<-90(至點 I)，輸入 @40<210(至點 J)，輸入 @10<-90(至點 K)，輸入 @40<-30(至點 C)，結束畫線指令

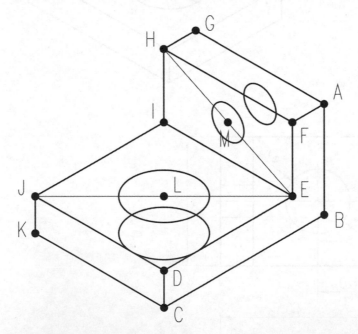

2 執行畫線指令，分別畫出 FH、EI、DJ、EH、EJ 五條線段

3 執行橢圓指令，輸入 I，選取 EJ 線段的中點 L，切換等角平面為上，畫出一個半徑為 10 的等角圓

4 執行複製指令，將剛才所繪製之半徑為 10 的等角圓，輸入 @10<-90 作複製，完成後修剪多餘的線段

5 執行橢圓指令，輸入 I，選取 EH 線段的中點 M，切換等角平面為左，畫出一個半徑為 5 的等角圓

6 執行複製指令，將剛才所繪製之半徑為 5 的等角圓，輸入@10<30 作複製，因為複製後的等角圓整個被遮住看不見，故直接刪除

7 刪除多餘線段(EJ、EH 兩條線段)

等角圖

009

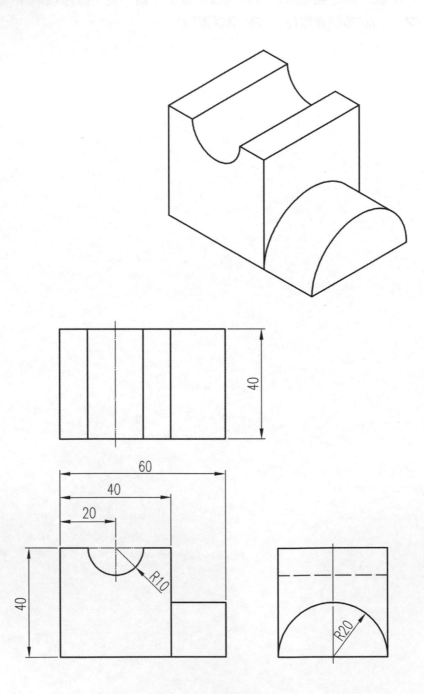

重點提示

➔ 等角圖繪圖練習。

作法

步驟

1　執行畫線指令，起點選取點 A，依序輸入 @40<-90(至點 B)，輸入 @40<30(至點 C)，輸入 @40<90(至點 D)，輸入 @40<150(至點 A)，輸入 @40<30(至點 E)，輸入 @40<-30(至點 F)，輸入 @40<-90(至點 G)，輸入 @40<210(至點 C)，結束畫線指令

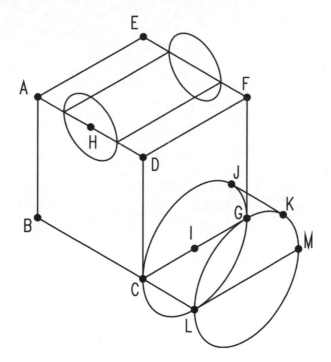

2　執行畫線指令，畫出 DF 線段

3　執行橢圓指令，輸入 I，選取 AD 線段的中點 H，切換等角平面為左，畫出一個半徑為 10 的等角圓

4　執行複製指令，將剛才所繪製之半徑為 10 的等角圓，輸入 @40<30 作複製，完成後繪製兩條線段，並修剪多餘的線段

5 執行橢圓指令，輸入 I，選取 CG 線段的中點 I，切換等角平面為右，畫出一個半徑為 20 的等角圓

6 執行複製指令，將剛才所繪製之半徑為 20 的等角圓及 CG 線段，輸入 @20<-30 作複製，其中 CG 複製的線段為 LM

7 執行畫線指令，分別畫出 CL、JK 兩條線段

8 刪除多餘線段(CG 線段)，修剪多餘的線段

010

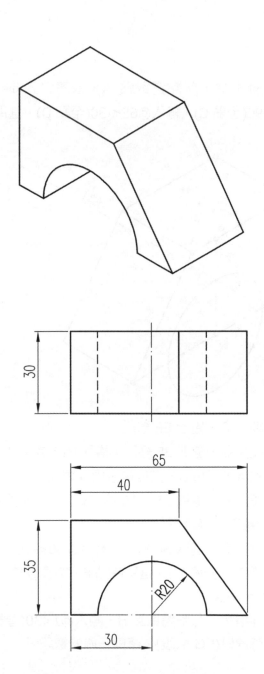

重點提示

➔ 等角圖繪圖練習。

作法

步驟

1 執行畫線指令，起點選取點 A，依序輸入@40<150(至點 B)，輸入 @35<-90(至點 C)，輸入@65<-30(至點 D)，選取端點 A，結束畫線指令

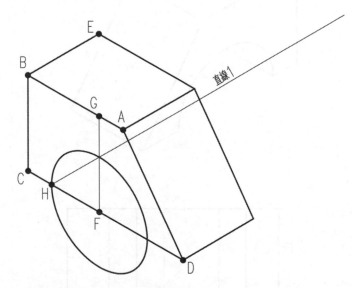

2 執行畫線指令，畫出 BE 線段

3 執行複製指令，選取 BE 線段，輸入 M(多重)，以端點 B 為基準點，分別 點取端點 A、端點 D，完成複製兩條線段

4 執行複製指令，選取 AB、AD 兩條線段，以端點 B 為基準點，點取端點 E，完成複製兩條線段

5 執行複製指令，選取 BC 線段，輸入@30<-30，完成 FG 輔助線段

6 執行橢圓指令，輸入 I，選取端點 F，切換等角平面為左，畫出一個半徑 為 20 的等角圓

7 執行射線指令，起點選取點 H，輸入@1<30(直線 1)

8 刪除多餘線段(FG 線段)，修剪多餘的線段

等角圖

011

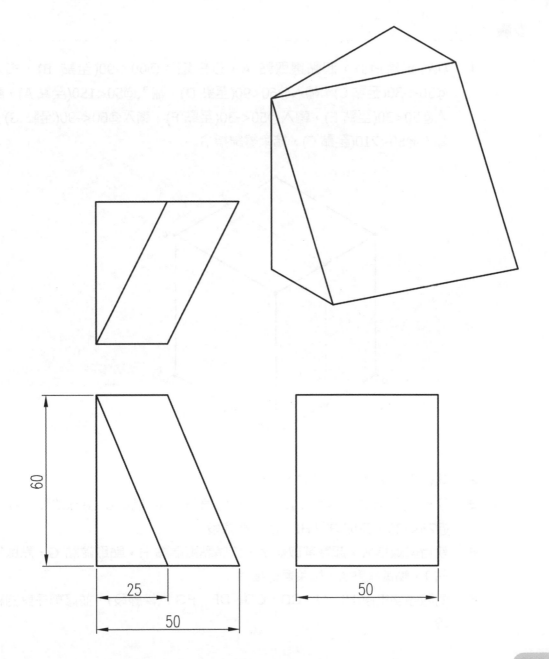

60

25

50

50

重點提示

➡ 等角圖繪圖練習。

作法

步驟

1　執行畫線指令，起點選取點 A，依序輸入@60<-90(至點 B)，輸入
　　@50<-30(至點 C)，輸入@60<90(至點 D)，輸入@50<150(至點 A)，輸
　　入@50<30(至點 E)，輸入@50<-30(至點 F)，輸入@60<-90(至點 G)，
　　輸入@50<210(至點 C)，結束畫線指令

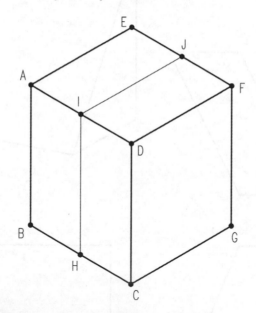

2　執行畫線指令，畫出 DF 線段
3　執行複製指令，選取 AB、AE 兩條線段，以端點 B 為基準點，輸入
　　@25<-30，完成複製 HI、IJ 兩條線段
4　執行畫線指令，起點選取點 A，依序點取端點 H，點取端點 G，點取端
　　點 J，點取端點 A，結束畫線指令
5　刪除多餘線段(HI、IJ、CD、CG、DF、FG 六條線段)，並修剪多餘的線
　　段

等角圖

012

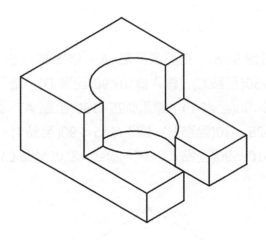

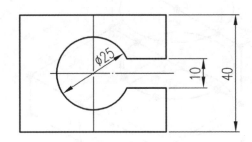

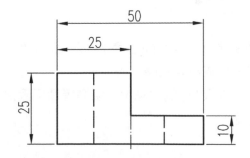

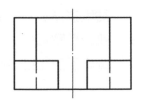

重點提示

➔ 等角圖繪圖練習。

作法

▲ 步驟

1　執行畫線指令，起點選取點 A，依序輸入 @25<-90(至點 B)，輸入 @50<-30(至點 C)，輸入 @10<90(至點 D)，輸入 @25<150(至點 E)，輸入 @15<90(至點 F)，輸入 @25<150(至點 A)，輸入 @40<30(至點 G)，輸入 @25<-30(至點 H)，輸入 @15<-90(至點 I)，輸入 @25<-30(至點 J)，輸入 @10<-90(至點 K)，輸入 @40<210(至點 C)，結束畫線指令

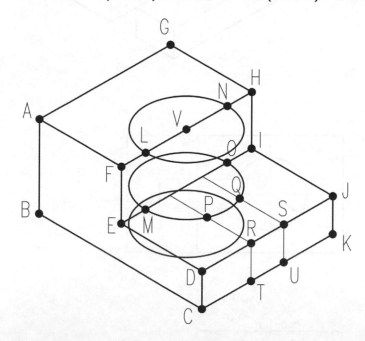

2　執行複製指令，選取 AG 線段，輸入 M(多重)，以端點 A 為基準點，分別點取端點 F、E、D、C，完成複製四條線段

3　執行橢圓指令，輸入 I，選取 FH 的中點 V，切換等角平面為上，畫出一個半徑為 12.5 的等角圓

4 執行複製指令，選取剛才繪製之半徑為 12.5 的等角圓，輸入 M(多重)，
以中點 V 為基準點，輸入@15<-90，輸入@25<-90，完成複製另外兩個
等角圓

5 執行複製指令，選取 CD、DE 兩條線段，輸入 M(多重)，以端點 D 為基
準點，輸入@15<30，輸入@25<30，完成複製四條線段，之後修剪多餘
的線段，保留 PR、RT、QS、SU 四條線段

6 執行畫線指令，分別畫出 LM、NQ 兩條線段

7 修剪多餘的線段，並補上圖面上不足的線段

等角圖

013

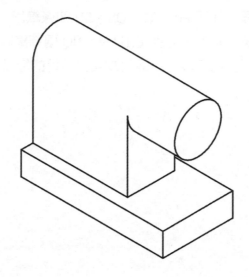

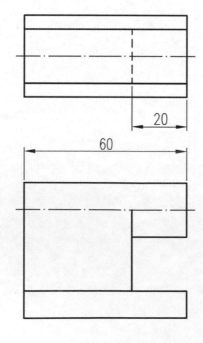

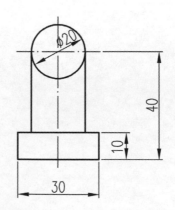

重點提示

➡ 等角圖繪圖練習。

作法

步驟

1 執行畫線指令，起點選取點 A，依序輸入@10<-90(至點 B)，輸入 @60<-30(至點 C)，輸入@10<90(至點 D)，輸入@60<150(至點 A)，輸 入@30<30(至點 E)，輸入@60<-30(至點 F)，輸入@10<-90(至點 G)， 輸入@30<210(至點 C)，結束畫線指令

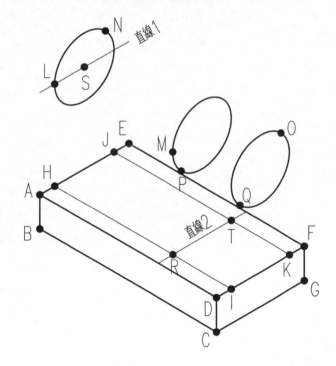

2 執行畫線指令，畫出 DF 線段

3 執行複製指令，選取 AD 線段，輸入 M(多重)，以任意點為基準點，輸入 @5<30，輸入@25<30，完成複製 HI、JK 兩條線段

4 執行複製指令，選取 AE 線段，以任意點為基準點，輸入@30<90，完成 複製輔助線段(直線 1)

5 執行橢圓指令，輸入 I，起點選取直線 1 的中點 S，切換等角平面為右，
畫出一個半徑為 10 的等角圓

6 執行複製指令，選取剛才繪製之半徑為 10 的等角圓，輸入 M(多重)以任
意點為基準點，輸入@40<-30，輸入@60<-30

7 執行畫線指令，畫出 HL 線段

8 執行複製指令，選取 LH 線段，以任意點為基準點，輸入@40<-30，完
成複製 MR 線段

9 執行畫線指令，分別畫出 NO、PQ、RT 與以點 T 為基準點的垂直建構線
共四條線段

10 刪除多餘的線段，並修剪多餘的線段

等角圖

014

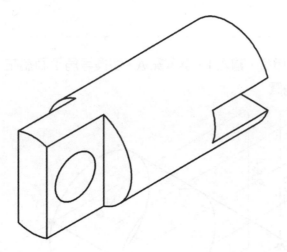

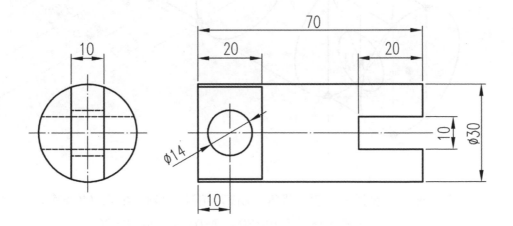

重點提示

→ 等角圖繪圖練習。

作法

步驟

1 執行橢圓指令，輸入 I，選取點 A，切換等角平面為左，畫出一個半徑為 15 的等角圓

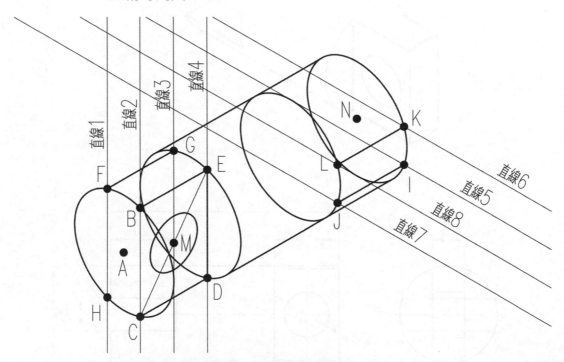

2 執行複製指令，選取步驟一所繪製的等角圓，輸入 M(多重)，以任意點 為基準點，依序輸入@20<30，@50<30，@70<30

3 執行建構線指令，起點選取中心點 A，輸入@1<90。再執行移動指令， 選取剛才繪製的建構線，以任意點為基準點，輸入@5<150，完成直線 1 的繪製

4 執行複製指令，選取直線 1，輸入 M(多重)，以任意點為基準點，輸入 @20<30(直線 3)，輸入@10<-30(直線 2)

5　執行複製指令，選取直線 3，以任意點為基準點，輸入@10<-30(直線 4)

6　執行畫線指令，分別畫出 FG、BE、CD、ED、BC、FH、CE 七條線段

7　執行橢圓指令，輸入 I，選取中點 M，切換等角平面為右，畫出一個半徑為 7 的等角圓

8　執行建構線指令，起點選取中心點 N，輸入@1<-30。再執行移動指令，選取剛才繪製的建構線，以任意點為基準點，輸入@5<-90，完成直線 5 的繪製

9　執行複製指令，選取直線 5，以任意點為基準點，輸入@10<90(直線 6)

10　執行複製指令，選取直線 5、直線 6，以任意點為基準點，輸入@20<210(直線 7、直線 8)

11　繪製 IJ、KL 兩條線段，刪除多餘的線段，並修剪多餘的線段

015

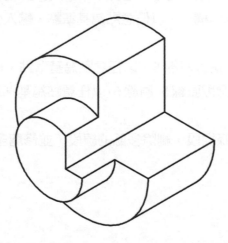

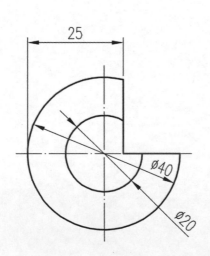

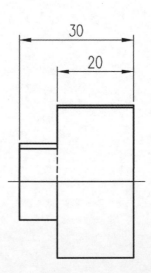

重點提示

➡ 等角圖繪圖練習。

作法

步驟 △ _____

1 執行橢圓指令，輸入 I，選取點 A，切換等角平面為左，畫出一個半徑為
10 的等角圓

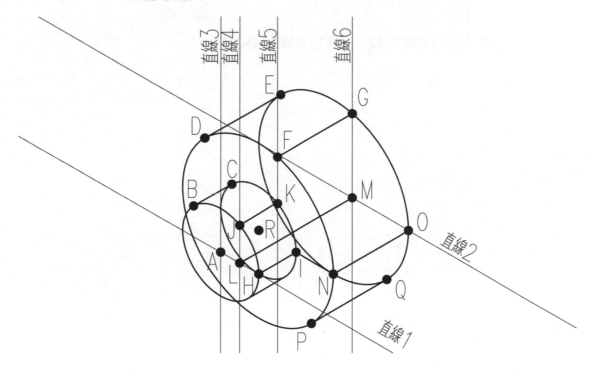

2 執行複製指令，選取步驟一所繪製的等角圓，以任意點為基準點，輸入
@10<30

3 執行橢圓指令，輸入 I，選取中心點 R，切換等角平面為左，畫出一個半
徑為 20 的等角圓

4 執行複製指令，選取於步驟三所繪製的等角圓，以任意點為基準點，輸
入 @20<30

5 執行建構線指令，起點選取中心點 A，輸入@1<-30(直線 1)，輸入@1<90(直線 3)

6 執行複製指令，選取直線 1，以任意點為基準點，輸入@30<30，複製完成直線 2

7 執行複製指令，選取直線 3，以任意點為基準點，輸入@5<-30，複製完成直線 4

8 執行複製指令，選取直線 4，輸入 M(多重)，以任意點為基準點，輸入@10<30(直線 5)，輸入@30<30(直線 6)

9 執行畫線指令，分別畫出 BC、DE、FG、HI、JK、LM、NO、PQ 八條線段

10 刪除多餘的線段，並修剪多餘的線段

016

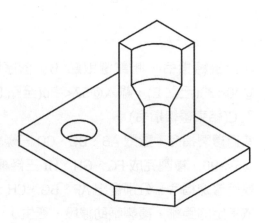

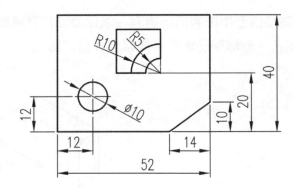

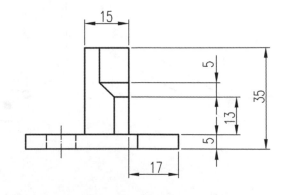

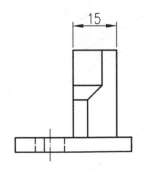

重點提示

➔ 等角圖繪圖練習。

作法

步驟

1. 執行畫線指令，起點選取點 B，依序輸入@38<150(至點 A)，輸入 @40<30(至點 E)，輸入@52<-30(至點 D)，輸入@30<210(至點 C)，輸入 C(結束畫線指令)

2. 執行複製指令，選取 AB、BC、CD 三條線段，以任意點為基準點，輸入 @5<-90，複製完成 FG、GH、HI 三條線段

3. 執行畫線指令，分別畫出 AF、BG、CH、DI 四條線段

4. 依指定的距離，複製輔助線段，產生 J、K 兩交點

5. 執行橢圓指令，輸入 I，選取點 J，切換等角平面為上，畫出一個半徑為 5 的等角圓

6. 執行複製指令，選取於步驟五所繪製的等角圓，以任意點為基準點，輸入@5<-90，複製完成後，刪除輔助線段，並修剪多餘的線段

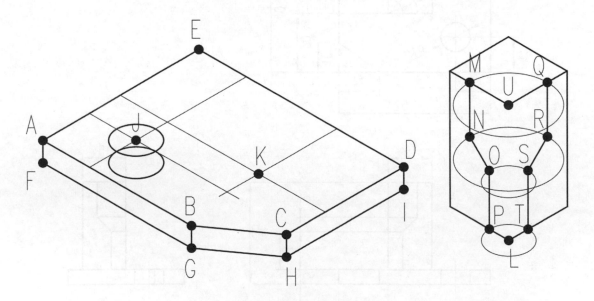

7　在空白處繪製一 15X15X30 的等角矩形體

8　執行橢圓指令，輸入 I，選取端點 U，切換等角平面為上，畫出一個半徑為 10 的等角圓

9　執行複製指令，選取於步驟八所繪製的等角圓，以任意點為基準點，輸入 @12<-90

10　執行橢圓指令，輸入 I，選取端點 L，切換等角平面為上，畫出一個半徑為 5 的等角圓

11　執行複製指令，選取於步驟十所繪製的等角圓，以任意點為基準點，輸入 @13<90

12　執行畫線指令，分別畫出 MN、NO、OP、QR、RS、ST 六條線段

13　修剪多餘的線段。執行移動指令，選取於步驟七～步驟十二所繪製的圖形，基準點選取點 L，移動到點 K

017

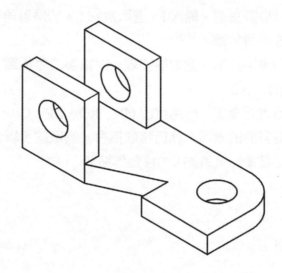

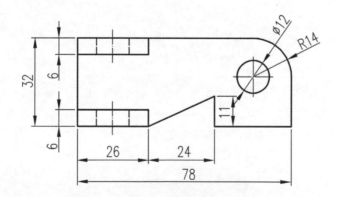

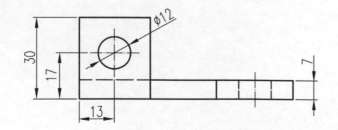

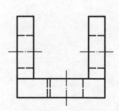

重點提示

→ 等角圖繪圖練習。

作法

步驟

1 執行畫線指令，起點選取點 I，依序輸入 @7<-90(至點 J)，輸入 @28<-30(至點 B)，輸入 @32<30(至點 C)，輸入 @7<90(至點 D)，輸入 @32<210(至點 A)，輸入 @7<-90(至點 B)，結束畫線指令

2 執行畫線指令，畫出 AE 線段

3 執行複製指令，選取 AE 線段，以任意點為基準點，輸入 @11<30(直線 1)，輸入 @18<30(直線 2)，輸入 @32<30(DF 線段)

4 執行複製指令，選取 AD 線段，以任意點為基準點，輸入 @14<150(直線 3)，輸入 @28<150(直線 4)，輸入 @52<150(直線 5)

5 執行橢圓指令，輸入 I，選取交點 N，切換等角平面為上，分別畫出半徑 為 6、14 的兩個等角圓。完成後複製此兩個等角圓，輸入 @7<-90，並 修剪、刪除多餘的線段，再執行畫線指令，畫出 GH 線段

6 繪製 LK 線段，之後以點 L 為基準點，輸入 @7<-90，複製完成後，修剪 新複製的線段成為 MI 線段，並修剪 LI 線段

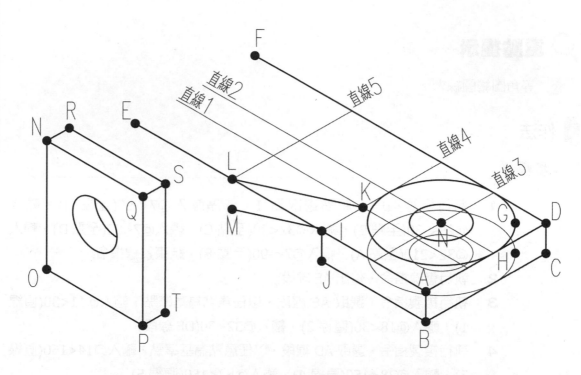

7 在空白處繪製一 26X6X30 的等角矩形體，並完成其孔的繪製

8 執行移動指令，選取於步驟七所繪製的圖形，以端點 P 為基準點，移動至端點 M

9 執行複製指令，選取物件時輸入 P(前次選集)，以任意點為基準點，輸入 @26<30

10 修剪多餘的線段

018

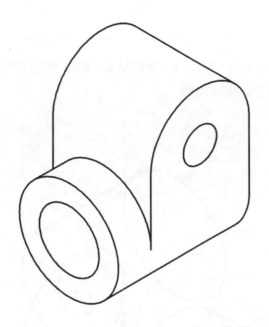

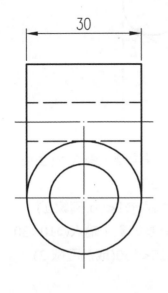

30

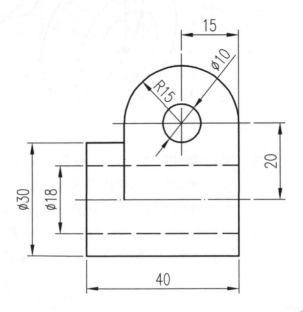

15
Ø10
R15
20
Ø30
Ø18
40

重點提示

➡ 等角圖繪圖練習。

作法

步驟

1   執行橢圓指令，輸入 I，選取點 A，切換等角平面為左，分別畫出半徑各為 9、15 兩個等角圓

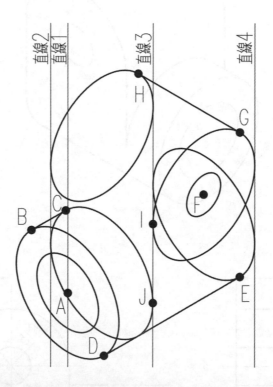

2   執行複製指令，選取所繪製半徑為 15 的等角圓，輸入 M(多重)，以任意點為基準點，依序輸入@10<30，@40<30

3   執行建構線指令，起點選取中心點 A，輸入@1<90(直線 1)

4   執行複製指令，選取直線 1，以任意點為基準點，輸入@10<30。再執行移動指令，移動剛才所畫的線，輸入@15<150(成為直線 2)

5 　執行複製指令，選取直線 1，以任意點為基準點，輸入@10<30。再執行
移動指令，移動剛才所畫的線，輸入@15<-30(成為直線 3)

6 　執行複製指令，選取直線 1，以任意點為基準點，輸入@40<30。再執行
移動指令，移動剛才所畫的線，輸入@15<-30(成為直線 4)

7 　執行橢圓指令，輸入 I，選取中心點 A，切換等角平面為右，分別畫出半
徑各為 5、15 的兩個等角圓

8 　執行移動指令，移動於步驟七所畫的兩個圓，以任意點為基準點，輸入
@40<30。再執行移動指令移動此兩個等角圓，以任意點為基準點，輸
入@20<90。再執行移動指令移動此兩個等角圓，以任意點為基準點，
輸入@15<-30

9 　執行複製指令，選取於步驟八之半徑為 15 的等角圓，以任意點為基準
點，輸入@30<150

10 繪製 BC、DE、HG 三條線段，刪除多餘的線段，並修剪多餘的線段

019

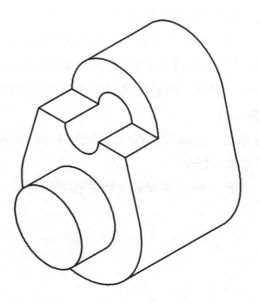

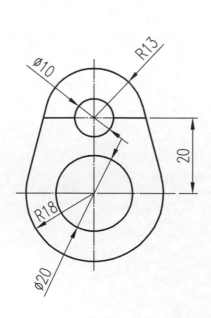

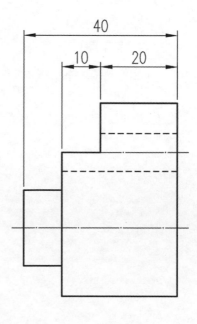

Ø10 R13

R18 Ø20

40

10 20

20

重點提示

→ 等角圖繪圖練習。

作法

步驟

1　執行橢圓指令，輸入 I，選取點 A，切換等角平面為左，畫出半徑為 10 的等角圓。完成後執行複製指令，選取此圓，以任意點盤基準點，輸入 @10<30

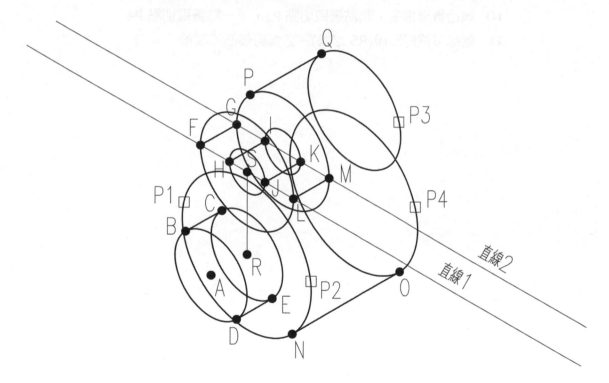

2　執行橢圓指令，輸入 I，選取中心點 R，切換等角平面為左，畫出半徑為 18 的等角圓

3　執行畫線指令，起點選取中心點 R，輸入 @20<90(RS 線段)

4　執行橢圓指令，輸入 I，選取端點 S，切換等角平面為左，分別畫出半徑 各為 5、13 兩個等角圓

5 執行複製指令,選取於步驟二之半徑為 18 的等角圓,以任意點為基準點,輸入@30<30

6 執行複製指令,選取於步驟四所繪製的兩個等角圓,輸入 M(多重),以任意點為基準點,輸入@10<30,輸入@30<30

7 執行建構線指令,起點選取端點 S,輸入@1<-30(直線 1)。再執行複製指令,選取剛才繪製的建構線,以任意點為基準點,輸入@10<30,完成直線 2 的繪製

8 執行畫線指令,分別畫出 BC、DE、FG、HI、JK、LM、NO、PQ 八條線段

9 執行畫線指令,起點分別選取端點 F、L,下一點分別選取切點 P1、P2

10 執行畫線指令,起點選取切點 P3,下一點選取切點 P4

11 刪除多餘的線段(RS 線段),並修剪多餘的線段

等角圖

020

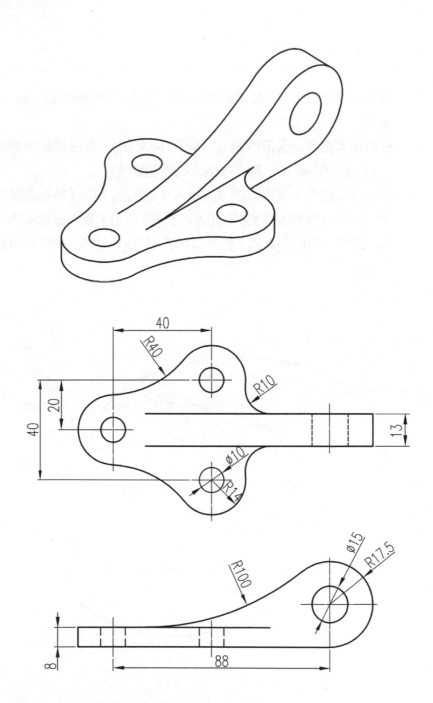

40
R40
R10
20
40
ø10
R14
13

Ø15
R17.5
R100
8
88

重點提示

➡ 等角圖繪圖練習。

作法

步驟

1 執行建構線指令，起點選取點 A，輸入@1<-30(直線 1)，輸入@1<30(直線 2)

2 執行複製指令，選取直線 1，輸入 M(多重)，以任意點為基準點，輸入@40<210(直線 3)，輸入@65.5<30(直線 4)

3 執行複製指令，選取直線 2，輸入 M(多重)，以任意點為基準點，輸入@6.5<150(直線 5)，輸入@6.5<-30(直線 6)，輸入@20<150(直線 7)，輸入@20<-30(直線 8)，輸入@16.5<150(直線 9)，輸入@16.5<-30(直線 10)

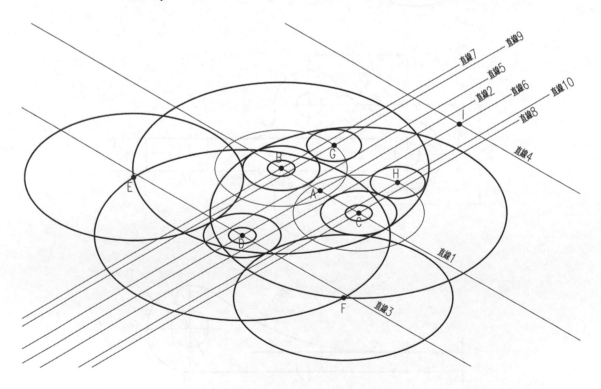

4　執行橢圓指令，輸入 I，以交點 B 為圓心，分別畫出半徑為 5、14 兩個等角圓。完成後再將此兩個等角圓複製到點 C、點 D，如上圖所示(中心點為點 B、C、D 的黑色圓)

5　執行橢圓指令，輸入 I，各以交點 B、C、D 為圓心，分別畫出半徑為 40 三個等角圓，如上圖所示

6　執行橢圓指令，輸入 I，各以交點 E、F 為圓心，分別畫出半徑為 40 兩個等角圓，如上圖所示

7　執行橢圓指令，輸入 I，各以交點 B、C 為圓心，分別畫出半徑為 24 兩個等角圓，各與直線 9、10 產生點 G、H 兩交點，如上圖所示

8　執行橢圓指令，輸入 I，各以交點 G、H 為圓心，分別畫出半徑為 10 兩個等角圓，如上圖所示(中心點為點 G、H 的黑色圓)

9　刪除多餘的線段，並修剪多餘的線段，完成圖形所需的輪廓

10　執行複製指令，選取此輪廓，以任意點為基準點，輸入@8<150 作複製

11　執行畫線指令，分別畫出 KL、MN 兩條線段

12　執行畫線指令，起點點取點 I，輸入@9.5<90

13 執行橢圓指令，輸入 I，以端點 J 為圓心，分別畫出半徑為 7.5、17.5 兩個等角圓

14 執行橢圓指令，輸入 I，以端點 J 為圓心，畫出半徑為 117.5 的等角圓，如下圖所示

15 執行複製指令，選取直線 6，以任意點為基準點，輸入 @100<90(直線7)，與半徑為 117.5 的等角圓產生交點 K

16 執行橢圓指令，輸入 I，以交點 K 為圓心，畫出半徑為 100 的等角圓

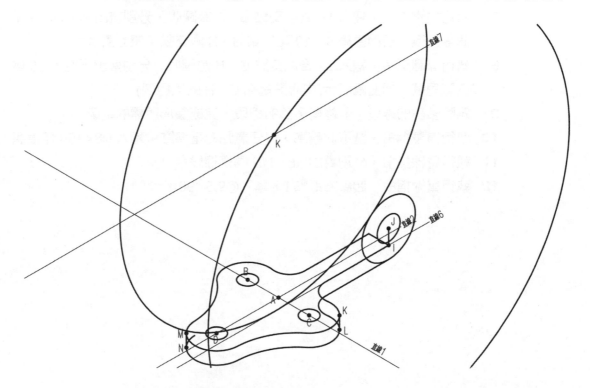

17 刪除多餘的線段，並修剪多餘的線段，完成圖形所需的輪廓

18 執行複製指令，選取於步驟十七所完成的輪廓，以任意點為基準點，輸入 @13<150 作複製，補上該有的線段，並修剪多餘的線段

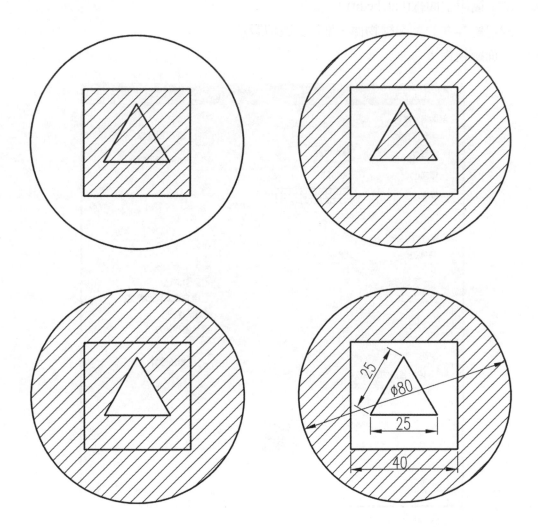

剖面圖

001

重點提示

- 剖面線(hatch)：

當物件需要繪製剖面線時，進入剖面線視窗設定。

- 編輯剖面線(hatchedit)：

對已經存在的剖面線物件，進行修改與設定。

- 剖面線視窗：

剖面線視窗(進階)：

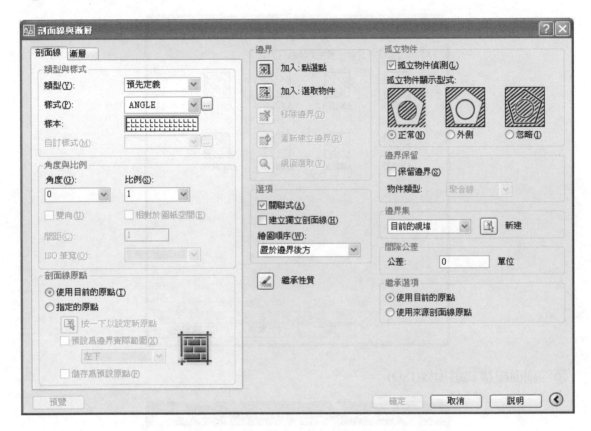

剖面線樣式選項板(ANSI)：

剖面線樣式選項板(ISO)：

● 剖面線樣式選項板(其它預先定義的)：

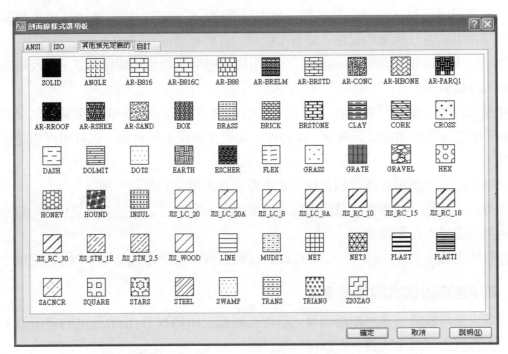

● 剖面線樣式選項板(自訂)：

剖面線的概念

許多製圖應用程式使用一個稱為「加入剖面線」的處理方式來使用樣式填實某個區域。該樣式用於區分專案的元件,或表示組成物件的材質。

您可以使用預先定義的剖面線樣式、使用目前線型來定義簡單線樣式、以及建立更複雜的剖面線樣式。

您還可以建立漸層填實,此填實在一種顏色的不同描影之間或兩種顏色之間使用過渡。漸層填實可用於增強展示圖面,在物件上產生光源反射的外觀,也可用作標誌中的有趣背景。

您可以從工具選項板拖放剖面線或使用帶有其他選項的對話方塊。

您可以在數種方法中進行選擇來指定剖面邊界,並且可以在邊界變更(關聯式剖面線)時控制剖面線是否自動調整。

若要縮小檔案大小,則可將剖面線樣式在圖面資料庫中定義為單一圖面化物件。

 ### 新增剖面線樣式與實面填實

您可以使用數種方法將剖面線樣式新增至圖面。BHATCH 指令提供的選項最多。使用工具選項板,可以更快速、更簡便地進行操作。

「工具選項板」視窗開啟時,可以在樣式工具上按一下滑鼠右鍵,以從快顯功能表中存取「工具性質」對話方塊。該對話方塊包括數個剖面線樣式選項,還可以透過 BHATCH 使用這些選項。例如,可以指定剖面線樣式的比例與間距。

 ### 建立關聯式剖面線

變更邊界時,關聯式剖面線將被更新。依預設,由 BHATCH 建立的剖面區域是關聯式區域。您可以隨時移除剖面線的關聯性,或使用 HATCH 建立非關聯式剖面線。如果編輯過程建立了開放的邊界,則 AutoCAD 將自動移除關聯性。

在圖面中加入剖面線時,不是物件邊界一部份的所有物件或部份物件將被忽略。

如果剖面線遇到文字、屬性、造型或實面填實物件,並且已選取該物件作為邊界集的一部份,則 AutoCAD 將在該物件的周圍加入剖面線。因此,如果繪製扇形圖,則使用文字標示它並加入剖面線,文字的「孤立物件」仍可讀取。您可以忽略文字的自動排除。

可以使用 HATCH 建立非關聯式剖面線,這種剖面線與自身的邊界無關。在不具有封閉邊界的區域中加入剖面線時,HATCH 很有用。

剖面線物件　　　　編輯非關聯式剖面　　　編輯關聯式剖面
　　　　　　　　　線的邊界的結果　　　　線的邊界的結果

 選擇一個剖面線樣式

AutoCAD 提供了實面填實和50多種用來區分物件元件或展示物件材質的業界標準剖面線樣式。AutoCAD 還提供 14 種符合 ISO(國際標準組織)標準的剖面線樣式。當選取 ISO 樣式時，您可以指定筆寬，來決定樣式的線寬。

「邊界剖面線與填實」對話方塊之「剖面線」標籤的「樣式」區域，可顯示 acad.pat 文字檔中定義的所有剖面線樣式的名稱。您加入新的剖面線樣式到此對話方塊，方法是將它們的定義加入到 acad.pat 檔中。

 限制剖面線樣式密度

如果建立十分密集的剖面線，AutoCAD 可能拒絕此剖面線，並顯示一則指示剖面線比例太小或虛線長度太短的訊息。使用(setenv MaxHatch n)設定系統登錄變數 MaxHatch，您可以變更剖面線的最大數目，其中 n 是介於 100 到 10,000,000(一千萬)之間的數值。

註 變更 MaxHatch 的值時，必須按所展示的大寫形式輸入 MaxHatch。

 編輯剖面邊界

由於可以在其中加入剖面線的物件之間存在多種組合，因此對加入了剖面線的幾何圖形進行編輯時可能會產生非預期結果。如果建立了不需要的剖面線，您可以將它復原，也可以刪除該剖面線圖塊並在該區域中重新加入剖面線。

 建立自訂剖面線樣式

您也可以使用目前線型與「使用者定義的樣式」選項來定義自己的剖面線樣式，或建立更複雜的剖面線樣式。

剖面線樣式檔

x:\programs files\acad2000\support\acadiso.pat
(詳細請參考附錄二：剖面線樣式檔)

作法

步驟

1 先完成圖形的繪製，並複製 4 份
2 因為圖形內有孤立物件，所以點取剖面線視窗，點取進階標籤

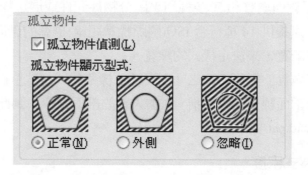

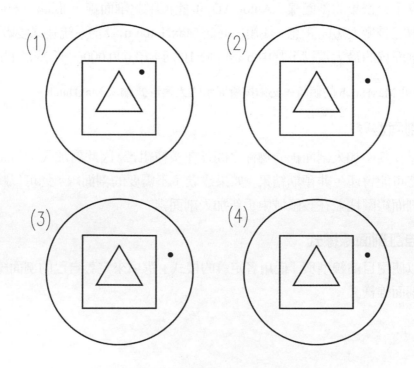

3 圖(1)。設定物件孤立偵測型式→忽略，按 [🔳] 加入:**點選點**，點取圖(1)紅點處

4 圖(2)。設定物件孤立偵測型式→正常，按 [🔳] 加入:**點選點**，點取圖(2)紅點處

5 圖(3)。設定物件孤立偵測型式→忽略，按 [🔳] 加入:**點選點**，點取圖(3)紅點處

6 圖(4)。設定物件孤立偵測型式→外側，按 [🔳] 加入:**點選點**，點取圖(4)紅點處

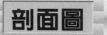

002

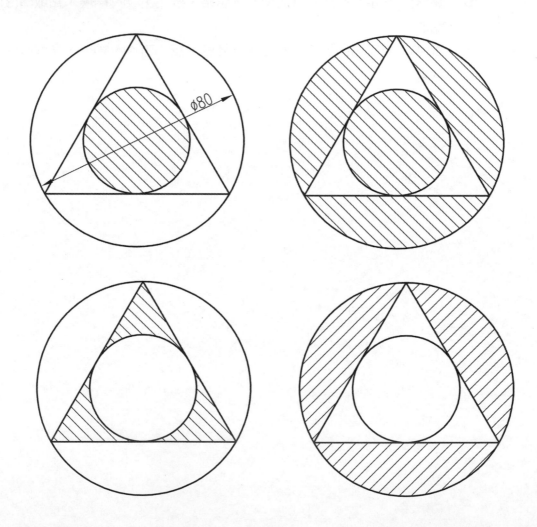

重點提示

→ ⊞ 剖面線(hatch)：

當物件需要繪製剖面線時，進入剖面線視窗設定。

→ ✎ 編輯剖面線(hatchedit)：

對已經存在的剖面線物件，進行修改與設定。

作法

步驟

1　先完成圖形的繪製，並複製 4 份

2　點取剖面線視窗，設定剖面線樣式為 ANSI31

3　因為圖形內無孤立物件，所以直接按 🖼 加入：點選點

4　分別在四個圖形中，點取紅點處即可

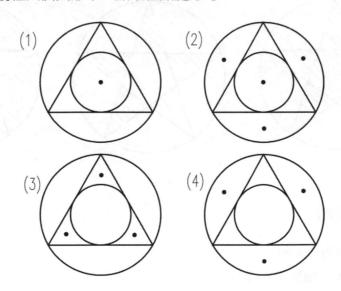

剖面圖

003

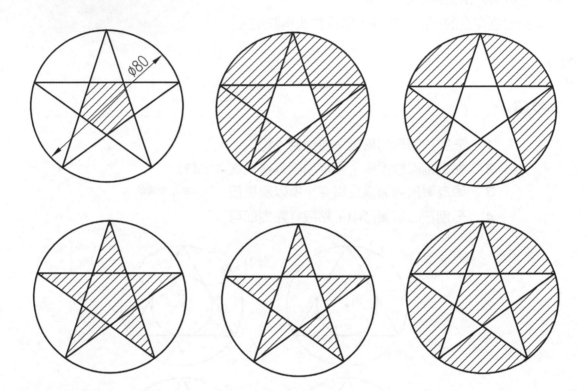

重點提示

→ 剖面線(hatch)：
當物件需要繪製剖面線時，進入剖面線視窗設定。

→ 編輯剖面線(hatchedit)：
對已經存在的剖面線物件，進行修改與設定。

作法

步驟

1   先完成圖形的繪製，並複製 6 份

2   點取剖面線視窗，設定剖面線樣式為 ANSI31

3   因為圖形內無孤立物件，所以直接按 ▨ 加入:點選點

4   分別在六個圖形中，點取紅點處即可

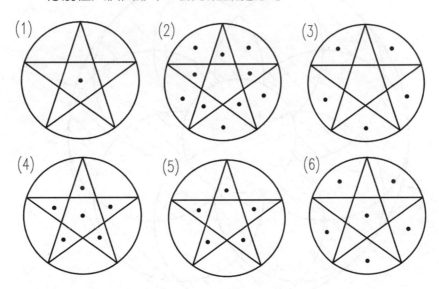

剖面圖

004

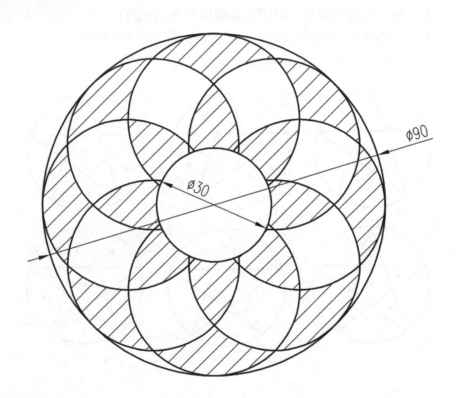

Ø90

Ø30

重點提示

→ 剖面線(hatch)：

當物件需要繪製剖面線時，進入剖面線視窗設定。

→ 編輯剖面線(hatchedit)：

對已經存在的剖面線物件，進行修改與設定。

作法

步驟

1   先完成圖形的繪製

2   點取剖面線視窗,設定剖面線樣式為 ANSI31

3   因為圖形內無孤立物件,所以直接按 [圖示] 加入:點選點

4   點取所有的紅點處即可

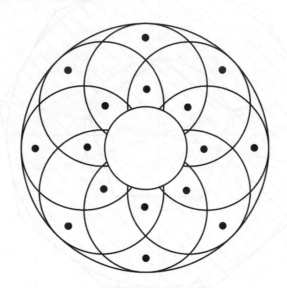

剖面圖

005

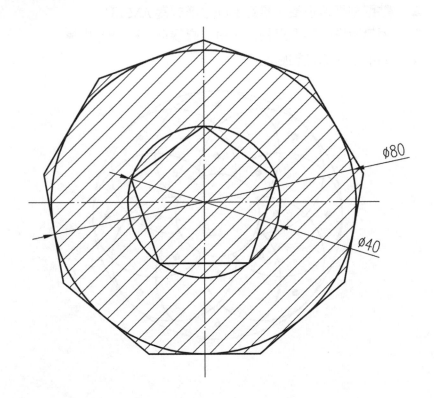

∅80

∅40

🔍 重點提示

➡️ 🔲 剖面線(hatch)：

當物件需要繪製剖面線時，進入剖面線視窗設定。

➡️ 🔲 編輯剖面線(hatchedit)：

對已經存在的剖面線物件，進行修改與設定。

作法

步驟

1 先完成圖形的繪製

2 點取剖面線視窗，設定剖面線樣式為 ANSI31

3 因為整個圖形皆要有剖面線，所以直接按 🔲 加入：選取物件

4 如下圖所示，點取最外層的多邊形即可

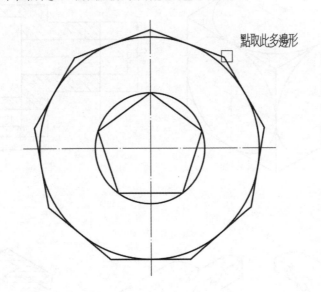

點取此多邊形

006

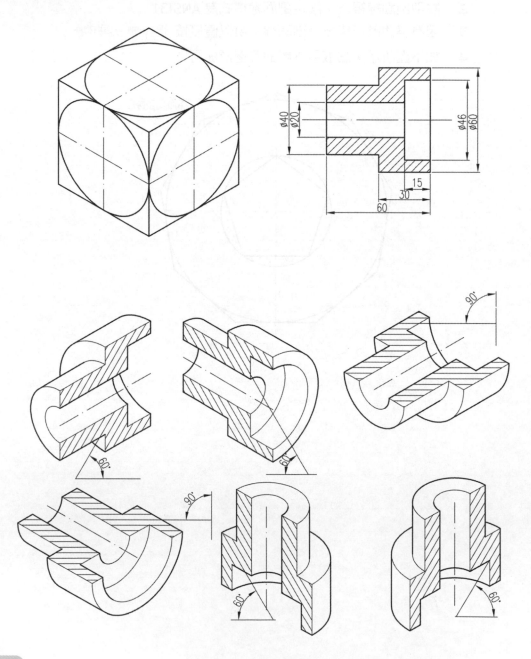

重點提示

→ 本範例所要說明的是全剖圖的介紹：
當物體的內部形狀複雜，我們可以使用剖視圖來表達物體的內部形狀，以達到減少許多隱藏線所造成的混亂，進而清楚的表達物體的內部。

→ 剖面線：
物體被假設剖切的平面稱為剖面，在此剖面上都要畫上剖面線，用來區分空心與實心的部份。剖面線通常與物體的主軸線成 45 度(樣式為 ANSI31)的細實線，間距 2 ～4mm，依圖紙之大小來決定。同一個剖面的剖面線，其間隔與方向要一致，且不與物體的輪廓線成平行或垂直。

→ 全剖面：
割面從左到右或上到下的方式，割過整個物體，所得的剖視為全剖面。

作法

步驟

1 先畫出平面全剖圖，再分別將此形狀的全剖面等角圖的圖形繪出，再各別給予剖面線，可參考題目上的圖形，角度分別設為 15、75、315 度(等角圖剖面線的角度；平面圖之角度則為 0 度)

剖面圖

007

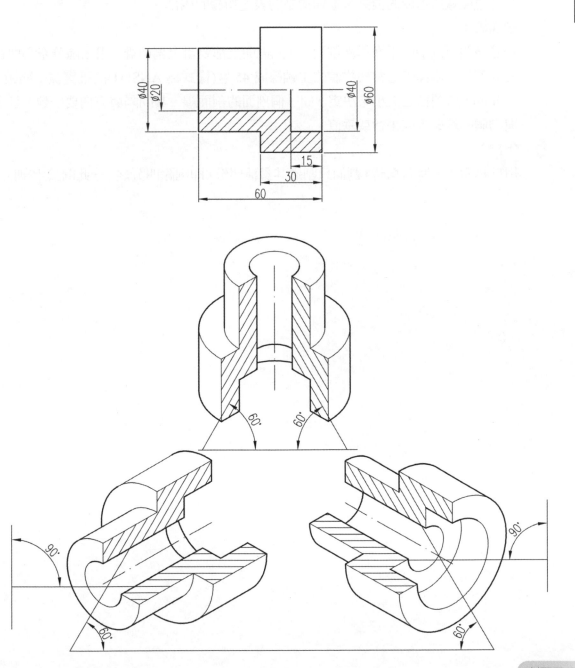

重點提示

→ 本範例所要說明的是半剖圖的介紹：

當物體的內部形狀複雜，我們可以使用剖視圖來表達物體的內部形狀，以達到減少許多隱藏線所造成的混亂，進而清楚的表達物體的內部。

→ 剖面線：

物體被假設剖切的平面稱為剖面，在此剖面上都要畫上剖面線，用來區分空心與實心的部份。剖面線通常與物體的主軸線成 45 度(樣式為 ANSI31)的細實線，間距 2 ～4mm，依圖紙之大小來決定。同一個剖面的剖面線，其間隔與方向要一致，且不與物體的輪廓線成平行或垂直。

→ 半剖面：

用於物體的形狀對稱時，割面只割過其對稱部份，即割除四分之一，此圖為半剖圖。

作法

步驟

1 先畫出平面半剖圖，再分別將此形狀的半剖面等角圖的圖形繪出，再各別給予剖面線，可參考題目上的圖形，角度分別設為 15、75、315 度(等角圖剖面線的角度；平面圖之角度則為 0 度)

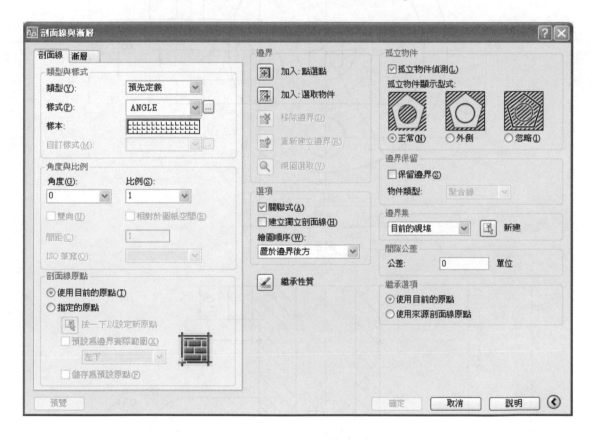

008

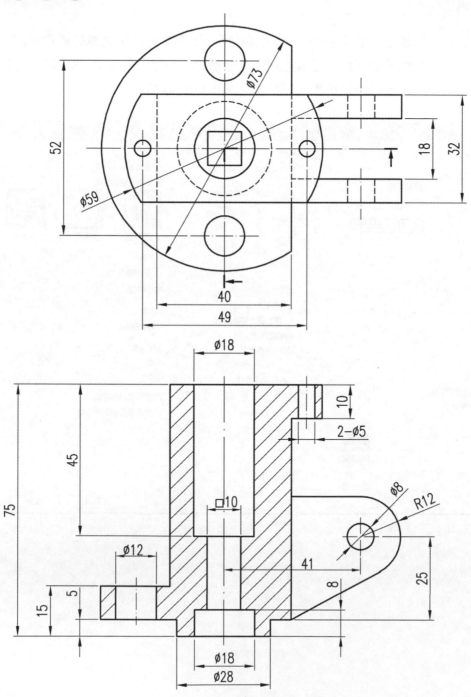

🔍 重點提示

➡️ 在 CNS 製圖標準中,同一個位置的尺寸,只標註在其中一個視圖裡,所以在繪製
圖形的過程中,就需要相互對照,以找出所需的尺寸。

▌作法

步驟△

可參考下圖,在相關的位置上,畫出建構線,以方便圖形的繪製

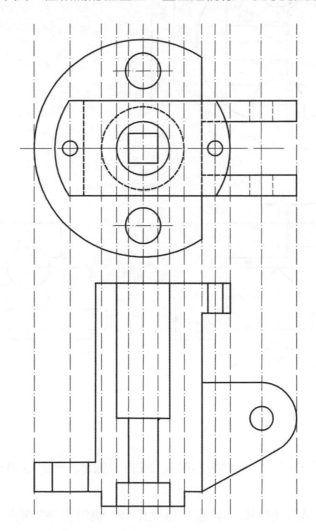

剖面圖

009

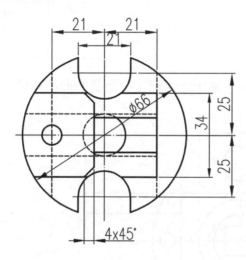

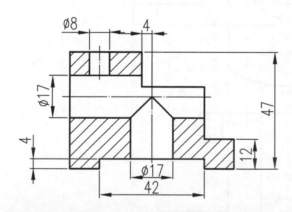

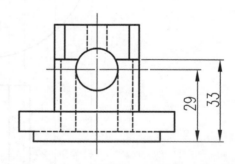

重點提示

⇨ 繪製三視圖時，可在俯視圖與右側視圖間，先繪製一條 45 度的建構線，在相互拉線轉折對齊。

⇨ 也可先各別繪製三個視圖，再執行移動指令，使用物件鎖點的垂直點來相互對齊。

作法

步驟

可參考下圖，在相關的位置上，畫出建構線，以方便圖形的繪製

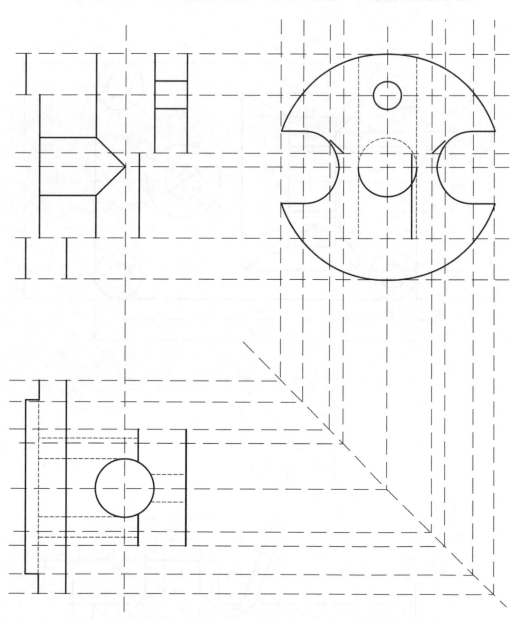

010

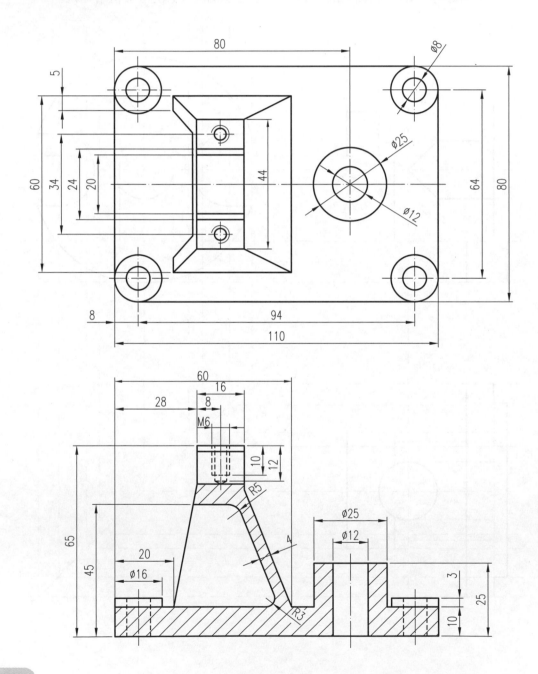

▌作法

步驟 △

可參考下圖，在相關的位置上，畫出建構線，以方便圖形的繪製

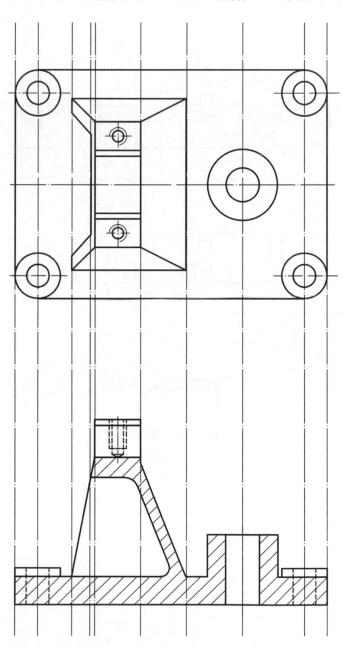

剖面圖

011

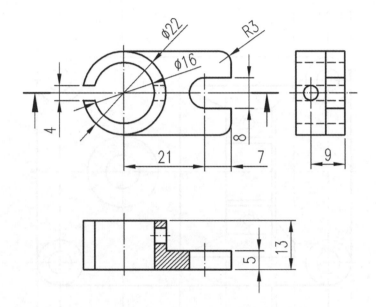

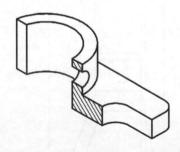

重點提示

➡️ 請繪出本範例之剖面圖。

作法

步驟

1 依照之前所練習的投影法，參考立體圖，依割面線之方向繪製剖面視圖
2 在切割面加上 🔳 剖面線(hatch)

重點提示

➡️ 本範例請再用等角剖視立體圖表示。

作法

步驟

1 開啓繪圖設定值視窗，將鎖點類型改成等角鎖點
2 繪製等角圖時，多了 30 度、150 度、210 度、330 度，4 個等角角度
3 繪製等角圖時，輔助線使用複製來產生，而不使用偏移複製
4 繪製等角圖時，使用 F5 或 ctrl + E 來切換等角平面
5 繪製等角圖時，使用橢圓指令 ⬭ 橢圓(ellipse)繪製等角圓
   指定橢圓的軸端點或[弧(A)/中心點(C)/等角圓(I)]：輸入 I Enter
6 如下圖所示。先畫出底部的輪廓，使用 📑 複製(copy)，依尺寸畫輔助
   線，先繪出所需要的交點與圓心點，再將多餘線段修剪
7 將切割線經過的斷面繪製剖面線
8 刪除多餘線段

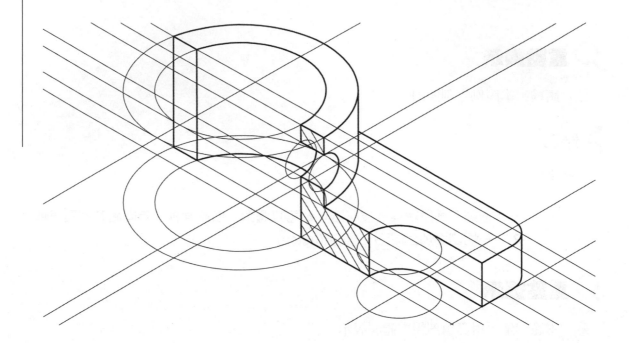

012

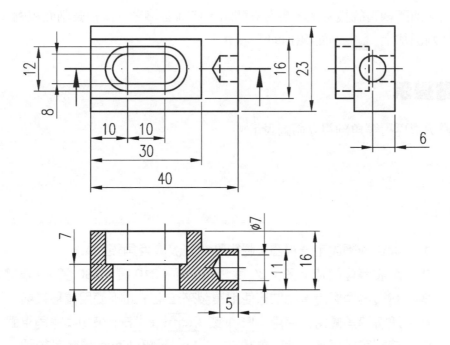

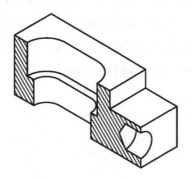

重點提示

⇨ 請繪出本範例之剖面圖。

作法

⇨ 依照之前所練習的投影法，參考立體圖，依割面線之方向繪製剖面視圖。

⇨ 在切割面加上 🖼 剖面線(hatch)。

重點提示

⇨ 本範例請再用等角剖視立體圖表示。

作法

步驟

1　開啟繪圖設定值視窗，將鎖點類型改成等角鎖點

2　繪製等角圖時，多了 30 度、150 度、210 度、330 度，4 個等角角度

3　繪製等角圖時，輔助線使用複製來產生，而不使用偏移複製

4　繪製等角圖時，使用 F5 或 ctrl + E 來切換等角平面

5　繪製等角圖時，使用橢圓指令 ◯ 橢圓(ellipse)繪製等角圓

　　指定橢圓的軸端點或[弧(A)/中心點(C)/等角圓(I)]：輸入 I Enter

6　如下圖所示。先畫出底部的輪廓，使用 🖱 複製(copy)，依尺寸畫輔助線，先繪出所需要的交點與圓心點，再將多餘線段修剪

7　將切割線經過的斷面繪製剖面線

8　刪除多餘線段

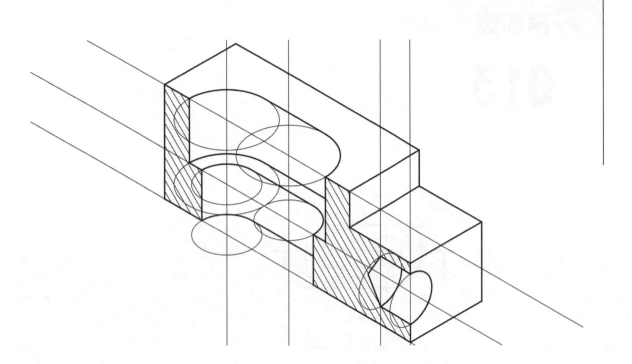

剖面圖

013

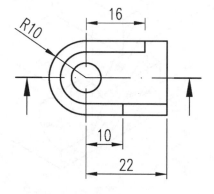

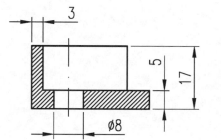

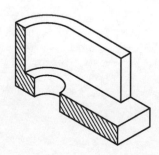

🔍 重點提示

➡️ 請繪出本範例之剖面圖。

▌作法

➡️ 依照之前所練習的投影法,參考立體圖,依割面線之方向繪製剖面視圖。

➡️ 在切割面加上 🔳 剖面線(hatch)。

🔍 重點提示

➡️ 本範例請再用等角剖視立體圖表示。

▌作法

步驟

1　開啟繪圖設定值視窗,將鎖點類型改成等角鎖點

2　繪製等角圖時,多了 30 度、150 度、210 度、330 度,4 個等角角度

3　繪製等角圖時,輔助線使用複製來產生,而不使用偏移複製

4　繪製等角圖時,使用 F5 或 ctrl + E 來切換等角平面

5　繪製等角圖時,使用橢圓指令 ⬭ 橢圓(ellipse)繪製等角圓

　　指定橢圓的軸端點或[弧(A)/中心點(C)/等角圓(I)]:輸入 I Enter

6　如下圖所示。先畫出底部的輪廓,使用 📋 複製(copy),依尺寸畫輔助

　　線,先繪出所需要的交點與圓心點,再將多餘線段修剪

7　將切割線經過的斷面繪製剖面線

8　刪除多餘線段

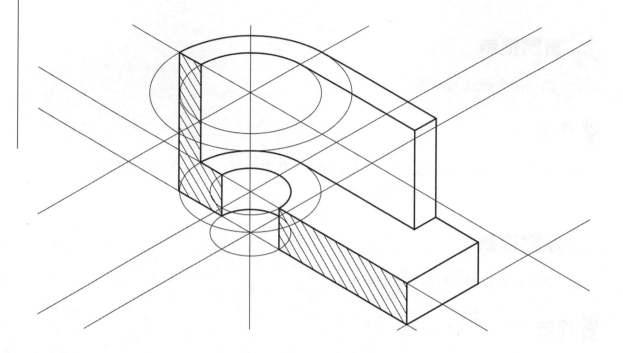

剖面圖

014

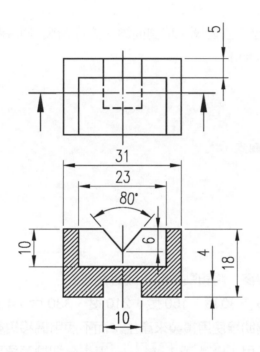

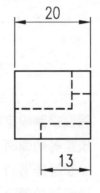

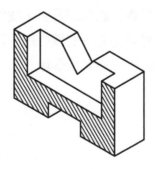

重點提示

→ 請繪出本範例之剖面圖。

作法

→ 依照之前所練習的投影法，參考立體圖，依割面線之方向繪製剖面視圖。

→ 在切割面加上 [圖] 剖面線(hatch)。

重點提示

→ 本範例請再用等角剖視立體圖表示。

作法

步驟

1　開啓繪圖設定值視窗，將鎖點類型改成等角鎖點

2　繪製等角圖時，多了 30 度、150 度、210 度、330 度，4 個等角角度

3　繪製等角圖時，輔助線使用複製來產生，而不使用偏移複製

4　繪製等角圖時，使用 [F5] 或 [ctrl] + [E] 來切換等角平面

5　繪製等角圖時，使用橢圓指令 [⊙] 橢圓(ellipse)繪製等角圓
　　指定橢圓的軸端點或[弧(A)/中心點(C)/等角圓(I)]：輸入 I [Enter]

6　如下圖所示。先畫出底部的輪廓，使用 [📋] 複製(copy)，依尺寸畫輔助
　　線，先繪出所需要的交點與圓心點，再將多餘線段修剪

7　將切割線經過的斷面繪製剖面線

8　刪除多餘線段

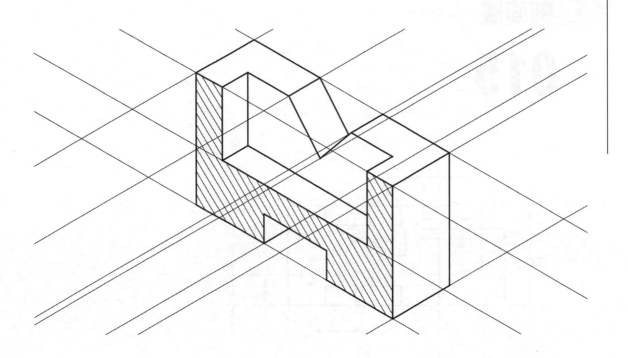

剖面圖

015

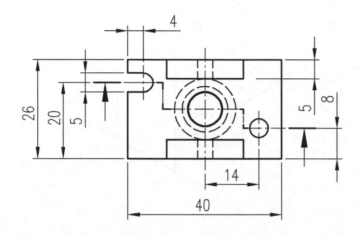

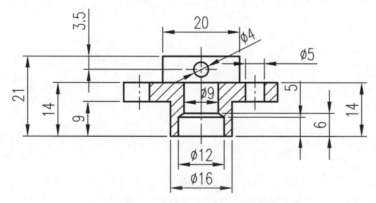

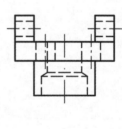

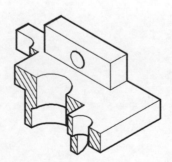

重點提示

➡ 請繪出本範例之剖面圖。

作法

➡ 依照之前所練習的投影法，參考立體圖，依割面線之方向繪製剖面視圖。
➡ 在切割面加上 🔲 剖面線(hatch)。

重點提示

➡ 本範例請再用等角剖視立體圖表示。

作法

步驟

1　開啓繪圖設定值視窗，將鎖點類型改成等角鎖點
2　繪製等角圖時，多了 30 度、150 度、210 度、330 度，4 個等角角度
3　繪製等角圖時，輔助線使用複製來產生，而不使用偏移複製
4　繪製等角圖時，使用 F5 或 ctrl + E 來切換等角平面
5　繪製等角圖時，使用橢圓指令 ⬭ 橢圓(ellipse)繪製等角圓
　　指定橢圓的軸端點或[弧(A)/中心點(C)/等角圓(I)]：輸入 I Enter
6　如下圖所示。先畫出底部的輪廓，使用 📋 複製(copy)，依尺寸畫輔助
　　線，先繪出所需要的交點與圓心點，再將多餘線段修剪
7　將切割線經過的斷面繪製剖面線
8　刪除多餘線段

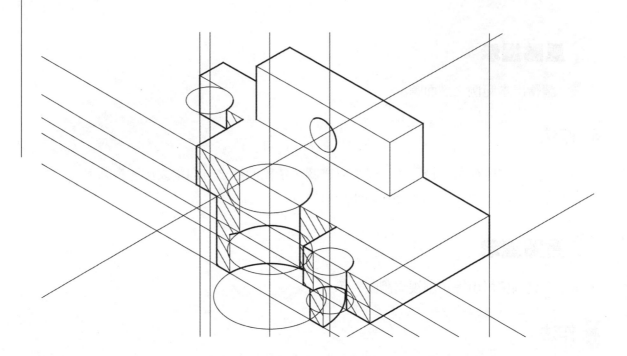

剖面圖

016

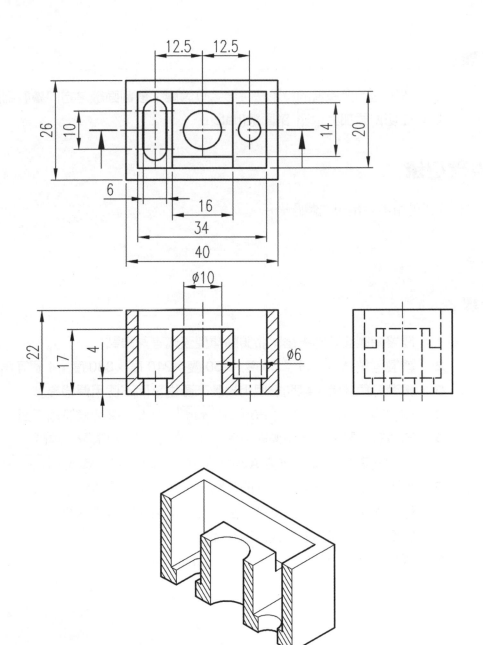

重點提示

請繪出本範例之剖面圖。

作法

步驟

1　依照之前所練習的投影法，參考立體圖，依割面線之方向繪製剖面視圖
2　在切割面加上 ▨ 剖面線(hatch)

重點提示

本範例請再用等角剖視立體圖表示。

作法

步驟

1　開啓繪圖設定值視窗，將鎖點類型改成等角鎖點
2　繪製等角圖時，多了 30 度、150 度、210 度、330 度，4 個等角角度
3　繪製等角圖時，輔助線使用複製來產生，而不使用偏移複製
4　繪製等角圖時，使用 F5 或 ctrl + E 來切換等角平面
5　繪製等角圖時，使用橢圓指令 ◯ 橢圓(ellipse)繪製等角圓
　　指定橢圓的軸端點或[弧(A)/中心點(C)/等角圓(I)]：輸入 I Enter
6　如下圖所示。先畫出底部的輪廓，使用 複製(copy)，依尺寸畫輔助
　　線，先繪出所需要的交點與圓心點，再將多餘線段修剪
7　將切割線經過的斷面繪製剖面線
8　刪除多餘線段

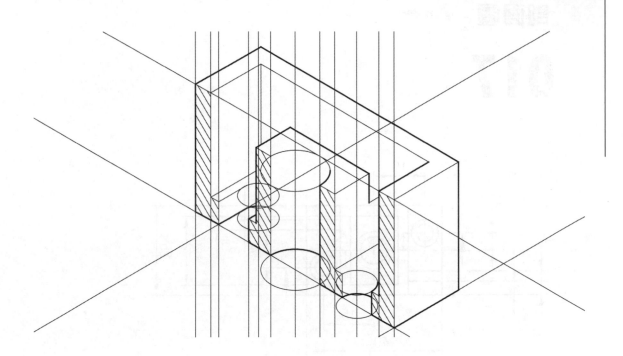

剖面圖

017

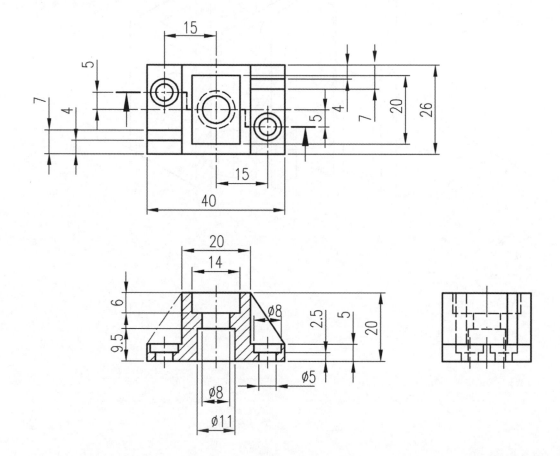

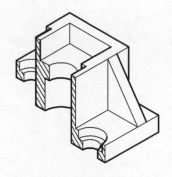

🔍 重點提示

➡️ 請繪出本範例之剖面圖。

▌ 作法

步驟△

1　依照之前所練習的投影法，參考立體圖，依割面線之方向繪製剖面視圖
2　在切割面加上 🔲 剖面線(hatch)

🔍 重點提示

➡️ 本範例請再用等角剖視立體圖表示。

▌ 作法

步驟△

1　開啟繪圖設定值視窗，將鎖點類型改成等角鎖點
2　繪製等角圖時，多了 30 度、150 度、210 度、330 度，4 個等角角度
3　繪製等角圖時，輔助線使用複製來產生，而不使用偏移複製
4　繪製等角圖時，使用 F5 或 ctrl + E 來切換等角平面
5　繪製等角圖時，使用橢圓指令 ◯ 橢圓(ellipse)繪製等角圓
　　指定橢圓的軸端點或[弧(A)/中心點(C)/等角圓(I)]：輸入 I Enter
6　如下圖所示。先畫出底部的輪廓，使用 🔳 複製(copy)，依尺寸畫輔助
　　線，先繪出所需要的交點與圓心點，再將多餘線段修剪
7　將切割線經過的斷面繪製剖面線
8　刪除多餘線段

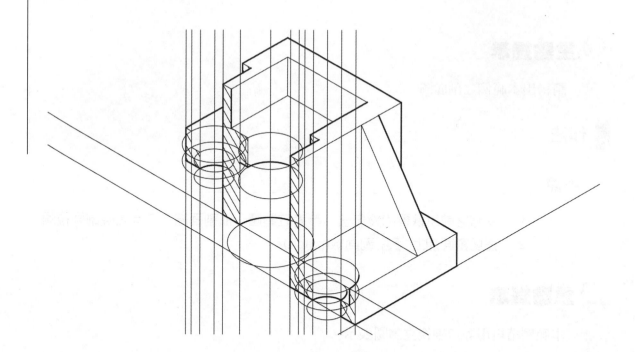

018

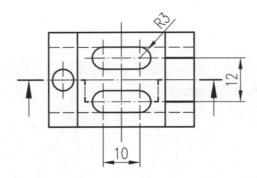

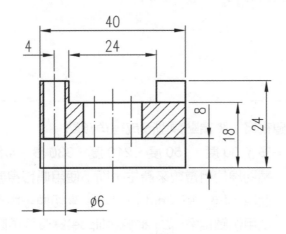

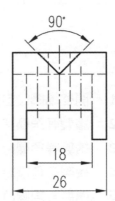

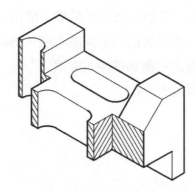

重點提示

→ 請繪出本範例之剖面圖。

作法

步驟

1 依照之前所練習的投影法，參考立體圖，依割面線之方向繪製剖面視圖

2 在切割面加上 剖面線(hatch)

重點提示

→ 本範例請再用等角剖視立體圖表示。

作法

步驟

1 開啓繪圖設定值視窗，將鎖點類型改成等角鎖點

2 繪製等角圖時，多了 30 度、150 度、210 度、330 度，4 個等角角度

3 繪製等角圖時，輔助線使用複製來產生，而不使用偏移複製

4 繪製等角圖時，使用 F5 或 ctrl + E 來切換等角平面

5 繪製等角圖時，使用橢圓指令 橢圓(ellipse)繪製等角圓
指定橢圓的軸端點或[弧(A)/中心點(C)/等角圓(I)]：輸入 I Enter

6 如下圖所示。先畫出底部的輪廓，使用 複製(copy)，依尺寸畫輔助線，先繪出所需要的交點與圓心點，再將多餘線段修剪

7 將切割線經過的斷面繪製剖面線

8 刪除多餘線段

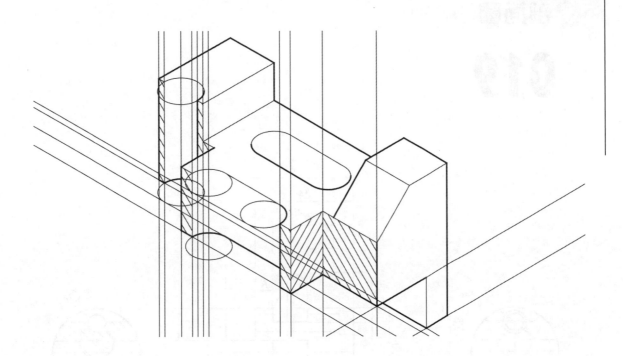

剖面圖

019

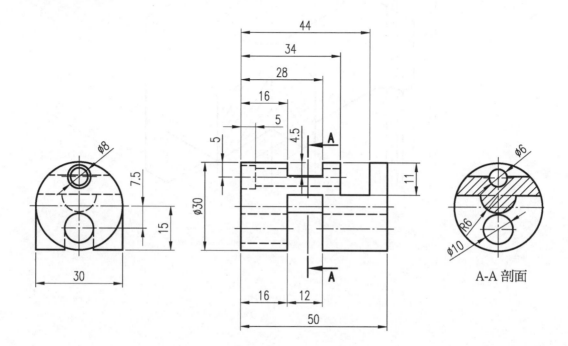

A-A 剖面

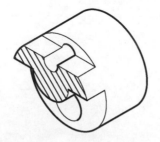

🔍 重點提示

➡️ 請繪出本範例之剖面圖。

▌作法

步驟△

1. 依照之前所練習的投影法，參考立體圖，依割面線之方向繪製剖面視圖
2. 在切割面加上 ▨ 剖面線(hatch)

🔍 重點提示

➡️ 本範例請再用等角剖視立體圖表示。

▌作法

步驟△

1. 開啓繪圖設定值視窗，將鎖點類型改成等角鎖點
2. 繪製等角圖時，多了 30 度、150 度、210 度、330 度，4 個等角角度
3. 繪製等角圖時，輔助線使用複製來產生，而不使用偏移複製
4. 繪製等角圖時，使用 F5 或 ctrl + E 來切換等角平面
5. 繪製等角圖時，使用橢圓指令 ◯ 橢圓(ellipse)繪製等角圓

   指定橢圓的軸端點或[弧(A)/中心點(C)/等角圓(I)]：輸入 I Enter
6. 如下圖所示。先畫出底部的輪廓，使用 複製(copy)，依尺寸畫輔助線，先繪出所需要的交點與圓心點，再將多餘線段修剪
7. 將切割線經過的斷面繪製剖面線
8. 刪除多餘線段

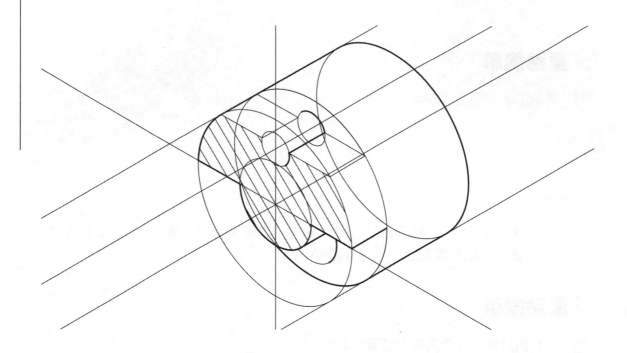

剖面圖

020

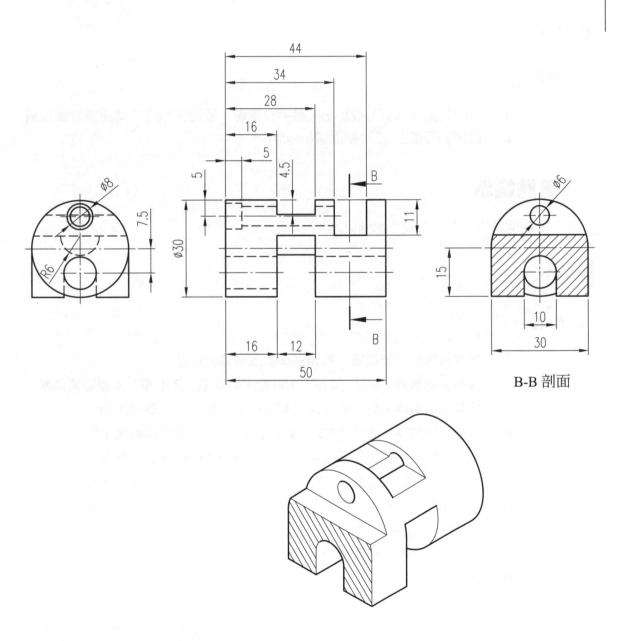

B-B 剖面

重點提示

→ 請繪出本範例之剖面圖。

作法

步驟

1 依照之前所練習的投影法，參考立體圖，依割面線之方向繪製剖面視圖
2 在切割面加上 剖面線(hatch)

重點提示

→ 本範例請再用等角剖視立體圖表示。

作法

步驟

1 開啟繪圖設定值視窗，將鎖點類型改成等角鎖點
2 繪製等角圖時，多了 30 度、150 度、210 度、330 度，4 個等角角度
3 繪製等角圖時，輔助線使用複製來產生，而不使用偏移複製
4 繪製等角圖時，使用 F5 或 ctrl + E 來切換等角平面
5 繪製等角圖時，使用橢圓指令 橢圓(ellipse)繪製等角圓
   指定橢圓的軸端點或[弧(A)/中心點(C)/等角圓(I)]：輸入 I Enter
6 如下圖所示。先畫出底部的輪廓，使用 複製(copy)，依尺寸畫輔助
   線，先繪出所需要的交點與圓心點，再將多餘線段修剪
7 將切割線經過的斷面繪製剖面線
8 刪除多餘線段

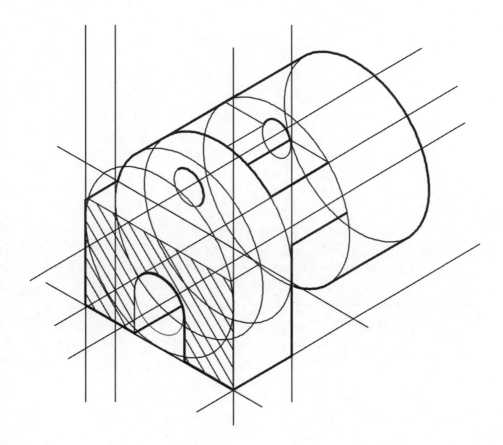

NOTE

實體圖

001

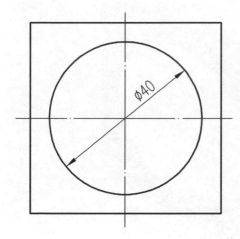

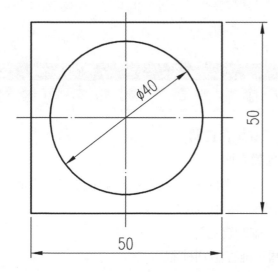

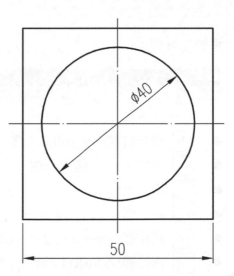

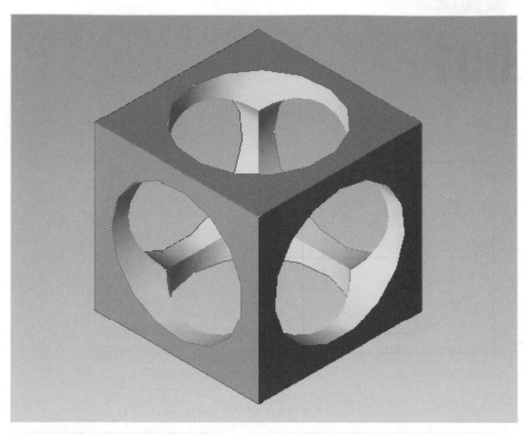

⭕ 實體工具列：

【塑型】 ✕

- 🔲 聚合實體(polysolid)。建立三維聚合實體
- 🔲 方塊(box)。建立一個三維實體方塊
- 🔲 楔形體(wedge)。建立一個沿著 X 軸方向形成錐狀傾斜面的 3D 實體
- 🔲 圓錐體(cone)。建立一個三維實體圓錐體
- 🔲 圓球體(sphere)。建立一個三維的實心球
- 🔲 圓柱體(cylinder)。建立一個三維實體圓柱體
- 🔲 圓環體(torus)。建立一個環形實體
- 🔲 角錐體(pyramid)。建立三維實體角錐體
- 🔲 螺旋線(helix)。建立螺旋線
- 🔲 平曲面(planesurf)。建立平物曲面

- 擠出(extrude)。擠出既有的二維物件以建立唯一的實體原型
- 按拉(presspull)。按或拉有邊界的區域
- 掃掠(sweep)。掃掠既有的二維物件以建立唯一實體基本型
- 迴轉(revolve)。繞著一個軸迴轉二維物件來建立一個實體
- 斷面混成(loft)。透過斷面混成既有的二維物件來建立唯一實體基本型
- 聯集(union)。以相加的方式建立一個複合面域或實體
- 差集(subtract)。從差集建立一個複合面域或實體
- 交集(intersect)。從實體或面域的交集建立實體或面域
- 3D 移動(3dmove)。在 3D 中移動
- 3D 旋轉(3drotate)。在 3D 中旋轉
- 對齊(align)。與其他 2D 與 3D 中的物件對齊

➔ 實體編輯工具列：

- 聯集(union)。以相加的方式建立一個複合面域或實體
- 差集(subtract)。從差集建立一個複合面域或實體
- 交集(intersect)。從實體或面域的交集建立實體或面域
- 擠出面(solidedit face extrude)。將實體物件上所選取的面擠出到指定的高度或沿著一路徑
- 移動面(solidedit face move)。將實體物件上所選取的面移動到指定的高度或距離
- 偏移面(solidedit face offset)。由一個指定的距離或點，將實體物件上的面相等地偏移
- 刪除面(solidedit face delete)。刪除或移除面，包括在實體物件上的圓角或倒角
- 旋轉面(solidedit face rotate)。將實體物件上的一或多個面繞著指定的軸旋轉
- 錐形面(solidedit face taper)。將實體物件上的面以指定的角度形成錐狀
- 複製面(solidedit face copy)。將實體物件上的面複製成一個面域或實體主體

- 著色面(solidedit face color)。變更實體物件上各個面的顏色
- 複製邊緣(solidedit edge edge)。將實體物件上的 3D 邊緣複製成弧、圓、橢圓、線條或雲形線
- 著色邊緣(solidedit edge color)。變更實體物件上各邊緣的顏色
- 蓋印(solidedit body imprint)。在實體物件的面上印上幾何圖形
- 清理(solidedit body clean)。移除實體物件上多餘的邊緣與頂點
- 分離(solidedit body separate)。以 3D 實體物件的共有體積將其分成多個獨立的 3D 實體物件
- 薄殼(solidedit body shell)。在一個實體物件上建立一個具有指定厚度的中空薄牆
- 檢查(solidedit body check)。確認一 3D 實體物件為有效的 ShapeManager 實體

視覺型式：

- 2D 線架構(shademode 2)。將視埠設定到 2D 線架構視覺型式
- 3D 線架構視覺型式(shademode 3)。將視埠設定到 3D 線架構視覺型式
- 3D 隱藏視覺型式(shademode h)。將視埠設定到隱藏線視覺型式
- 擬真視覺型式(shademode f)。將視埠設定到平板描影視覺型式
- 概念視覺型式(shademode g)。將視埠設定到 Gouraud 描影視覺型式
- 管理視覺型式(shademode o)。將視埠設定到平板描影，顯示邊緣

視圖工具列：

- 具名的視景(view)。依名稱儲存及還原視圖
- 上視景(view top)。設定檢視點在上方
- 下視景(view botton)。設定檢視點在下方
- 左視景(view left)。設定檢視點在左方
- 右視景(view right)。設定檢視點在右方

- 前視景(view front)。設定檢視點在前方
- 後視景(view back)。設定檢視點在後方
- 西南視景(view swiso)。設定檢視點在西南等角
- 東南視景(view seiso)。設定檢視點在東南等角
- 東北視景(view neiso)。設定檢視點在東北等角
- 西北視景(view nwiso)。設定檢視點在西北等角
- 建立像機(camera)。在模型空間內建立相機
- 前一個視圖(zoom p)。

UCS 工具列：

- 使用者座標系統(ucs)。管理使用者座標系統
- 世界 UCS(ucs w)。設定 UCS 為世界座標系統顯示
- UCS 前次(ucs p)。取回前一個 UCS
- UCS 面(ucs fa)。根據選取的面，定義一個新的座標系統
- 物件 UCS(ucs ob)。根據選取的物件，定義一個新的座標系統
- 視景 UCS(ucs v)。以平行於螢幕的 XY 平面，建立新的座標系統
- 原點 UCS(ucs o)。移動原點來定義一個新的 UCS
- Z 軸向量 UCS(ucs zaxis)。使用正 Z 軸擠出方式定義一個 UCS
- 三點 UCS(ucs 3)。指定新的 UCS 原點與 X 及 Y 軸的方向
- X 軸旋轉(ucs x)。繞著 X 軸旋轉目前的 UCS
- Y 軸旋轉(ucs y)。繞著 Y 軸旋轉目前的 UCS
- Z 軸旋轉(ucs z)。繞著 Z 軸旋轉目前的 UCS
- 套用 UCS(ucs apply)。套用目前 UCS 至所選取的視埠

- 使用者座標系統(ucs)。管理使用者座標系統
- 顯示 UCS 對話方塊(+ucsman 0)。管理定義的使用者座標系統

3D 導覽工具列：

- 3D 平移(3dpan)。啟動 3dorbit 指令可讓您水平或垂直拖曳檢視
- 3D 縮放(3dzoom)。啟動 3dorbit 指令讓您在視景上拉近或拉遠
- 環轉(3dorbit)
- 相機調整(3dcorbit)
- 漫遊和飛行(3dswivel)

- 迴旋(3dswivel)。啟動 3DORBIT 指令並模擬旋轉相機的效果
- 調整距離(3ddistance)。啟動 3DORBIT 指令，並使得物件顯示得更近或更遠

- 漫遊(3dwalk)。可讓您在約束的高度移動模型
- 飛行(3dfly)。啟動 3DWALK 指令，即可讓您自由移動模型
- 漫遊和飛行設定(walkflysetting)。調整漫遊和飛行導覽設定

- 約束環轉(3dorbit)。繞模型進行受約束的環轉
- 自由環轉(3dorbit)。圍繞模型自由環轉
- 連續環轉(3dorbit)。在 3D 檢視點上啟動具有連續環轉作用的 3DORBIT 指令

彩現工具列：

- 隱藏(hide)。重生三維模型並抑制隱藏線
- 彩現(render)。顯示一個三維線架構或實體模型的擬真描影影像
- 光源(light)。管理光源與光效
- 光源清單(lightlist)。管理光源與光效
- 材料(materials)。管理彩現材質
- 貼圖(matlib)。從材質庫匯入和匯出材質
- 彩現環境(renderenvironment)。提供物件外觀距離的視訊
- 彩現設定(rpref)。顯示或隱藏進階彩現設定視窗

- 新點光源(pointlight)。建立點光源
- 新聚光燈(spotlight)。建立聚光燈
- 新遠光源(distantlight)。建立遠光源
- 光源清單(lightlist)。顯示或隱藏光源視窗
- 地理位置(geographiclocation)。定義模型的地理位置
- 日光性質(sunpropertis)。顯示和修改日光的性質

- 平面貼圖(rpref)
- 方塊貼圖(rpref)
- 圓球貼圖(rpref)
- 圓柱體貼圖(rpref)

- 距離(dist)。測量兩點之間的距離與角度
- 面積(area)。計算物件或定義區域的面積與周長
- 面域與質量性質(massprop)。計算與顯示面域或實體的質量性質
- 列示(list)。顯示選取之物件的資料庫資訊
- 點位置(id)。顯示一個位置的座標值

- 顯示視埠對話方塊(vports)。顯示視埠對話方塊
- 單一視埠(-vports)。建立單一圖紙空間視埠
- 多邊形視埠(-vports)。利用指定的點建立一個不規則形狀的視埠
- 轉換物件到視埠(-vports)。將一個物件轉換至圖紙空間視埠
- 截取既有視埠(-vpclip)。截取視埠物件

其它 3D 工具按鈕：

- 面域(region)。從一個既有物件的選集建立一個面域物件
- 對齊(align)。使物件與其它 2D 與 3D 物件對齊

指定第一個來源點：指定點(1)

指定第一個目的點：指定點(2)

指定第二個來源點：按 Enter 鍵

當您只選取一對來源點與目的點時，選定的物件會在 2D 或 3D 空間中，從來源點(1)移到目的點(2)。

指定二個點

結果

使用兩對點對齊：

指定第一個來源點：指定點(1)

指定第一個目的點：指定點(2)

指定第二個來源點：指定點(3)

指定第二個目的點：指定點(4)

指定第三個來源點：按 Enter 鍵

是否基於對齊點縮放物件？[是(Y)/否(N)] <否>:輸入 y，或按 Enter 鍵

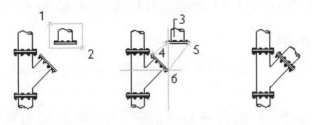

窗選物件　　　　來源及目標點　　使用比例選項的結果

當您選取兩對點時，您可以在 2D 或 3D 空間中移動、旋轉選定的物件，以及調整物件比例來與其他物件對齊。

第一組來源點與目的點(1,2)定義了對齊的基準點。第二組點(3,4)定義了旋轉角度。輸入第二組點之後，AutoCAD 提示您調整物件的比例。AutoCAD 會用第一個與第二個目的點(2, 4)之間的距離作為物件調整比例的參考長度。只有使用兩組點對齊物件時，才能調整比例。

註　如果使用兩對來源點與目的點在非垂直的工作平面上執行 3D 對齊操作，將產生不可預料的結果。

使用三對點對齊：

指定第一個來源點：指定點(1)

指定第一個目的點：指定點(2)

指定第二個來源點：指定點(3)

指定第二個目的點：指定點(4)

指定第三個來源點：指定點(5)

指定第三個目的點：指定點(6)

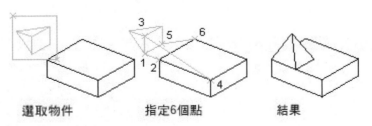

選取物件　　　　指定6個點　　　　結果

當您選取三對點時，您可以在 3D 空間中移動和旋轉選定的物件，來與其他物件對齊。
選定的物件會從來源點(1)移動到目的點(2)。

之後，會旋轉選定的物件(1 和 3)來對齊目的物件(2 和 4)。

接著，再次旋轉選定的物件(3 和 5)來對齊目的物件(4 和 6)。

繪製實體前的準備動作：

以下每題的實體範例，請都開啟新檔開始繪製。步驟說明的過程中，是以新開啟的新檔案為基準。

從下拉功能表的檢視 → 顯示 → UCS 圖示，分別設定 ✓ 打開與 ✓ 原點。

UCS 設定同世界座標系。可由下拉功能表的檢視 → 工具列...，選取 UCS 工具列，再使用滑鼠拖曳至適當處，並設定 UCS 為 世界 UCS(ucs w)。

關於視景的設定。可由下拉功能表的檢視 → 工具列...，選取視景工具列，再使用滑鼠拖曳至適當處，並設定視景為 東南視景(view seiso)。

依需要，再分別從下拉功能表的檢視 → 工具列...，選取下列各工具列，再使用滑鼠拖曳至適當處。

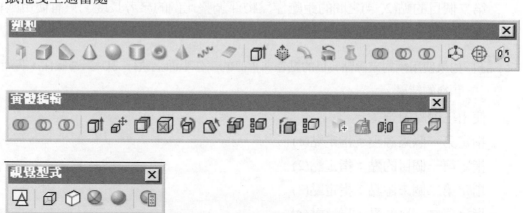

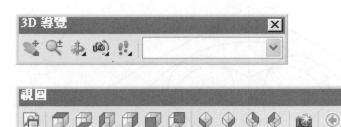

▌作法

步驟

1. 執行 方塊(box)，輸入 0,0,0(指定起點 O)，輸入 C(立方體)，指定長度為 50

2. 執行 圓柱體(cylinder)，輸入 25,25,0(中心點)，輸入 20(半徑)，輸入 50(高度)

3. 執行 三點 UCS(ucs 3)，輸入 25,0,25(指定新原點)，輸入 26,0,25(指定 X 軸方向)，輸入 25,0,26(指定 Y 軸方向)

4. 執行 圓柱體(cylinder)，輸入 0,0,0(中心點)，輸入 20(半徑)，輸入 -50(高度)

5. 執行 三點 UCS(ucs 3)，以前一次的座標為基準，輸入 25,0,-25(指定新原點)，輸入 25,0,-26(指定 X 軸方向)，輸入 25,1,-25(指定 Y 軸方向)

6. 執行 圓柱體(cylinder)，輸入 0,0,0(中心點)，輸入 20(半徑)，輸入 -50(高度)

7. 執行 差集(subtract)，先選取方塊，再選取剛才繪製的三個圓柱體做減去的動作，完成後如下圖所示

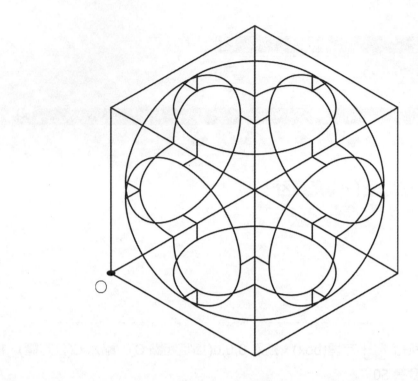

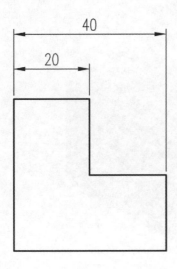

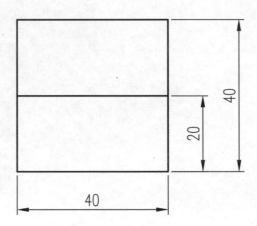

002

作法

步驟

1. 執行  方塊(box)，輸入 0,0,0(指定起點 O)，輸入 L(指定長度)，輸入 20(長度)，輸入 40(寬度)，輸入 20(高度)

2. 執行 方塊(box)，輸入 0,0,20(指定起點)，輸入 L(指定長度)，輸入 20(長度)，輸入 40(寬度)，輸入 20(高度)

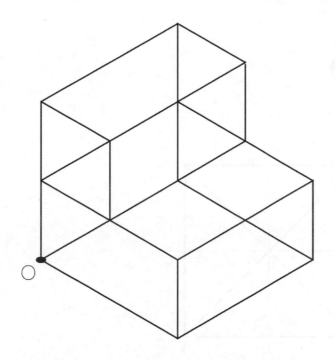

3　執行 聯集(union)，選取剛才繪製的兩個方塊

4　可將繪製完成的圖形，執行 概念視覺型式(vscurrent)，來描影圖形

5　也可以執行 約束環轉(3dorbit)或 自由環轉(3dforbit)或 連續環轉(3dcorbit)來檢視圖形

實體圖

003

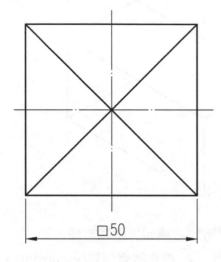

□50

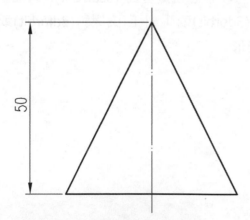

50

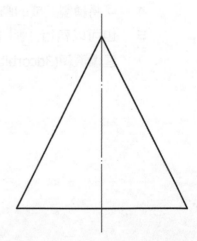

作法

步驟

1 執行  方塊(box)，輸入 0,0,0(指定起點 O)，輸入 C(立方體)，輸入 50

2 執行畫線指令，繪製 AB 線段

3 執行 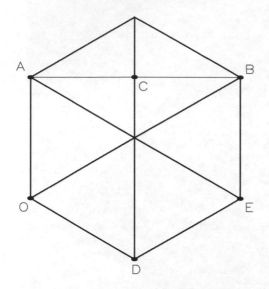 切割(slice)，選取此立方體，輸入 3(指定三點為切割面)。分別為 AB 線段之中點 C；端點 D、端點 E，再點取點 A(指定保留部份)

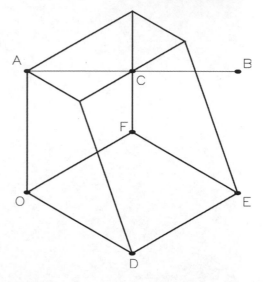

4 執行 切割(slice)，選取此立方體，輸入 3(指定三點為切割面)。分別為 AB 線段之中點 C；端點 E、端點 F，再點取點 A(指定保留的部份)

5 執行 切割(slice)，選取此立方體，輸入 3(指定三點為切割面)。分別為 AB 線段之中點 C；端點 F、端點 O，點取點 D(指定保留的部份)

6 執行 切割(slice)，選取此立方體，輸入 3(指定三點為切割面)。分別為 AB 線段之中點 C；端點 D、端點 O，點取點 E(指定保留的部份)

7 刪除輔助線段 AC

8 可將繪製完成的圖形，執行 概念視覺型式(vscurrent)，來描影圖形

9 也可以執行 約束環轉(3dorbit)或 自由環轉(3dforbit)或 連續環轉(3dcorbit)來檢視圖形

004

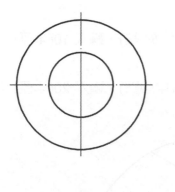

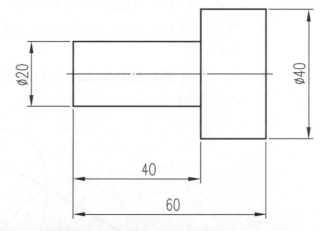

$\phi20$ $\phi40$

40

60

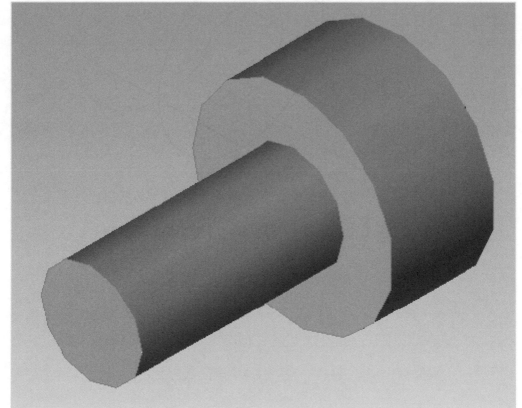

■ 作法

步驟 ▲

1 執行 ⬚³ 三點 UCS(ucs 3)，輸入 0,0,0(指定新原點)，輸入 1,0,0(指定 X 軸方向)，輸入 0,0,1(指定 Y 軸方向)

2 執行 ⬚ 圓柱體(cylinder)，輸入 0,0,0(中心點)，輸入 10(半徑)，輸入 40(高度)

3 執行 ⬚ 圓柱體(cylinder)，輸入 0,0,0(中心點)，輸入 20(半徑)，輸入 -20(高度)

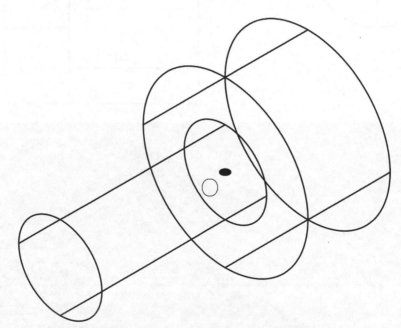

4 執行 ◎ 聯集(union)，選取剛才繪製的兩個圓柱體

005

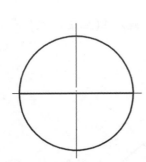

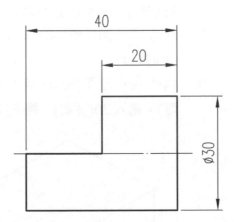

40

20

Ø30

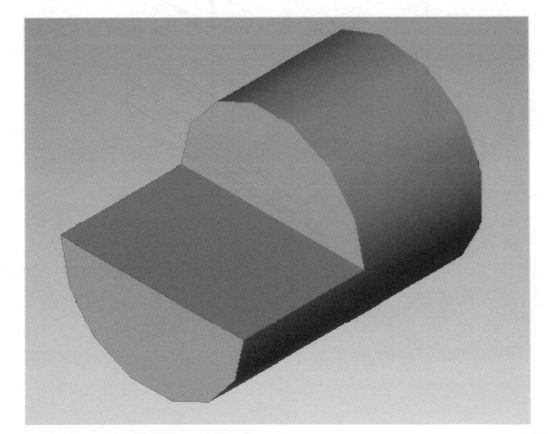

作法

步驟

1 執行 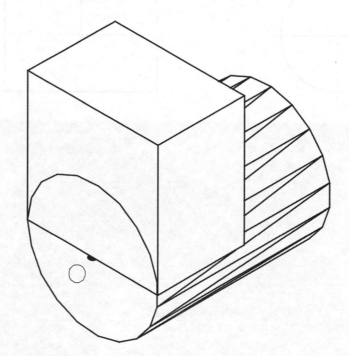 三點 UCS(ucs 3)，輸入 0,0,0(指定新原點)，輸入 1,0,0(指定 X 軸方向)，輸入 0,0,1(指定 Y 軸方向)

2 執行 圓柱體(cylinder)，輸入 0,0,0(中心點)，輸入 15(半徑)，輸入 -40(高度)

3 執行 方塊(box)，輸入-15,0,0(起點)，輸入 L(指定長度)，輸入 30(長度)，輸入 30(寬度)，輸入-20(高度)

4 執行 差集(subtract)，先選取圓柱體，再選取剛才繪製的方塊做減去的動作

006

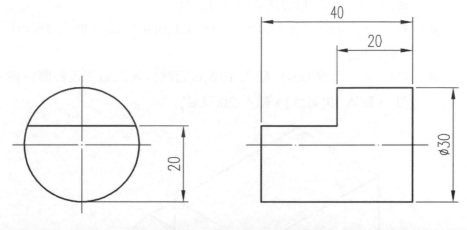

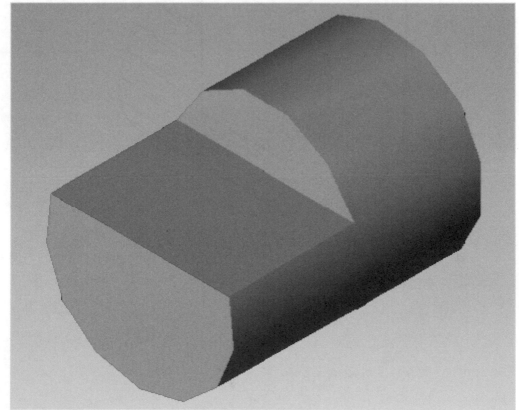

作法

步驟

1. 執行 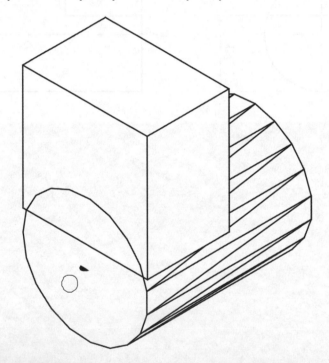 三點 UCS(ucs 3)，輸入 0,0,0(指定新原點)，輸入 1,0,0(指定 X 軸方向)，輸入 0,0,1(指定 Y 軸方向)

2. 執行 圓柱體(cylinder)，輸入 0,0,0(中心點)，輸入 15(半徑)，輸入 -40(高度)

3. 執行 方塊(box)，輸入-15,5,0(起點)，輸入 L(指定長度)，輸入 30(長度)，輸入 30(寬度)，輸入-20(高度)

4. 執行 差集(subtract)，先選取圓柱體，再選取剛才繪製的方塊做減去的動作

007

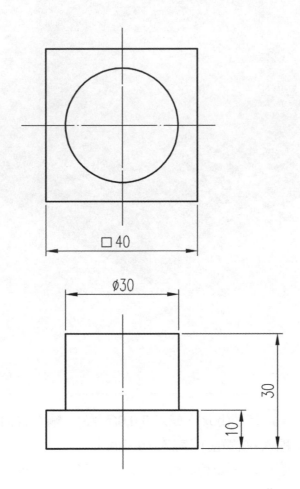

□40

Ø30

30

10

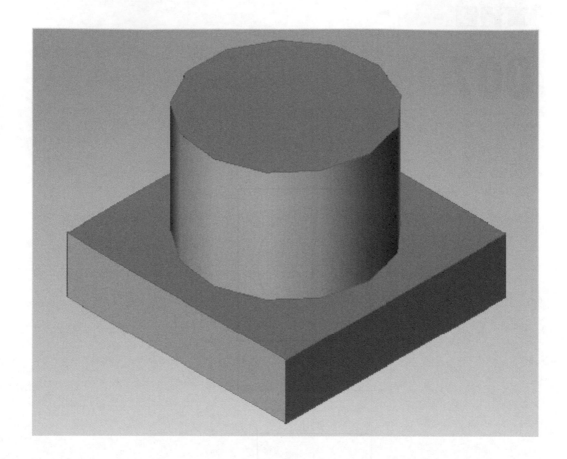

作法

步驟

1. 執行 方塊(box)，輸入 0,0,0(起點)，輸入 L(指定長度)，輸入 40(長度)，輸入 40(寬度)，輸入 10(高度)

2. 執行 圓柱體(cylinder)，輸入 20,20,10(中心點)，輸入 15(半徑)，輸入 20(高度)

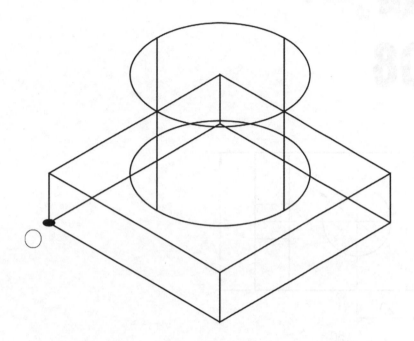

3 執行 聯集(union)，選取剛才繪製的方塊與圓柱體

008

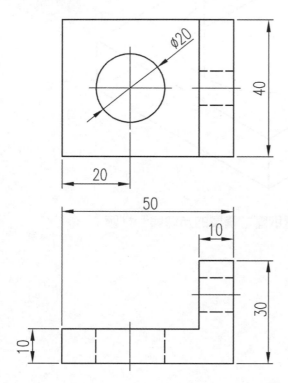

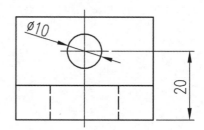

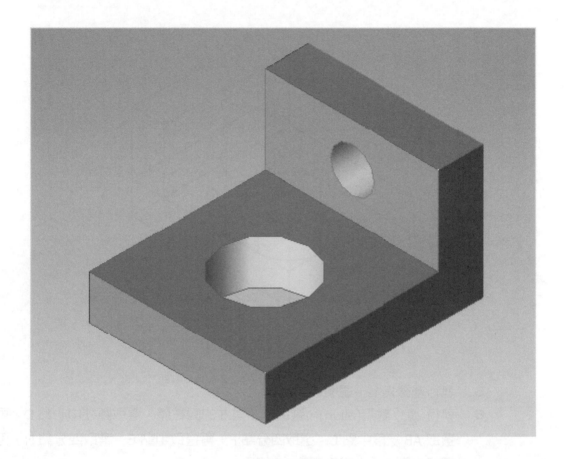

作法

步驟

1 執行 📦 方塊(box)，輸入 0,0,0(起點)，輸入 L(指定長度)，輸入 40(長度)，輸入 50(寬度)，輸入 10(高度)

2 執行 📦 方塊(box)，輸入 0,40,10(起點)，輸入 L(指定長度)，輸入 40(長度)，輸入 10(寬度)，輸入 20(高度)

3 執行 🛢 圓柱體(cylinder)，輸入 20,20,0(中心點)，輸入 10(半徑)，輸入 10(高度)

4 執行 🛢 圓柱體(cylinder)，在適當處任意點取一點(中心點)，輸入 5(半徑)，輸入 10(高度)

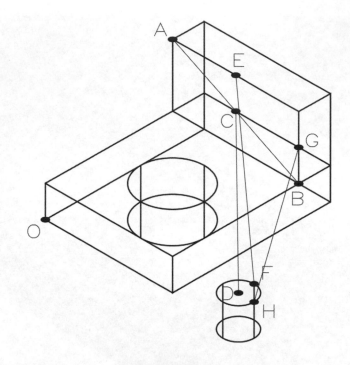

5　執行畫線指令，繪製 AB 線段

6　執行 📷 對齊(align)，選取半徑為 5 的圓柱體，選取圓柱中心點 D，再選取 AB 線段中點 C；選取四分點 F，再選取中點 E；選取四分點 H，再選取中點 G，完成後刪除 AB 線段

7　執行 ◎ 聯集(union)，選取剛才繪製的兩個方塊

8　執行 ◎ 差集(subtract)，先選取於步驟八聯集成的方塊，再選取剛才繪製的兩個圓柱體做減去的動作

實體圖

009

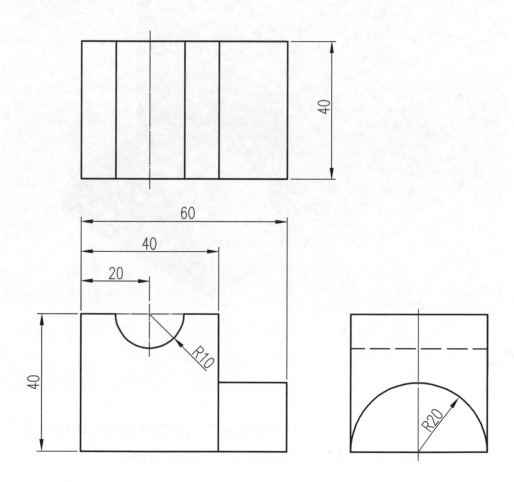

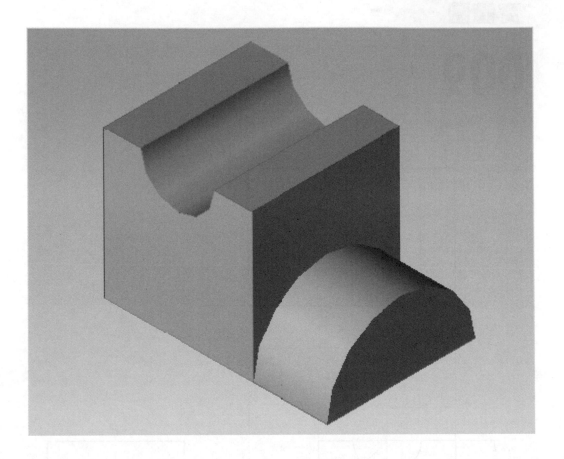

作法

步驟

1 先完成如下圖，圖形一與圖形二。(繪製完成後，可執行 面域 (region)，將既有物件的選集建立一個面域物件)

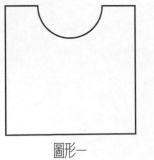

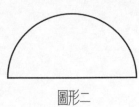

圖形一　　　　　　　圖形二

2 執行 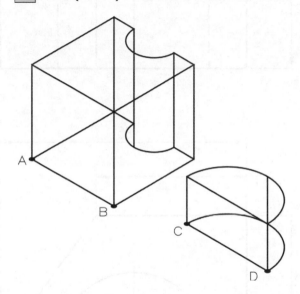 擠出(extrude)，將圖形一擠出高度為 40

3 點選視景工具列的 東南視景。再執行 3D 旋轉(3drotate)，輸入 2(以線段 **AB** 為軸，以兩點的方式選取)，將圖形一旋轉 90 度

4 執行 擠出(extrude)，將圖形二擠出高度為 20

5 執行 3D 旋轉(3drotate)，以線段 **CD** 為軸，將圖形二旋轉 90 度。再執行 旋轉(rotate)，將圖形二旋轉 90 度

6 執行 移動(move)，選取點 D 為基準點，移動至端點 B

7 執行 聯集(union)，選取剛才繪製的兩個實體

實體圖

010

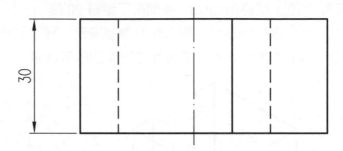

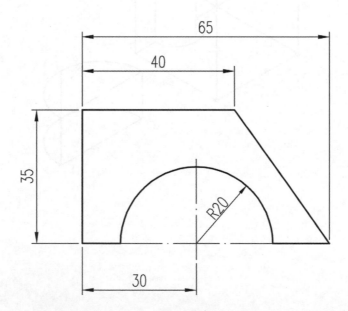

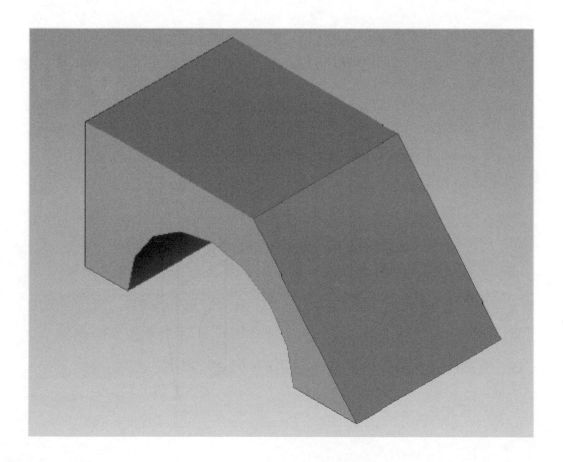

作法

步驟

1　完成如下圖的繪製，並執行 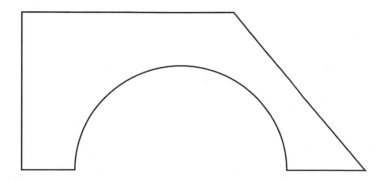 面域(region)，建立成面域物件

2　執行 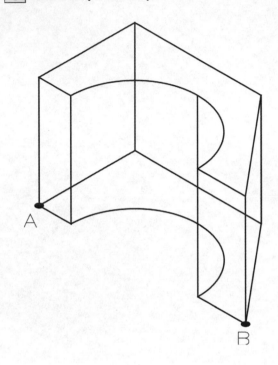 擠出(extrude)，將此面域擠出高度為 35

3　執行 3D 旋轉(3drotate)，以線段 AB 為軸，將此圖形旋轉 90 度

實體圖

011

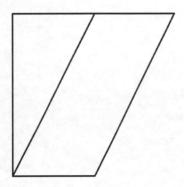

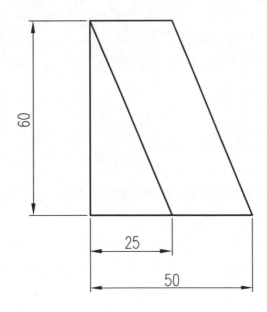

60

25

50

50

作法

步驟

1. 執行 🔲 方塊(box)，在適當處任意點取一點(起點)，輸入 L(指定長度)，
   輸入 50(長度)，輸入 50(寬度)，輸入 60(高度)

2. 執行 🔷 切割(slice)，選取此方塊，指定三點為切割面，分別為端點 A、
   端點 B、中點 C，再點要保留的部份之任意一點，完成後如下圖所示

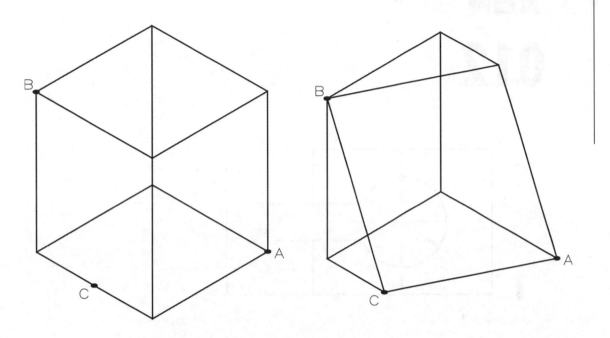

3 可將繪製完成的圖形，執行 概念視覺型式(vscurrent)，來描影圖形

4 也可以執行 約束環轉(3dorbit)或 自由環轉(3dforbit)或

連續環轉(3dcorbit)來檢視圖形

012

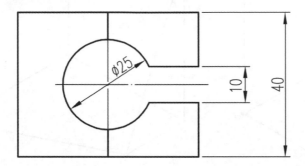

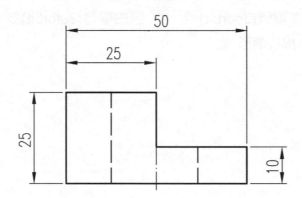

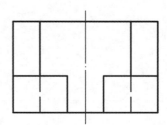

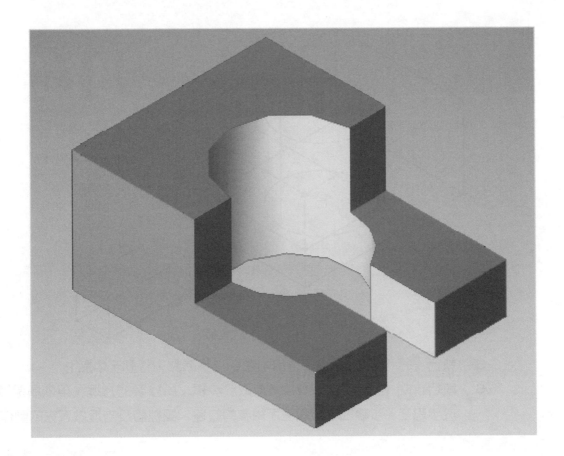

作法

步驟

1. 執行 方塊(box)，在適當處任意點取一點(起點 O)，輸入 L(指定長度)，輸入 50(長度)，輸入 40(寬度)，輸入 25(高度)

2. 執行 方塊(box)，選取端點 B(起點)，輸入 L(指定長度)，輸入-25(長度)，輸入 40(寬度)，輸入-15(高度)

3. 執行 方塊(box)，在適當處任意點取一點(起點)，輸入 L(指定長度)，輸入 25(長度)，輸入 10(寬度)，輸入 10(高度)

4. 執行 圓柱體(cylinder)，選取中點 C，輸入 12.5(半徑)，輸入-25(高度)

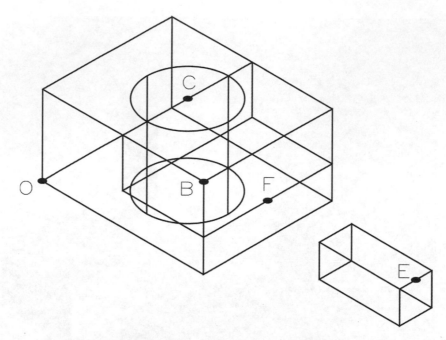

5　執行 ⊕ 移動(move)，選取中點 E 為基準點，移動至中點 F

6　執行 ⊙ 差集(subtract)，先選取於步驟一所繪製的方塊，再依序選取
　　於步驟二、步驟四、步驟三所繪製的方塊、圓柱體及方塊做減去的動作

實體圖

013

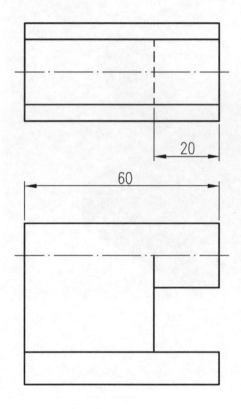

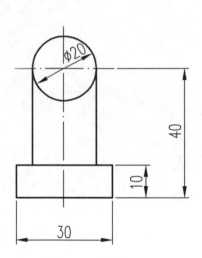

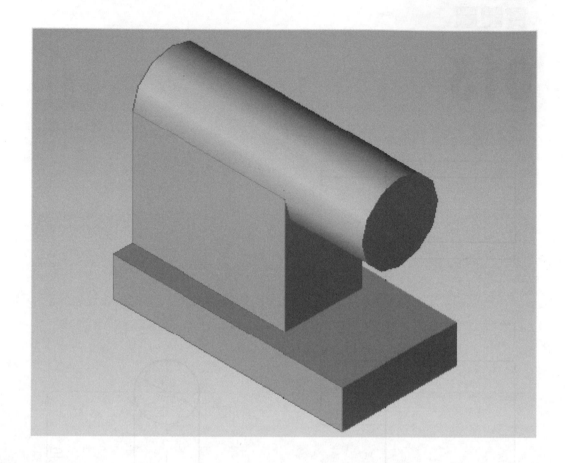

作法

步驟

1 執行 方塊(box)，在適當處任意點取一點(起點 O)，輸入 L(指定長度)，輸入 60(長度)，輸入 30(寬度)，輸入 10(高度)

2 執行 方塊(box)，選取端點 A(起點)，輸入 L(指定長度)，輸入 40(長度)，輸入 20(寬度)，輸入 30(高度)

3 執行 移動(move)，選取於步驟二所繪製的圖形，在適當處任意點取一點當基準點，輸入@0,5,0

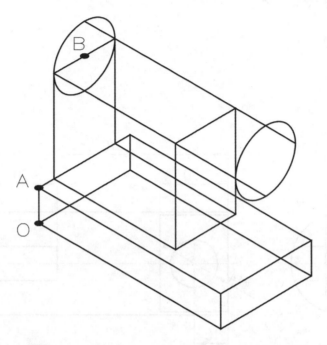

4 執行 三點 UCS(ucs 3)，輸入 0,0,0(指定新原點)，輸入 0,1,0(指定 X 軸方向)，輸入 0,0,1(指定 Y 軸方向)

5 執行 圓柱體(cylinder)，選取中點 B，輸入 10(半徑)，輸入 60(高度)

6 執行 聯集(union)，選取剛才繪製的三個實體

實體圖

014

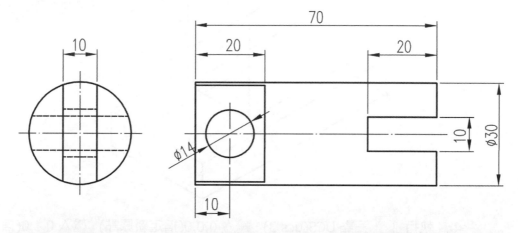

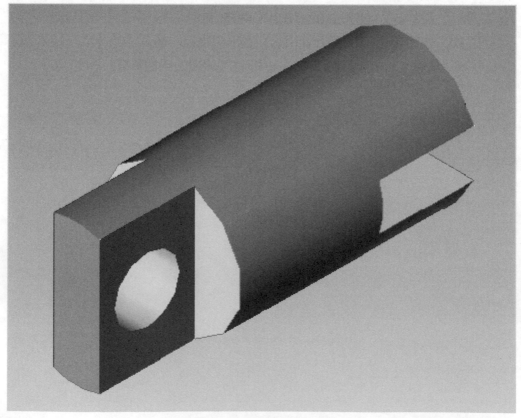

作法

步驟

1　執行 三點 UCS(ucs 3)，輸入 0,0,0(指定新原點)，輸入 1,0,0(指定 X 軸方向)，輸入 0,0,1(指定 Y 軸方向)

2　執行 圓柱體(cylinder)，輸入 0,0,0(中心點)，輸入 15(半徑)，輸入 -70(高度)

3　執行 方塊(box)，在適當處任意點取一點(起點)，輸入 L(指定長度)，輸入 20(長度)，輸入 30(寬度)，輸入 20(高度)

4　執行 移動(move)，選取於步驟三所繪製的方塊，選取中點 A 為基準點，移動至中心點點 O 的位置；再執行 移動(move)，選取此方塊，在適當處任意點取一點當基準點，輸入@5,0,0

5　執行 複製(copy)，選取於步驟四所移動好的方塊，在適當處任意點取一點當基準點，輸入@-30,0,0。完成後，如下圖所示，點 O 兩旁的兩個綠色方塊

6　執行 方塊(box)，在適當處任意點取一點(起點)，輸入 L(指定長度)，輸入 30(長度)，輸入 10(寬度)，輸入 20(高度)

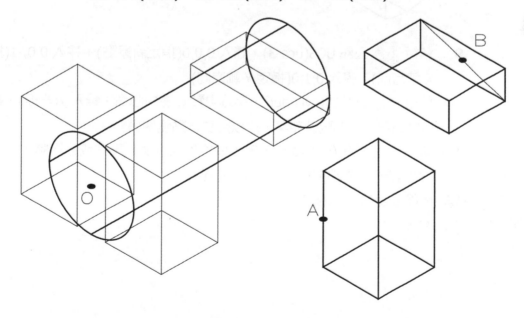

7 執行 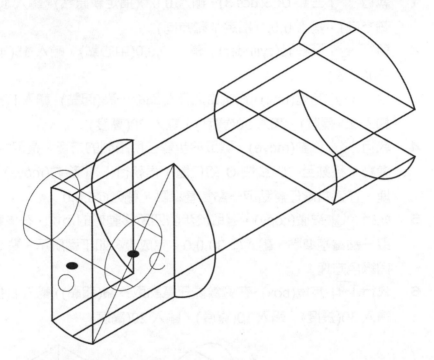 移動(move)，選取於步驟六所繪製的方塊，選取中點 A 為基準點，移動至圓柱後方的中心點

8 執行 ⊚ 差集(subtract)，先選取於步驟一所繪製的圓柱體，再選取於步驟三、步驟五、步驟六所繪製的三個方塊做減去的動作

9 執行 🔲³ 三點 UCS(ucs 3)，輸入 0,0,0(指定新原點)，輸入 0,0,-1(指定 X 軸方向)，輸入 0,1,0(指定 Y 軸方向)

10 執行 🔲 圓柱體(cylinder)，選取中點 C 為中心點，輸入 7(半徑)，輸入 -20(高度，因為要做差集，所以畫長一點沒關係)

11 執行 🔲 差集(subtract)，先選取於步驟八所差集完成的實體，再選取於步驟十所繪製的圓柱體做減去的動作

12 刪除多餘的輔助線段

015

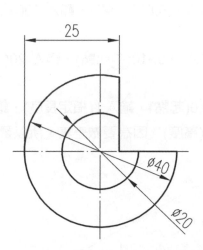

25

Ø40

Ø20

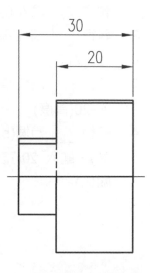

30

20

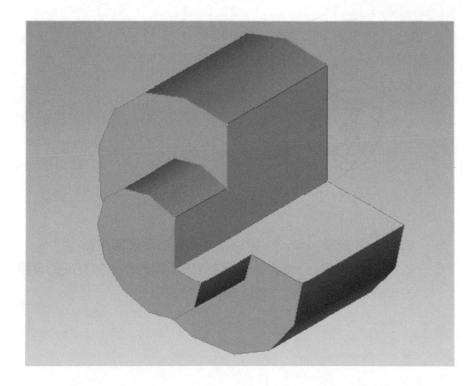

作法

步驟

1　執行 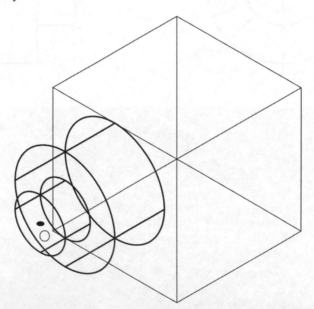 三點 UCS(ucs 3)，輸入 0,0,0(指定新原點)，輸入 1,0,0(指定 X 軸方向)，輸入 0,0,1(指定 Y 軸方向)

2　執行 圓柱體(cylinder)，輸入 0,0,0(中心點)，輸入 10(半徑)，輸入 -10(高度)

3　執行 圓柱體(cylinder)，輸入 0,0,-10(中心點)，輸入 20(半徑)，輸入-20(高度)

4　執行 方塊(box)，輸入 5,0,0(起點)，輸入 L(指定長度)，輸入 20(長度)，輸入 20(寬度)，輸入-50(高度)。因為要做差集，所以畫大一點沒關係)

5　執行 聯集(union)，選取剛才繪製的兩個圓柱體

6　執行 差集(subtract)，先選取於步驟五所聯集完成的實體，再選取於步驟四所繪製的立方體做減去的動作

016

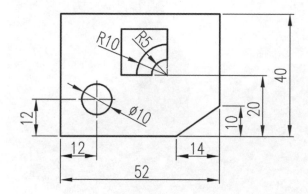

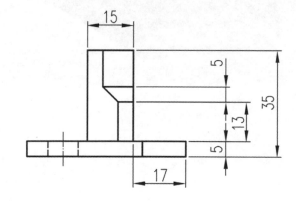

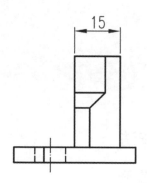

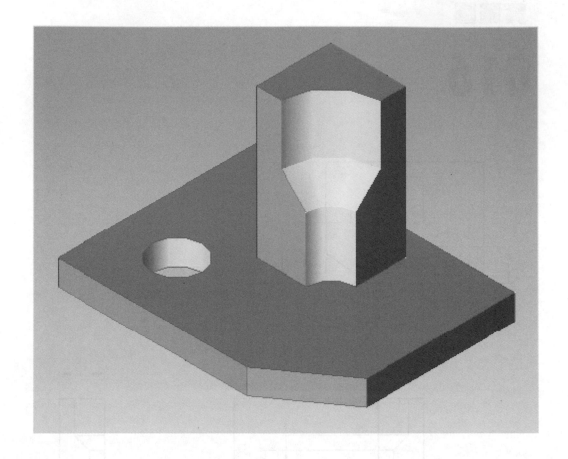

作法

步驟

1　先完成如下圖，圖形一與圖形二。並分別建立成面域物件

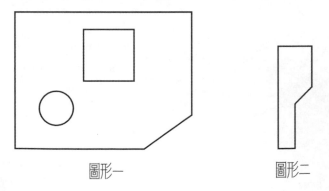

圖形一　　　　　　圖形二

2 執行 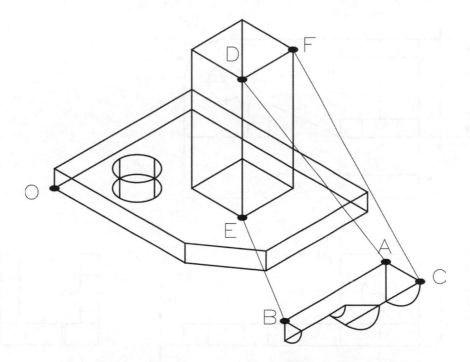 擠出(extrude)，分別將圖形一的多邊形與圓形擠出高度為 5；
正方形擠出高度為 35

3 執行 迴轉(revlove)，以 AB 線段為轉軸，將圖形二迴轉-90 度

4 執行 對齊(align)，選取圖形二，選取端點 A，再選取端點 D；選取
端點 B，再選取端點 E；選取端點 C，再選取端點 F

5 執行 聯集(union)，選取剛才繪製的多邊形與方形實體

6 執行 差集(subtract)，先選取於步驟五所聯集完成的實體，再選取
圓柱體與圖形二的實體做減去的動作

實體圖

017

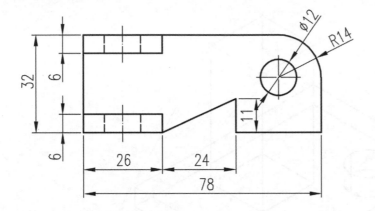

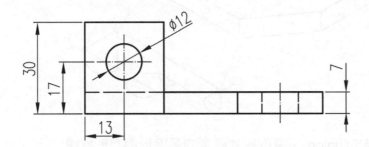

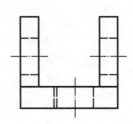

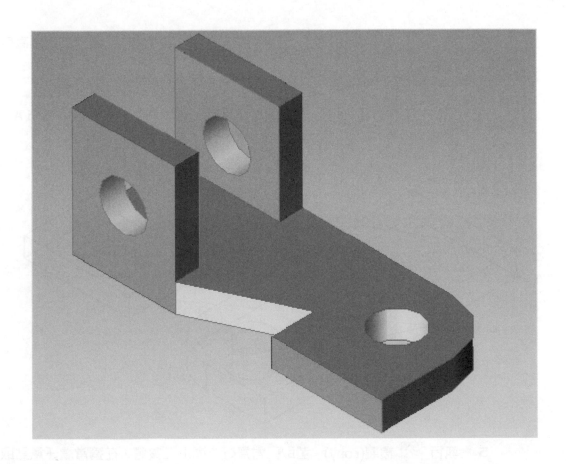

作法

步驟

1   先完成如下圖，圖形一與圖形二。並分別建立成面域物件

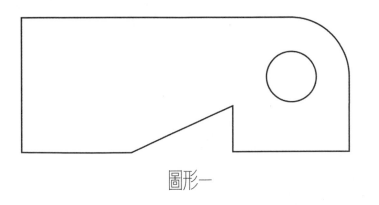
圖形一

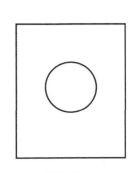
圖形二

2 執行 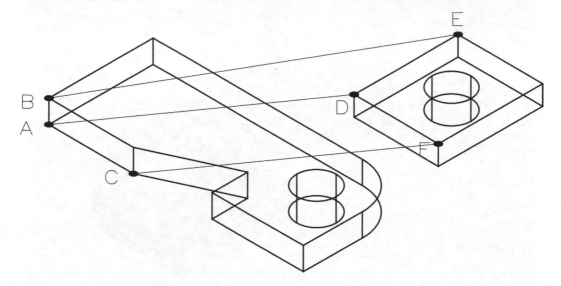 擠出(extrude)，分別將圖形一擠出高度為 7；圖形二擠出高度
為 6

3 分別對圖形一與圖形二執行 ⊙ 差集(subtract)，減去個別的圓孔

4 執行 ⊙ 對齊(align)，選取圖形二實體，選取端點 D，再選取端點 A；
選取端點 E，再選取端點 B；選取端點 F，再選取端點 C

5 執行 ⊙ 複製(copy)，選取已對齊好的圖形二實體，在適當處任意點取
一點當基準點，輸入@0,26,0

6 執行 ⊙ 聯集(union)，選取剛才所繪製的三個實體

實體圖

018

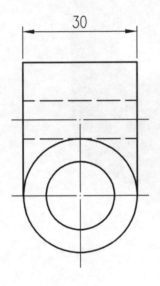

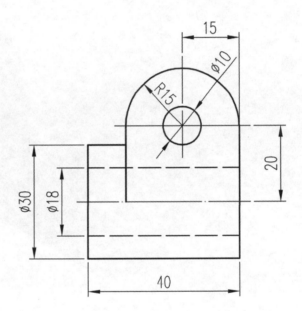

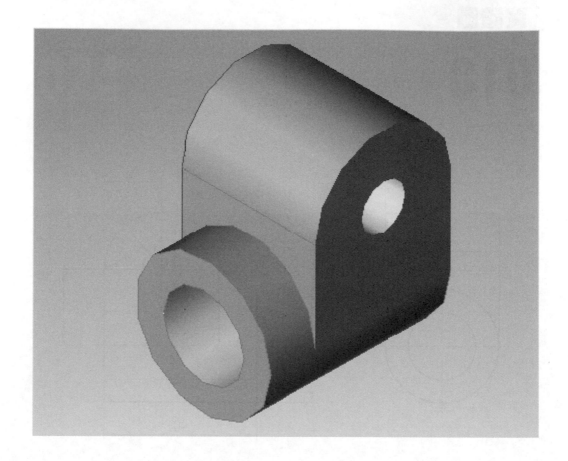

作法

步驟

1 執行 三點 UCS(ucs 3)，輸入 0,0,0(指定新原點)，輸入 1,0,0(指定 X 軸方向)，輸入 0,0,1(指定 Y 軸方向)

2 執行 圓柱體(cylinder)，輸入 0,0,0(中心點 O)，分別輸入 9、15(半徑)，輸入-40(高度)，畫出兩個圓柱體

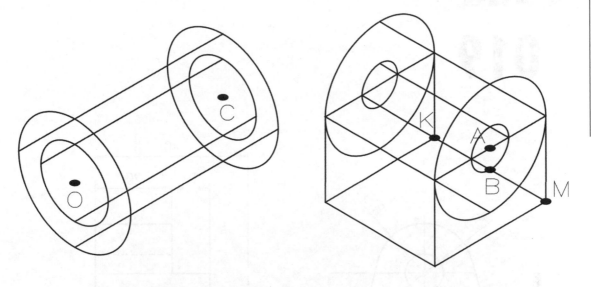

3 執行 ⌊²⌋ 三點 UCS(ucs 3)，輸入 0,0,0(指定新原點)，輸入 0,0,-1(指定 X 軸方向)，輸入 0,1,0(指定 Y 軸方向)

4 執行 ⬛ 方塊(box)，在適當處任意點取一點(起點)，輸入 L(指定長度)，輸入 30(長度)，輸入 20(寬度)，輸入-30(高度)

5 執行 ⬛ 圓柱體(cylinder)，輸入中點 A，分別輸入 5、15(半徑)，輸入 -30(高度)，畫出兩個圓柱體

6 執行 ✛ 移動(move)，選取於步驟四、步驟五所繪製的三個實體，選取 KM 線段之中點 B 為基準點，移動至圓柱後方的中心點 C

7 執行 ◎ 聯集(union)，選取半徑為 15 的兩個圓柱體與於步驟四所繪製的方塊

8 執行 ◎ 差集(subtract)，先選取於步驟七所聯集完成的實體，再選取半徑為 9、5 的兩個圓柱體做減去的動作

實體圖

019

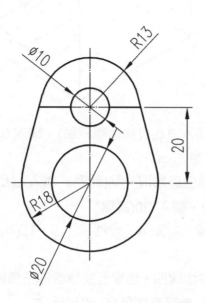

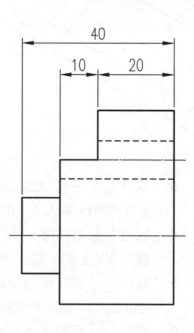

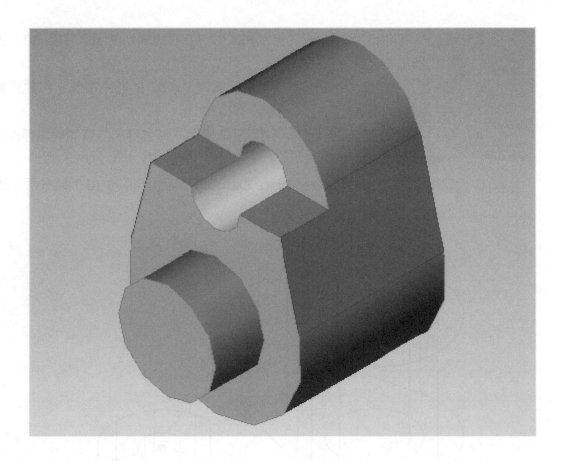

作法

步驟

1. 先完成如下圖,圖形一與圖形二。並分別建立成面域物件。(注意:圖形二之外圍輪廓非半圓,為圖形一上半部之形狀)

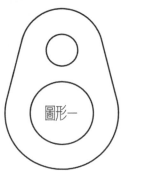

圖形一

圖形二

2 執行 □↑ 擠出(extrude)，分別將圖形一的三個面域擠出高度為 30；圖形二擠出高度為 10

3 執行 ✛ 移動(move)，選取圖形二實體，以點 B 為基準點，移動到圖形一實體的點 A

4 執行 ◑◐ 差集(subtract)，選取圖形一實體，減去圖形二實體與半徑為 5 的圓柱體

5 執行 □↑ 擠出面(solidedit face extrude)，選取半徑為 10 的圓柱面，輸入 10，將此圓柱的高度擠高成 40

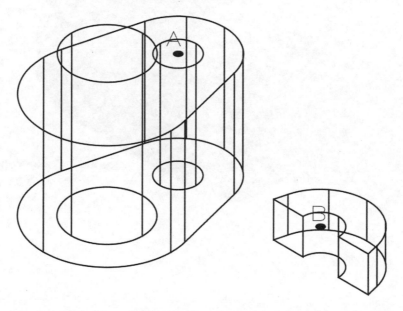

6 執行 ⊕ 3D 旋轉(3drotate)，選取此圖形，輸入 X，在任意處點取一點，輸入 90。(即繞著 X 軸旋轉 90 度)

020

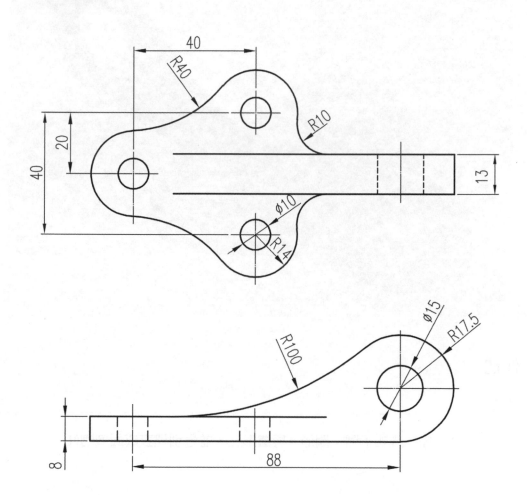

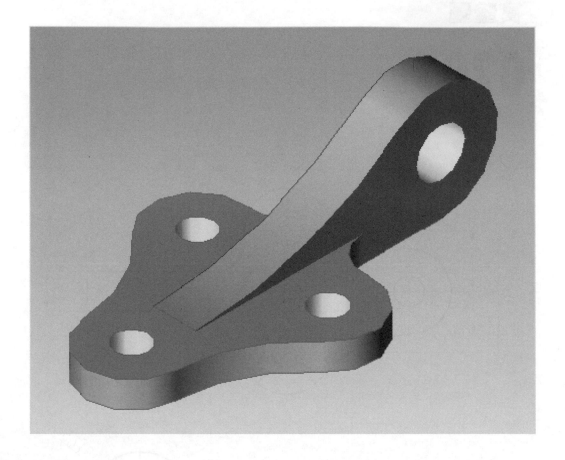

作法

步驟

1　先完成如下圖，圖形一與圖形二。並分別建立成面域物件

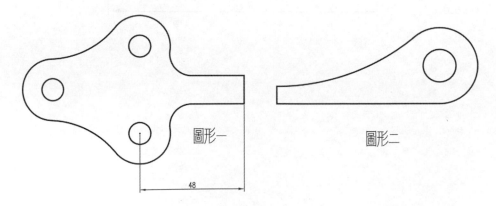

圖形一　　　　　　　圖形二

48

2 執行 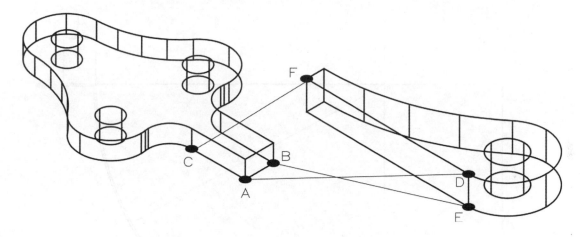 擠出(extrude)，分別將圖形一(包含三個直徑為 5 的圓)，擠出高度為 8；圖形二(包含直徑為 15 的圓)，擠出高度為 13

3 分別對圖形一與圖形二執行 擠出 差集(subtract)，減去個別的圓孔

4 執行 對齊(align)，選取圖形二實體，選取端點 D，再選取端點 A；選取端點 E，再選取端點 B；選取端點 F，再選取端點 C

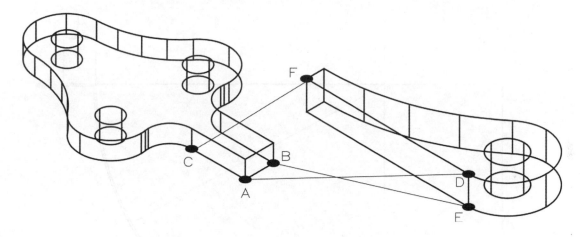

5 執行 聯集(union)，選取這兩個實體

6 執行 旋轉(rotate)，將此圖形旋轉 90 度(因為是繞著 Z 軸旋轉，所以可直接下旋轉指令)

021

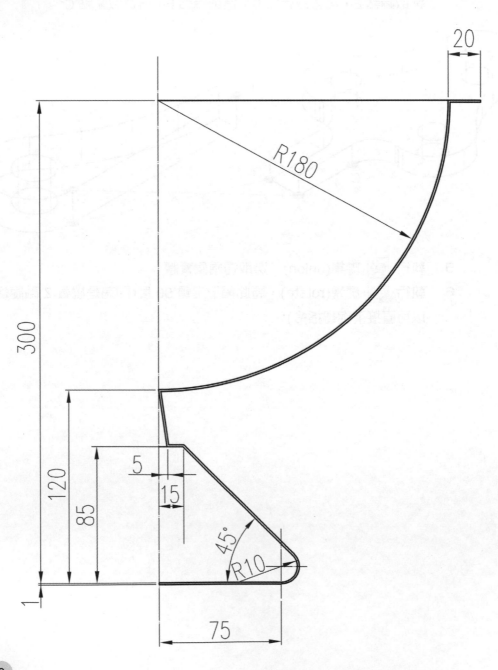

作法

步驟

1   先完成如下圖，並建立成面域物件

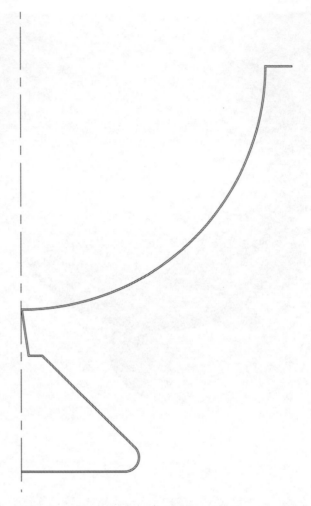

2　執行 迴轉(revolve)，選取要迴轉的物件選擇步驟一的面域圖形，旋轉軸請選擇綠色中心線

3　可將繪製完成的圖形，執行 概念視覺型式(vscurrent)，來描影圖形

4　也可以執行 約束環轉(3dorbit)或 自由環轉(3dforbit)或 連續環轉(3dcorbit)來檢視圖形

　　 迴轉(revolve)，可說是最簡單的塑形指令，只要建立好草圖，指定正確的旋轉，就可以輕鬆完成圖形了

實體圖

022

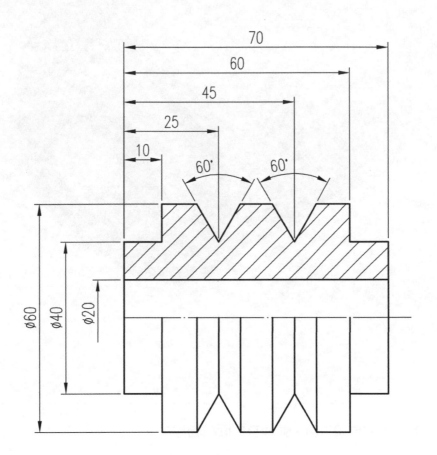

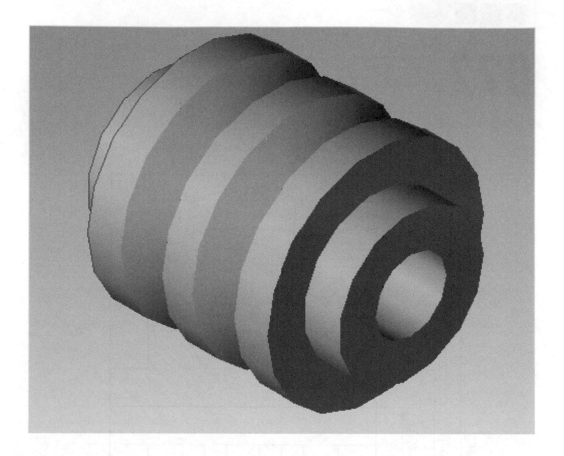

作法

步驟

1 先完成如下圖，並建立成面域物件

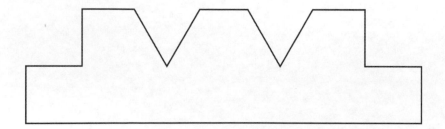

2 執行 🍞 迴轉(revolve)，選取要迴轉的物件選擇步驟一的面域圖形，旋轉軸請選擇綠色中心線

3 可將繪製完成的圖形，執行 🔴 概念視覺型式(vscurrent)，來描影圖形

4 也可以執行 🔁 約束環轉(3dorbit)或 🪐 自由環轉(3dforbit)或 🌀 連續環轉(3dcorbit)來檢視圖形

作法

步驟

此題範例，來試試 2007 版新的塑形指令 🔲 聚合實體(polysolid)吧。

1 執行 🔲 聚合實體(polysolid)，出現

指定起點或[物件(O)/高度(H)/寬度(W)/對正(J)] <物件>：

指定下一個點或[弧(A)/復原(U)]

其中：物件(O)　　將線、弧、圓、2D 聚合線物件改成實體物件

高度(H)　　改變聚合實體的高度

寬度(W)　　改變聚合實體的寬度

對正(J)　　改變聚合實體的正基準點

弧(A)　　　改變聚合實體的下一點的成形為圓弧繪製

2 點選工具列上的 🔲 聚合實體(polysolid)，試著畫出上面的形狀吧

實體圖

024

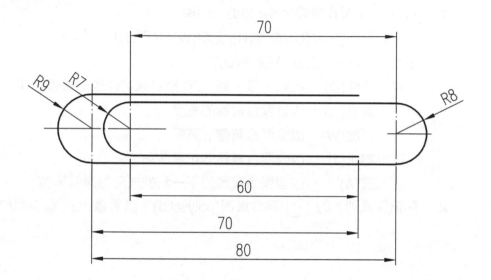

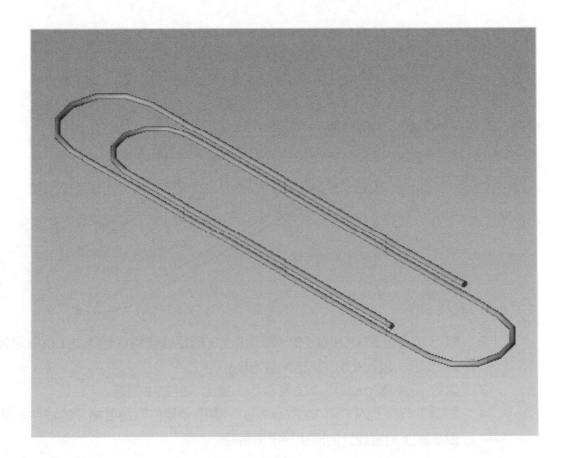

作法

步驟

1　先完成如下圖迴紋針的形狀，並用 編輯聚合線指令，將路徑結合

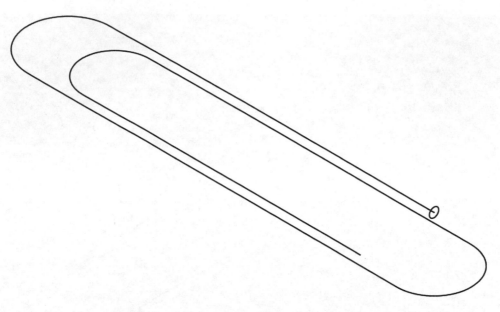

2 執行 三點 UCS(ucs 3)，輸入 0,0,0(指定新原點)，輸入 0,1,0(指定 X 軸方向)，輸入 0,0,1(指定 Y 軸方向)

3 執行 ⊙ 圓(circle)，如上圖所示，畫出半徑為 1 的圓

4 點選工具列上的 掃掠(sweep)，選取剛剛的圓為要掃掠的物件，選取步驟 1 的迴紋針的形狀為掃掠路徑

025

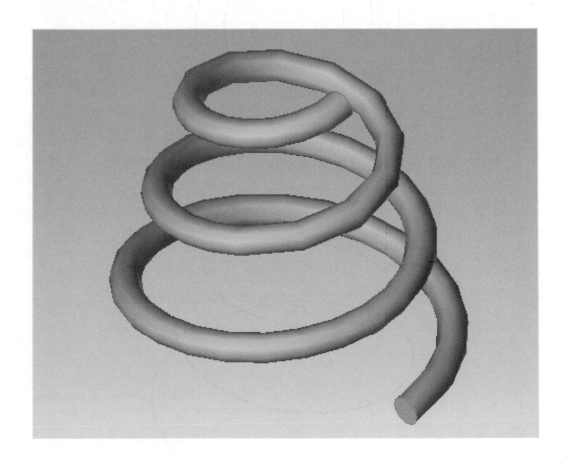

作法

步驟

1　點選 ～ 螺旋線(helix)，任意按拉滑鼠，建立螺旋線，完成如下圖

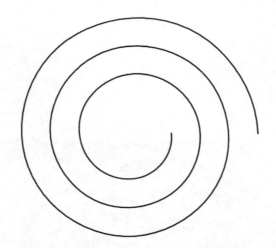

2   點選 東南視景(view seiso)，切換視圖成東南視景

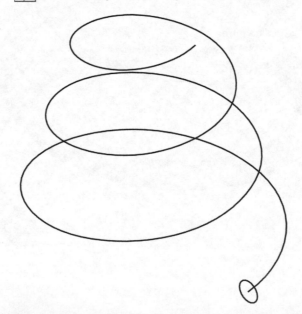

3   執行 三點 UCS(ucs 3)，輸入 0,0,0(指定新原點)，輸入 1,0,0(指定 X 軸方向)，輸入 0,0,1(指定 Y 軸方向)

4   執行 圓(circle)，如上圖所示，畫出半徑為 2 的圓

5   執行 掃掠(sweep)，選取剛剛的圓為要掃掠的物件，選取步驟一的螺旋線的形狀為掃掠路徑

026

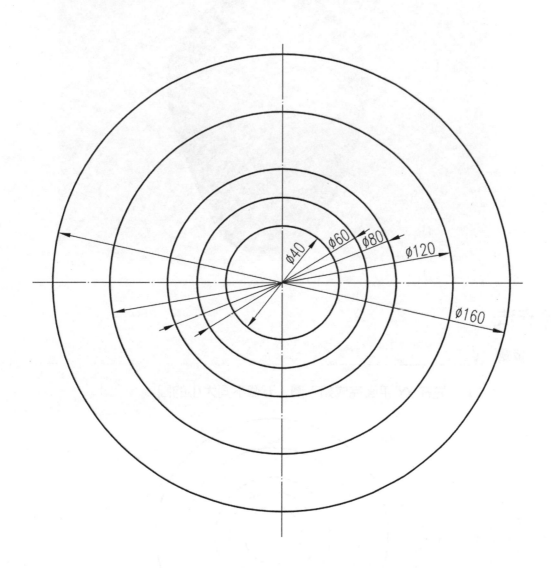

作法

步驟

1   先在 XY 平面完成如下圖，五個不同大小的圓

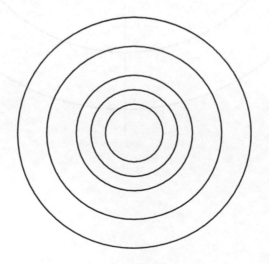

2 點選 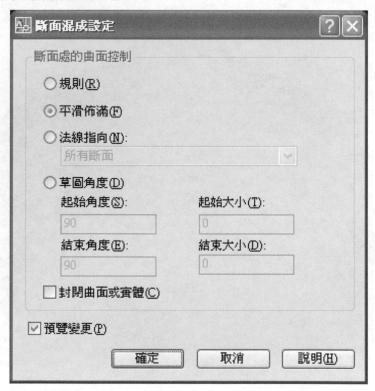 東南視景(view seiso)，切換視圖成東南視景

3 用滑鼠按拉各個圓，依下列所示，改變圓的高度。其中ϕ40 高度為 250；ϕ60 高度為 270；ϕ80 高度為 0；ϕ120 高度為 50；ϕ160 高度為 150

4 執行 斷面混成(loft)，從下而上，依序點取這五個圓，輸入選項[導引(G)/路徑(P)/僅限斷面(C)] <僅限斷面>:直接按 Enter 出現下面畫面，按下確定即可

實體圖

027

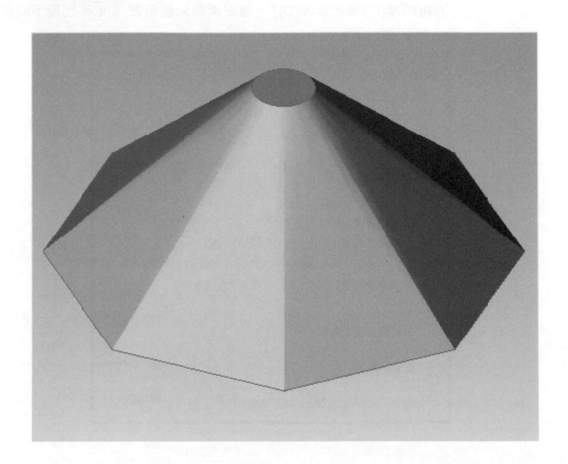

作法 1

步驟

1 執行 圓(circle)與 多邊形(polygon)完成後如下圖。其中圓與八邊形的尺寸為任意大小，適合即可

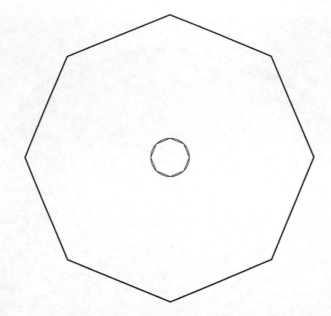

2 點選 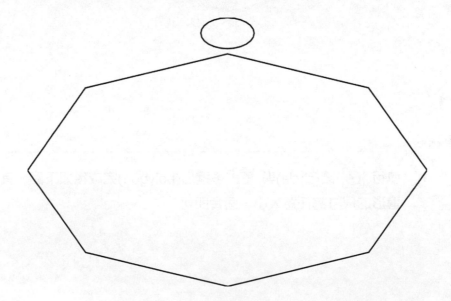 東南視景(view seiso)，切換視圖成東南視景

3 用滑鼠按拉圓，依下列所示，改變圓的高度

4 執行  斷面混成(loft)，從下而上，依序點取八邊形與圓，輸入選項[導引(G)/路徑(P)/僅限斷面(C)] <僅限斷面>:直接按 Enter 出現下面畫面，按下確定即可

斷面混成設定

斷面處的曲面控制

○ 規則(R)

⊙ 平滑佈滿(F)

○ 法線指向(N):

　所有斷面

○ 草圖角度(D)

　起始角度(S):　　　　起始大小(T):

　90　　　　　　　　0

　結束角度(E):　　　　結束大小(D):

　90　　　　　　　　0

□ 封閉曲面或實體(C)

☑ 預覽變更(P)

確定　　取消　　說明(H)

作法 2

步驟

1 同上題圖形，在圖的上面畫一個內接八邊形，完成後如下圖。其中圓與八邊形的尺寸為任意大小，適合即可

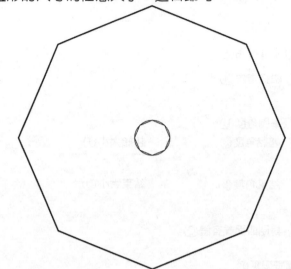

2 點選 東南視景(view seiso)，切換視圖成東南視景

3 用滑鼠按拉圓，依下列所示，改變圓的高度

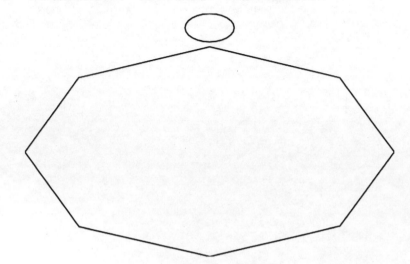

4 執行 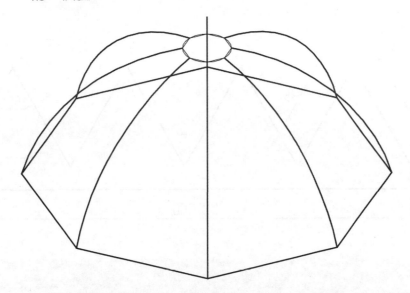 三點 UCS(ucs 3)，輸入 0,0,0(指定新原點)，輸入 0,1,0(指定 X 軸方向)，輸入 0,0,1(指定 Y 軸方向)

5 執行 弧(arc)，如下圖所示，畫出八邊形在目前 XY 平面，端點相連的一個弧

6 執行 陣列(array)，如上圖所示，在各端點產生八個弧

7 執行 斷面混成(loft)，從下而上，依序點取這五個圓，輸入選項[導引(G)/路徑(P)/僅限斷面(C)] <僅限斷面>:輸入 G Enter ，選取剛剛陣列後那八條弧即可

028

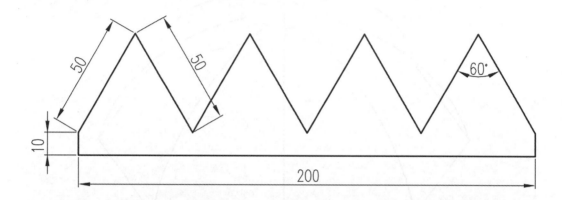

作法

步驟

1　先完成如下圖，並建立成面域物件

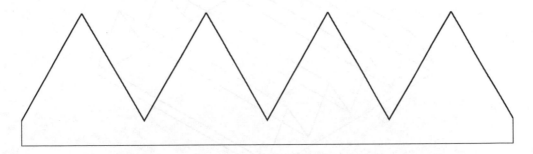

2　點選 ◈ 東南視景(view seiso)，切換視圖成東南視景

3　點選 ◈ 按拉(presspull)，選取此圖形面域，滑鼠按住向上拉，此時告知其延伸方向，輸入 200(高度)，完成後如下圖所示

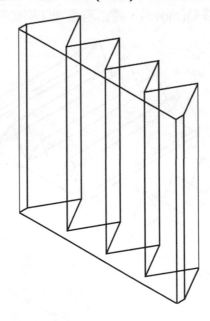

4 執行 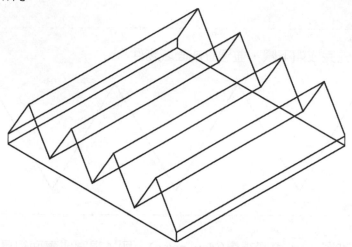 3D 旋轉(3drotate)，將圖形依 X 軸旋轉 90 度，完成後如下圖所示

5 執行 複製(copy)，將圖形複製成兩個

6 執行 旋轉(rotate)，將剛剛的圖形旋轉 90 度

7 執行 移動(move)，將這兩個物件移動在一起，如下圖所示

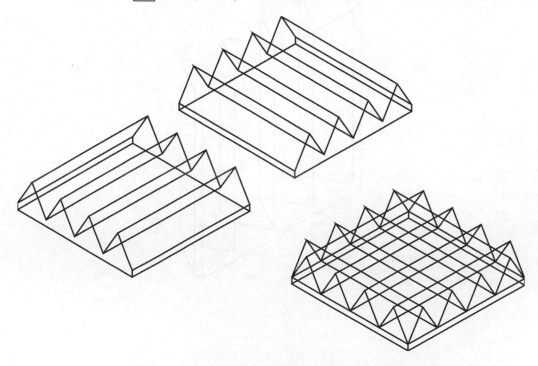

8 執行 交集(intersect)，將剛剛的圖形旋轉 90 度

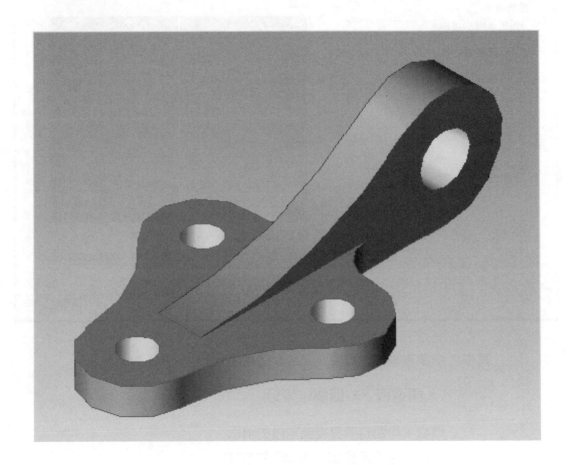

029

作法

步驟

1 開啟實體 20 的圖檔

2 點選下拉功能表 → 檢視 → 視埠 → 新視埠… 出現下面對畫框

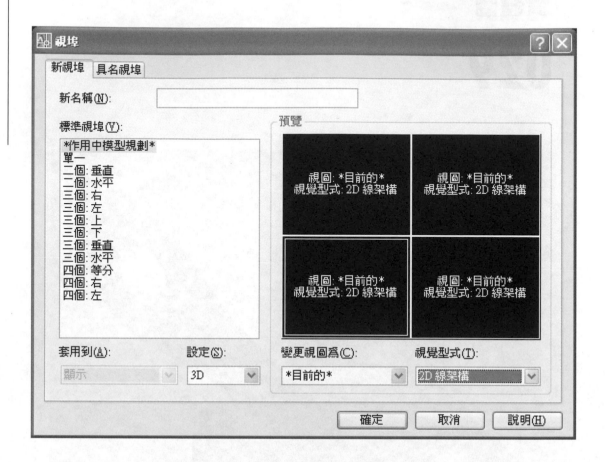

其中：標準視埠。選擇畫面要分割的數量與排列方式

請選取 → 四個：等分

預覽。可即時看見視圖割後的情形
設定。可設定是 2D 或 3D 的方式

請選取 → 3D

視覺型式。可依喜好或需要，選擇 2D 線架構、3D 隱蔽、3D 線架構、概念、擬真

完成後如下圖所示：

2D 線架構視覺型式

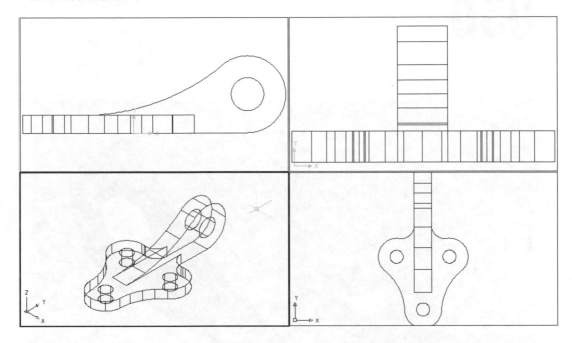

概念視覺型式

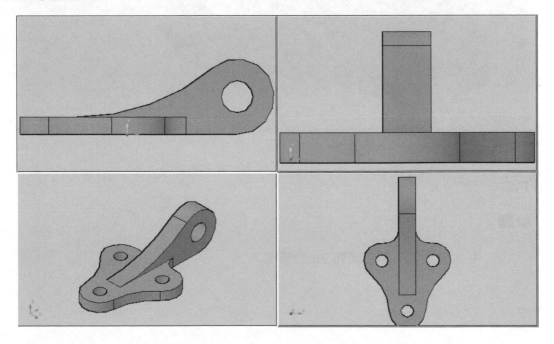

實體圖

030

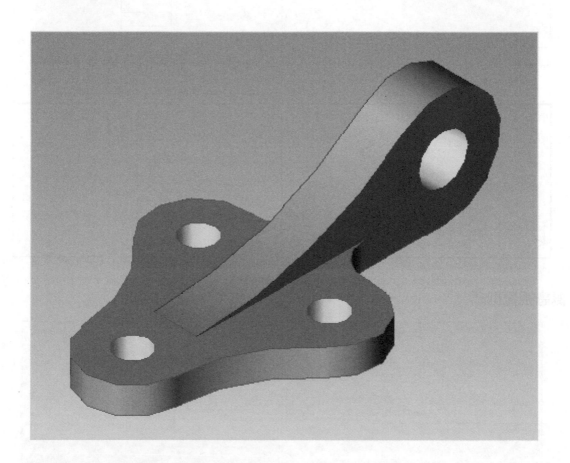

作法

步驟

1 承上題，開啟實體 20 的圖檔

2 點選下拉功能表 → 檢視 → 視埠 → 新視埠..., 完成 3D 四等分畫面

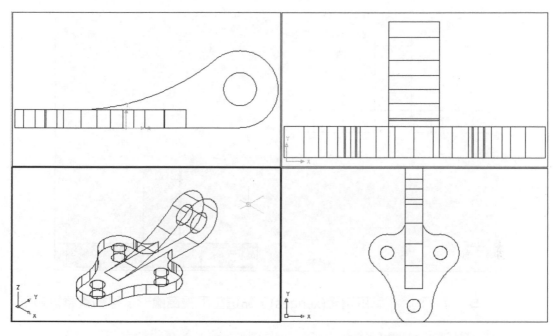

3 執行 ⬛ 萃取邊緣(xedges), 點選左上視窗圖形, 移動實體如下

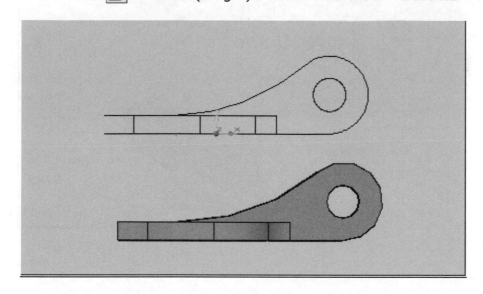

4 執行 ▢ 萃取邊緣(xedges)，點選右上視窗圖形，移動實體後如下

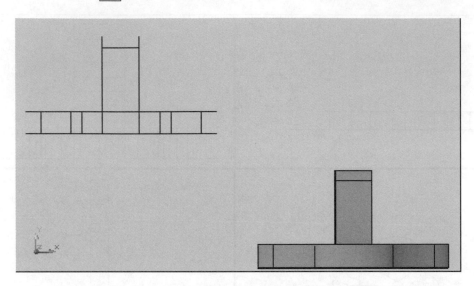

5 執行 ▢ 萃取邊緣(xedges)，點選左下視窗圖形，移動實體後如下

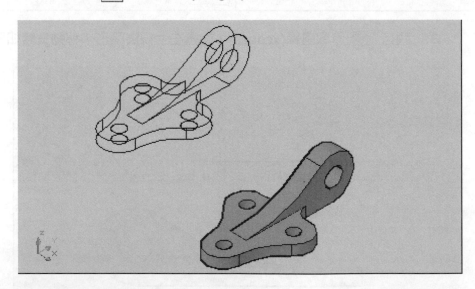

6 執行 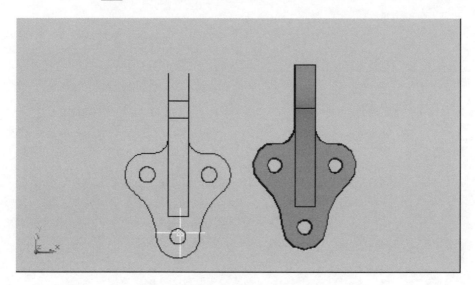 萃取邊緣(xedges)，點選右下視窗圖形，移動實體後如下

NOTE

工件圖

001

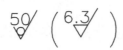

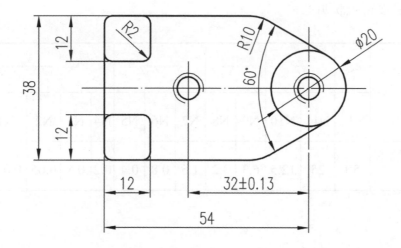

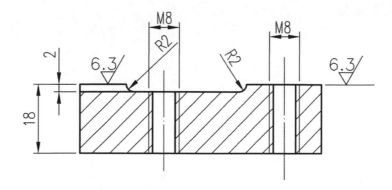

重點提示

- 此為一工件之全剖圖。
- 在圖面的標註中的 φ 為直徑符號；R 為半徑符號。
- 在圖面的標註中的 32±0.13，在繪圖時，直接取 32mm 作圖，±0.13mm 是加工時可允許的誤差值，在繪製中並不考量。
- 在圖面的標註中的 M8，在繪圖時，直接取 8(大徑)作圖，M8 是公制螺紋符號，小徑可查設計便覽或相關機械手冊。
- 表面粗糙度符號說明：

傳統加工符號	～	▽		▽▽		▽▽▽			▽▽▽▽			
粗糙度等級	N12	N11	N10	N9	N8	N7	N6	N5	N4	N3	N2	N1	―
中心線平均粗糙度 Ra(μm)	50	25	12.5	6.3	3.2	1.6	0.8	0.4	0.2	0.1	0.05	0.025	0.0125

作法

依題目圖形繪製

002

6.3 (12.5)

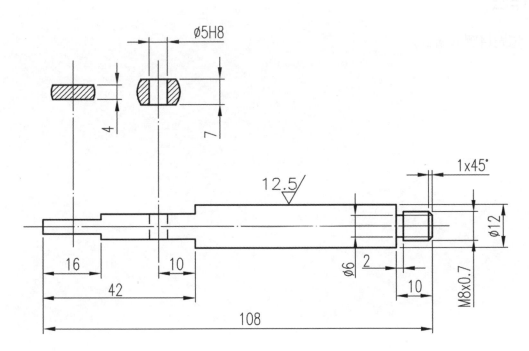

🔍 重點提示

➡ 此為一工件之移轉剖面圖。

➡ 何謂移轉剖面？

假設將物體切割後，所得剖面旋轉 90 度，因放在原視圖中會影響原有視圖的清晰，或受到圖面空間的限制因而無法填入時，則將所旋轉的剖面沿著旋轉軸平移出視圖至適當的位置謂之。

➡ 在圖面的標註中的 M8×0.7，在繪圖時，直接取 8mm(大徑)作圖，0.7mm 為螺距。M8×0.7 為細牙。若為標準粗螺牙，則省略螺距，單寫成 M8。

➡ 在圖面的標註中的 ϕ5H8，在繪圖時，直接取 5(大徑)作圖，H8 表示為孔的配合公差，需查表才得知(數字 8 為公差之等級。等級小者，公差之數值亦小；等級大者，數值亦大)。一般來說，此標註是給品管人員使用的，工件在大量生產時，每個工件難免會有誤差存在，透過一個許可的公差值，來提升工件良率，進而降低成本。

作法

依題目圖形繪製

工件圖

003

$\overset{50}{\nabla} \left(\overset{3.2}{\nabla} \right)$

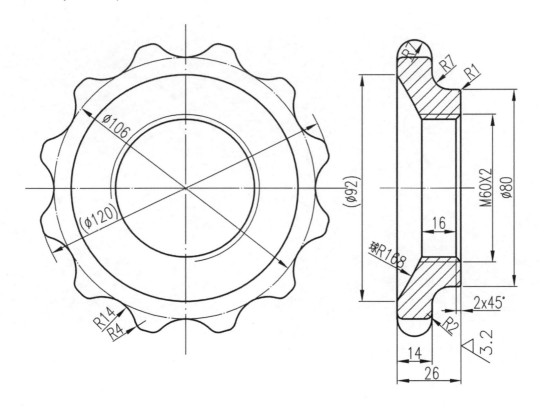

🔍 重點提示

➡️ 此為一工件之全剖圖。

➡️ 在圖面的標註中的(φ92)，表示直徑 92mm。

➡️ 在圖面的標註中的(φ120)，表示直徑 120mm。

➔ 在圖面的標註中的 M60×2，表示細牙，其大徑爲 60mm，螺距爲 2mm。若爲標準
粗牙，則不標示螺距，單寫 M60。

作法

依題目圖形繪製

004

工件圖

$\dfrac{6.3}{\bigtriangledown}\left(\dfrac{12.5}{\bigtriangledown}\right)$

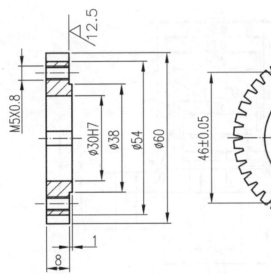

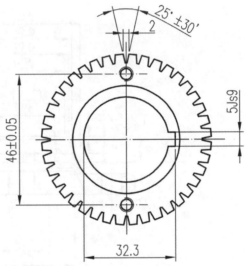

🔍 重點提示

➡️ 此為一工件之全剖圖。

➡️ 在圖面的標註中的 φ30H7，表示基準直徑為 30，孔配合為 H7。

➡️ 在圖面的標註中的 25° ±30'，表示基準角度為 25 度，容許公差為 ±30'。

➡️ 在圖面的標註中的 M5×0.8，表示公制螺紋。若單寫 M5，則表示標準粗螺紋，若寫成 M5×0.8，則為細螺蚊，其螺距為 0.8mm。

▌作法

依題目圖形繪製

工件圖

005

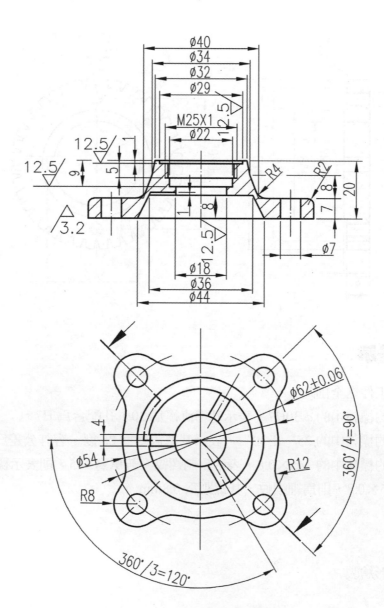

重點提示

➡️ 此為一工件之全剖圖。

➡️ 在圖面的標註中的 φ62±0.06，表示直徑為 62，其容許公差為±0.06。

➡️ 在圖面的標註中的 360°/3=120°，表示在 360 度(一圓周)裡，平均分佈三個孔，因此孔與孔之間的角度為 120 度。

➡️ 在圖面的標註中的 M25×1，表示此螺紋為細牙(若為標準粗螺紋，只寫成 M25；M25×1 則表示大徑為 25mm，螺距為 1mm 之細螺蚊)。

作法

依題目圖形繪製

工件圖

006

$$6.3 \sqrt{} \left(50 \sqrt{} \quad 12.5 \sqrt{} \quad 1.6 \sqrt{} \right)$$

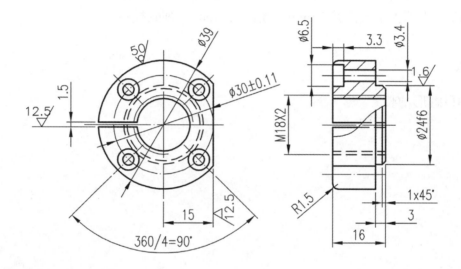

重點提示

→ 此圖之右側視圖為一工件之局部剖視圖，局部剖之斷裂線係使用細實線之雲形線繪製。

→ 在圖面的標註中的 ϕ 30±0.11，表示直徑為 30mm，其容許公差為±0.11mm。

→ 在圖面的標註中的 360°/4=90°，表示在 360 度(一圓周)裡，平均分佈四個孔，因此孔與孔之間的角度為 90 度。

→ 在圖面的標註中的 M18×2，表示此螺紋為細牙(若為標準粗螺紋，M18 之螺距為 2.5mm，2.5 可以省略，只寫成 M18；M18×2 則表示大徑為 18，螺距為 2 之細螺蚊)。

■ 作法

依題目圖形繪製

工件圖

007

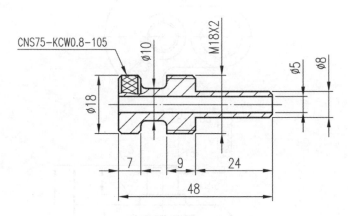

註解: 1. 未標註之倒角為1×45°
2. 未標註之圓角為R1.5

重點提示

- 此圖只要一個視圖配合尺度標註即可將工件完全表達出來。

- 此為一工件之全剖配合局部剖視圖的範例，將輥花部份以局部剖視圖表示。

- 圖中 CNS75-KCW0.8-105；CNS75 表示在 CNS(中國國家標準)中輥花的標準，KCW表示輥花的種類為交叉紋(交點凸起，交叉線與水平夾 30 度)，0.8 表示輥花節距=0.8mm，105 表示輥花壓陷之紋廓角=105 度。

- 在圖面的標註中的 M18×2，表示此螺紋為細牙(若為標準粗螺紋，M18 之螺距為2.5mm，2.5 可以省略，只寫成 M18；M18×2 則表示大徑為 18，螺距為 2 之細螺紋)。

作法

依題目圖形繪製

工件圖

008

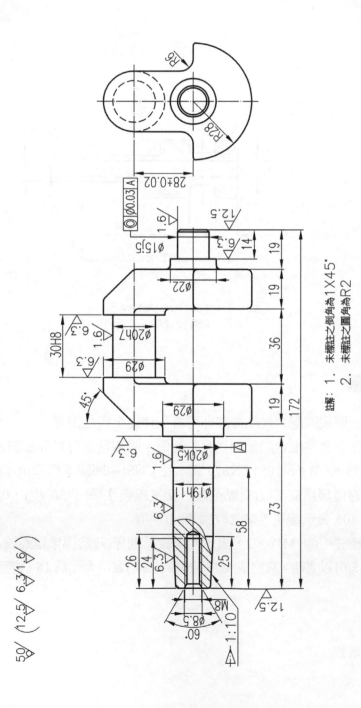

註解： 1. 未標註之倒角為1×45°
2. 未標註之圓角為R2

重點提示

- 圖中前視圖左下角三角形的符號為錐度符號，1:10 即表示沿軸向每前進 10 個單位，直徑即減小一個單位；符號之高、粗細與數字相同，符號水平方向之長度約為其高之 1.5 倍，符號尖端指向右方。

- 圖中前視圖右上角的符號為形狀公差之符號，公差框格內之◎表示同心度或同軸度公差。右上角的符號即表示與公差框格連接之圓之圓心應位於一個直徑 0.03 內，且其中心與左端之基準圓 A 同心。

- 右側視圖中標註的 28±0.02，表示兩圓之中心距 28mm，其容許公差為±0.02mm。

作法

依題目圖形繪製

工件圖

009

作法

依下圖的圖面標註，繪製 C 型扣環

C型扣環

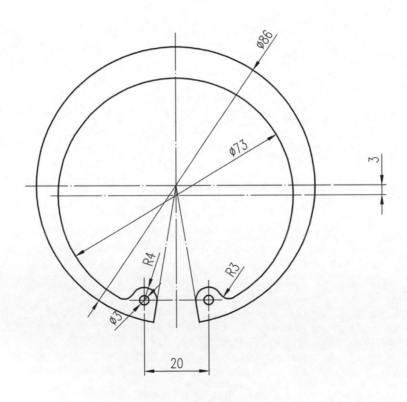

厚度＝2.5mm

010

■ 作法

依下圖的圖面標註，繪製彈簧

彈簧

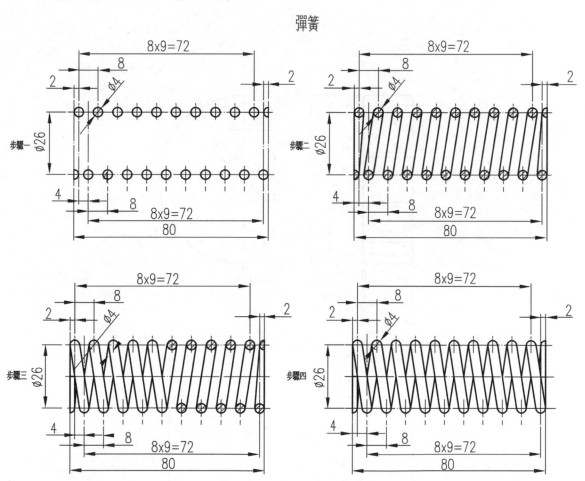

工件圖

011

作法

依下圖的圖面標註，與零件相關尺寸查表，繪製齒輪

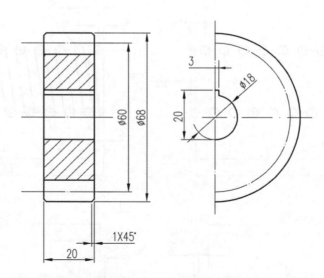

齒數	15
模數	4
壓力角	20°
齒制	標準正齒輪
節圓直徑	60mm
配合齒輪件號	2
配合齒輪齒數	20
中心距離	70mm

工件圖

012

作法

參考下圖的圖面,練習繪製丙級模擬試題

$12 \sqrt{}^{50} \left({}^{12.5}\underset{\triangledown}{}^{8} \quad {}^{3.2}\underset{\triangledown}{}^{2.5} \right)$

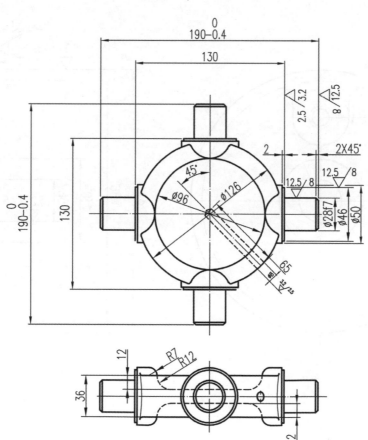

S:1:2

工件圖

013

作法

參考下圖的圖面，練習繪製丙級模擬試題

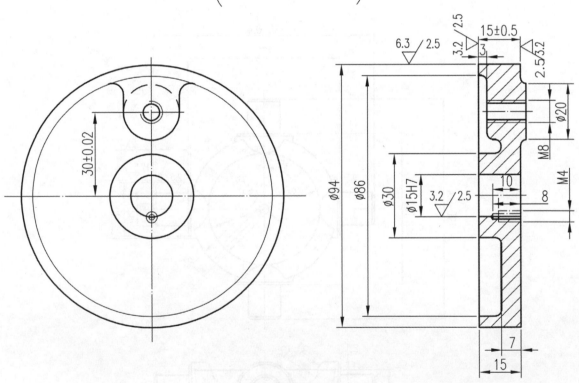

工件圖

014

作法

參考下圖的圖面，練習繪製丙級模擬試題

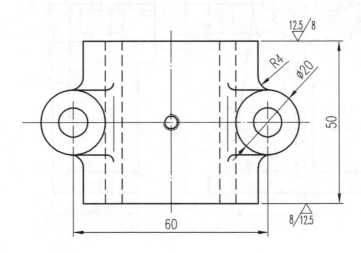

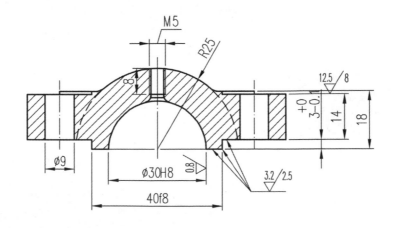

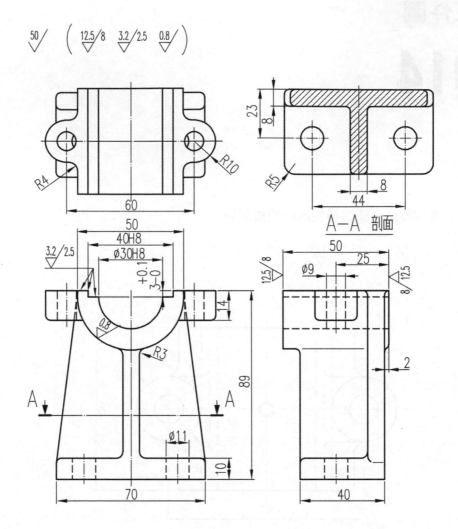

$\overset{50}{\diagdown}$ ($\overset{12.5/8}{\triangledown}$ $\overset{3.2/2.5}{\triangledown}$ $\overset{0.8}{\triangledown}$)

R4

R10

60

23

8

R5

44   8

A－A 剖面

50
40H8
Ø30H8
$^{+0.1}_{-0}$

3.2/2.5

0.8

R3

14

89

A   A

Ø11

10

70

12.5/8

50
25

Ø9

8/12.5

2

40

工件圖

015

■ 作法

參考下圖的圖面，練習繪製丙級模擬試題

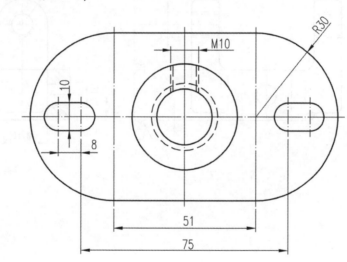

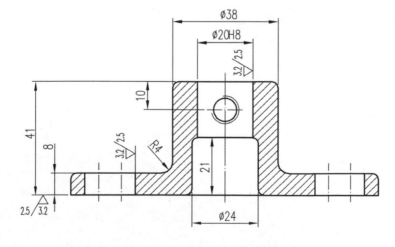

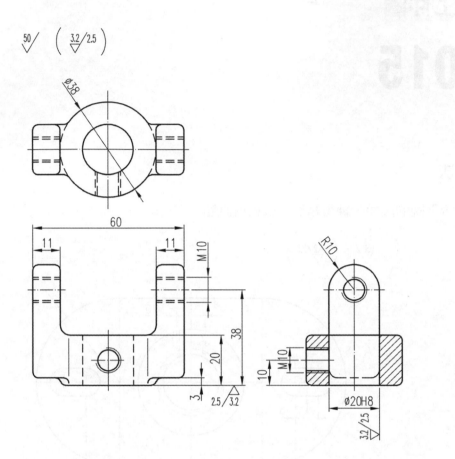

附錄一　線型樣式定義檔

AutoCAD 內建之線型格式，預設儲存於

C:\Documents and Settings\Administrator\Application Data\Autodesk\AutoCAD

2007\R17.0\cht\Support*.LIN 中

為了使使用者更方便建立所需之線型，列舉範例如下：

➔ 格式：

*線型名稱，描述

A，描述線型外觀(+值：表示下筆，-值：表示提筆，0 值：表示點)

例：

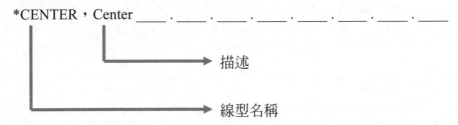

*CENTER，Center ____ . ____ . ____ . ____ . ____ . ____ . ____ . ____

描述

線型名稱

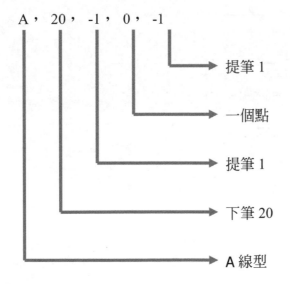

A， 20， -1， 0， -1

提筆 1

一個點

提筆 1

下筆 20

A 線型

Acad.lin 內容

```
;;
;;  AutoCAD Linetype Definition file
;;  Version 3.0
;;  Copyright(C) 1991-2006 by Autodesk, Inc.  All Rights Reserved.
;;
;;  Note: in order to ease migration of this file when upgrading
;;  to a future version of AutoCAD, it is recommended that you add
;;  your customizations to the User Defined Linetypes section at the
;;  end of this file.
;;
*BORDER,Border __ __ . __ __ . __ __ . __ __ . __ __ .
A,.5,-.25,.5,-.25,0,-.25
*BORDER2,Border(.5x) __.__.__.__.__.__.__.__.__.
A,.25,-.125,.25,-.125,0,-.125
*BORDERX2,Border(2x) ____ ____  .  ____ ____  .  ____
A,1.0,-.5,1.0,-.5,0,-.5


*CENTER,Center ____ _ ____ _ ____ _ ____ _ ____ _ ____
A,1.25,-.25,.25,-.25
*CENTER2,Center(.5x) __ _ __ _ __ _ __ _ __ _ __
A,.75,-.125,.125,-.125
*CENTERX2,Center(2x) _____ __ _____ __ ____
A,2.5,-.5,.5,-.5


*DASHDOT,Dash dot __ . __ . __ . __ . __ . __ . __
A,.5,-.25,0,-.25
*DASHDOT2,Dash dot(.5x) _._._._._._._._._._._._.
A,.25,-.125,0,-.125
*DASHDOTX2,Dash dot(2x) ___  .  ___  .  ___  .  ___
A,1.0,-.5,0,-.5


*DASHED,Dashed __ __ __ __ __ __ __ __ __ __ __ _
A,.5,-.25
*DASHED2,Dashed(.5x) _ _ _ _ _ _ _ _ _ _ _ _ _ _ _
A,.25,-.125
*DASHEDX2,Dashed(2x) ___ ___ ___ ___ ___ ___
A,1.0,-.5


*DIVIDE,Divide ____ . . ____ . . ____ . . ____ . . ____
A,.5,-.25,0,-.25,0,-.25
*DIVIDE2,Divide(.5x) __..__..__..__..__..__..__..__
A,.25,-.125,0,-.125,0,-.125
*DIVIDEX2,Divide(2x) _____  . .  _____  . .  _
A,1.0,-.5,0,-.5,0,-.5
```

```
*DOT,Dot . . . . . . . . . . . . . . . . . .
A,0,-.25
*DOT2,Dot(.5x) ........................................
A,0,-.125
*DOTX2,Dot(2x) .  .  .  .  .  .  .  .  .  .  .  .
A,0,-.5


*HIDDEN,Hidden __ __ __ __ __ __ __ __ __ __ __ __ __ __
A,.25,-.125
*HIDDEN2,Hidden(.5x) _ _ _ _ _ _ _ _ _ _ _ _ _ _ _ _
A,.125,-.0625
*HIDDENX2,Hidden(2x) ___ ___ ___ ___ ___ ___ ___ ___
A,.5,-.25


*PHANTOM,Phantom _____ __ __ _____ __ __ _____
A,1.25,-.25,.25,-.25,.25,-.25
*PHANTOM2,Phantom(.5x) ___ _ _ ___ _ _ ___ _ _ ___ _ _
A,.625,-.125,.125,-.125,.125,-.125
*PHANTOMX2,Phantom(2x) _____      ___      ___
A,2.5,-.5,.5,-.5,.5,-.5


;;
;;   ISO 128(ISO/DIS 12011) linetypes
;;
;;  The size of the line segments for each defined ISO line, is
;;  defined for an usage with a pen width of 1 mm. To use them with
;;  the other ISO predefined pen widths, the line has to be scaled
;;  with the appropriate value(e.g. pen width 0,5 mm -> ltscale 0.5).
;;
*ACAD_ISO02W100,ISO dash __ __ __ __ __ __ __ __ __ __ __
A,12,-3
*ACAD_ISO03W100,ISO dash space __   __   __   __   __
A,12,-18
*ACAD_ISO04W100,ISO long-dash dot ___ . ___ . ___ . ___ . _
A,24,-3,0,-3
*ACAD_ISO05W100,ISO long-dash double-dot ___ .. ___ .. ___ .
A,24,-3,0,-3,0,-3
*ACAD_ISO06W100,ISO long-dash triple-dot ___ ... ___ ... ___
A,24,-3,0,-3,0,-3,0,-3
*ACAD_ISO07W100,ISO dot . . . . . . . . . . . . . . . . . .
A,0,-3
*ACAD_ISO08W100,ISO long-dash short-dash ___ __ ___ __ ___ _
A,24,-3,6,-3
*ACAD_ISO09W100,ISO long-dash double-short-dash ___ __ __ ___
A,24,-3,6,-3,6,-3
*ACAD_ISO10W100,ISO dash dot __ . __ . __ . __ . __ . __ .
A,12,-3,0,-3
```

```
*ACAD_ISO11W100,ISO double-dash dot __ __ . __ __ . __ __ . __ _
A,12,-3,12,-3,0,-3
*ACAD_ISO12W100,ISO dash double-dot __ . . __ . . __ . . __ . .
A,12,-3,0,-3,0,-3
*ACAD_ISO13W100,ISO double-dash double-dot __ __ . . __ __ . . _
A,12,-3,12,-3,0,-3,0,-3
*ACAD_ISO14W100,ISO dash triple-dot __ . . . __ . . . __ . . . _
A,12,-3,0,-3,0,-3,0,-3
*ACAD_ISO15W100,ISO double-dash triple-dot __ __ . . . __ __ . .
A,12,-3,12,-3,0,-3,0,-3,0,-3

;;  Complex linetypes
;;
;;  Complex linetypes have been added to this file.
;;  These linetypes were defined in LTYPESHP.LIN in
;;  Release 13, and are incorporated in ACAD.LIN in
;;  Release 14.
;;
;;  These linetype definitions use LTYPESHP.SHX.
;;
*FENCELINE1,Fenceline circle ----0-----0----0-----0----0-----0--
A,.25,-.1,[CIRC1,ltypeshp.shx,x=-.1,s=.1],-.1,1
*FENCELINE2,Fenceline square ----[]-----[]----[]-----[]----[]---
A,.25,-.1,[BOX,ltypeshp.shx,x=-.1,s=.1],-.1,1
*TRACKS,Tracks -|-|-|-|-|-|-|-|-|-|-|-|-|-|-|-|-|-|-|-|-|-|-|-|-|-
A,.15,[TRACK1,ltypeshp.shx,s=.25],.15
*BATTING,Batting SSSSSSSSSSSSSSSSSSSSSSSSSSSSSSSSSSSSSSSSSSSSSSSS
A,.0001,-.1,[BAT,ltypeshp.shx,x=-.1,s=.1],-.2,[BAT,ltypeshp.shx,r=180
,x=.1,s=.1],-.1
*HOT_WATER_SUPPLY,Hot water supply ---- HW ---- HW ---- HW ----
A,.5,-.2,["HW",STANDARD,S=.1,R=0.0,X=-0.1,Y=-.05],-.2
*GAS_LINE,Gas line ----GAS----GAS----GAS----GAS----GAS----GAS--
A,.5,-.2,["GAS",STANDARD,S=.1,R=0.0,X=-0.1,Y=-.05],-.25
*ZIGZAG,Zig zag /\/\/\/\/\/\/\/\/\/\/\/\/\/\/\/\/\/\/\/\/\/\/\/\/
A,.0001,-.2,[ZIG,ltypeshp.shx,x=-.2,s=.2],-.4,[ZIG,ltypeshp.shx,r=180
,x=.2,s=.2],-.2

;;  User Defined Linetypes
;;
;;  Add any linetypes that you define to this section of
;;  the file to ensure that they migrate properly when
;;  upgrading to a future AutoCAD version.  If duplicate
;;  linetype definitions are found in this file, items
;;  in the User Defined Linetypes section take precedence
;;  over definitions that appear earlier in the file.
;;
```

附錄二 剖面線樣式定義檔

Acad.pat 內容

```
;;
;;  Copyright(C) 1991-2005 by Autodesk, Inc.  All Rights Reserved.
;;  Version 2.0
;;  AutoCAD Hatch Patterns
;;
;;
;;  Note: in order to ease migration of this file when upgrading
;;  to a future version of AutoCAD, it is recommended that you add
;;  your customizations to the User Defined Hatch Patterns section at the
;;  end of this file.
;;


;; Note: Dummy pattern description used for 'Solid fill'.
*SOLID, 實面填實
45, 0,0, 0,.125
*ANGLE, 角鋼
0, 0,0, 0,.275, .2,-.075
90, 0,0, 0,.275, .2,-.075
*ANSI31, ANSI 鐵、磚、石
45, 0,0, 0,.125
*ANSI32, ANSI 鋼
45, 0,0, 0,.375
45, .176776695,0, 0,.375
*ANSI33, ANSI 青銅、黃銅、紫銅
45, 0,0, 0,.25
45, .176776695,0, 0,.25, .125,-.0625
*ANSI34, ANSI 塑料、橡膠
45, 0,0, 0,.75
45, .176776695,0, 0,.75
45, .353553391,0, 0,.75
45, .530330086,0, 0,.75
*ANSI35, ANSI 耐火磚、防火材料
45, 0,0, 0,.25
45, .176776695,0, 0,.25, .3125,-.0625,0,-.0625
*ANSI36, ANSI 大理石、板岩、玻璃
45, 0,0, .21875,.125, .3125,-.0625,0,-.0625
```

```
*ANSI37, ANSI 鉛、鋅、鎂、聲/光/電絕緣體
45, 0,0, 0,.125
135, 0,0, 0,.125
*ANSI38, ANSI 鋁
45, 0,0, 0,.125
135, 0,0, .25,.125, .3125,-.1875
;;
;;  The following hatch patterns AR-xxxxx
;;  come from AEC/Architectural
;;
*AR-B816, 8x16 塊磚堆砌
0,       0,0,       0,8
90,      0,0,       8,8,                                  8,-8
*AR-B816C, 8x16 塊磚堆砌，用灰泥接縫
0,       0,0,       8,8,                     15.625,-.375
0,      -8,.375,    8,8,                     15.625,-.375
90,      0,0,       8,8,                     -8.375,7.625
90,     -0.375,0,   8,8,                     -8.375,7.625
*AR-B88, 8x8 塊磚堆砌
0,       0,0,       0,8
90,      0,0,       8,4,                                  8,-8
*AR-BRELM, 標準磚塊英式堆砌，用灰泥接縫
0,       0,0,       0,5.334,                 7.625,-.375
0,       0,2.25,    0,5.334,                 7.625,-.375
0,       2,2.667,   0,5.334,                 3.625,-.375
0,       2,4.917,   0,5.334,                 3.625,-.375
90,      0,0,       0,8,                      2.25,-3.084
90,     -0.375,0,   0,8,                      2.25,-3.084
90,      2,2.667,   0,4,                      2.25,-3.084
90,      1.625,2.667, 0,4,                    2.25,-3.084
*AR-BRSTD, 標準磚塊堆砌
0,       0,0,       0,2.667
90,      0,0,       2.667,4,                  2.667,-2.667
*AR-CONC, 隨機的點與石頭樣式
50,      0,0,       4.12975034,-5.89789472,   0.75,-8.25
355,     0,0,      -2.03781207,7.37236840,    0.60,-6.6
100.4514, 0.5977168,-0.0522934, 5.7305871,-6.9397673,
0.6374019,-7.01142112
46.1842, 0,2,       6.19462551,-8.84684208,   1.125,-12.375
96.6356, 0.88936745,1.86206693, 8.59588071,-10.40965104,
0.95610288,-10.51713
351.1842, 0,2,      7.74328189,11.0585526,    0.9,-9.9
21,      1,1.5,     4.12975034,-5.89789472,   0.75,-8.25
```

```
326,      1,1.5,    -2.03781207,7.37236840,      0.60,-6.6
71.4514, 1.49742233,1.16448394, 5.7305871,-6.9397673,
0.6374019,-7.01142112
37.5,     0,0,       2.123,2.567,          0,-6.52,0,-6.7,0,-6.625
7.5,      0,0,       3.123,3.567,          0,-3.82,0,-6.37,0,-2.525
-32.5,   -2.23,0,    4.6234,2.678,         0,-2.5,0,-7.8,0,-10.35
-42.5,   -3.23,0,    3.6234,4.678,         0,-3.25,0,-5.18,0,-7.35
*AR-HBONE, 標準的磚塊成人字樣式 @ 45 度
45,       0,0,       4,4,                  12,-4
135,      2.828427125,2.828427125,  4,-4,  12,-4
*AR-PARQ1, 2x12 鑲木地板：12x12 樣式
90,       0,0,       12,12,                12,-12
90,       2,0,       12,12,                12,-12
90,       4,0,       12,12,                12,-12
90,       6,0,       12,12,                12,-12
90,       8,0,       12,12,                12,-12
90,       10,0,      12,12,                12,-12
90,       12,0,      12,12,                12,-12
0,        0,12,      12,-12,               12,-12
0,        0,14,      12,-12,               12,-12
0,        0,16,      12,-12,               12,-12
0,        0,18,      12,-12,               12,-12
0,        0,20,      12,-12,               12,-12
0,        0,22,      12,-12,               12,-12
0,        0,24,      12,-12,               12,-12
*AR-RROOF, 屋頂木瓦樣式
0, 0,0, 2.2,1, 15,-2,5,-1
0, 1.33,0.5, -1,1.33, 3,-0.33,6,-0.75
0, 0.5,0.85, 5.2,0.67, 8,-1.4,4,-1
*AR-RSHKE, 屋頂數目搖晃的紋理
0,        0,0,       25.5,12,              6,-5,7,-3,9,-4
0,        6,.5,      25.5,12,              5,-19,4,-6
0,        18,-.75,   25.5,12,              3,-31
90,       0,0,       12,8.5,               11.5,-36.5
90,       6,0,       12,8.5,               11.25,-36.75
90,       11,0,      12,8.5,               10.5,-37.5
90,       18,-0.75,  12,8.5,               11.5,-36.5
90,       21,-0.75,  12,8.5,               11.5,-36.5
90,       30,0,      12,8.5,               11,-37
*AR-SAND, 隨機點樣式
37.5,     0,0,       1.123,1.567,          0,-1.52,0,-1.7,0,-1.625
7.5,      0,0,       2.123,2.567,          0,-.82,0,-1.37,0,-.525
-32.5,   -1.23,0,    2.6234,1.678,         0,-.5,0,-1.8,0,-2.35
```

```
-42.5, -1.23,0,     1.6234,2.678,            0,-.25,0,-1.18,0,-1.35
*BOX, 方鋼
90, 0,0, 0,1
90, .25,0, 0,1
0, 0,0, 0,1, -.25,.25
0, 0,.25, 0,1, -.25,.25
0, 0,.5, 0,1, .25,-.25
0, 0,.75, 0,1, .25,-.25
90, .5,0, 0,1, .25,-.25
90, .75,0, 0,1, .25,-.25
*BRASS, 黃銅製品
0, 0,0, 0,.25
0, 0,.125, 0,.25, .125,-.0625
*BRICK, 磚石表面
0, 0,0, 0,.25
90, 0,0, 0,.5, .25,-.25
90, .25,0, 0,.5, -.25,.25
*BRSTONE, 磚與石
0, 0,0, 0,.33
90, .9,0, .33,.5,     .33,-.33
90, .8,0, .33,.5,     .33,-.33
0, .9,.055, .5,.33, -.9, .1
0, .9,.11, .5,.33, -.9, .1
0, .9,.165, .5,.33, -.9, .1
0, .9,.22, .5,.33, -.9, .1
0, .9,.275, .5,.33, -.9, .1
*CLAY, 黏土材料
0, 0,0, 0,.1875
0, 0,.03125, 0,.1875
0, 0,.0625, 0,.1875
0, 0,.125, 0,.1875, .1875,-.125
*CORK, 軟木材料
0, 0,0, 0,.125
135, .0625,-.0625, 0,.35355339, .176776696,-.176776696
135, .09375,-.0625, 0,.35355339, .176776696,-.176776696
135, .125,-.0625, 0,.35355339, .176776696,-.176776696
*CROSS, 一系列十字
0, 0,0, .25,.25, .125,-.375
90, .0625,-.0625, .25,.25, .125,-.375
*DASH, 虛線
0, 0,0, .125,.125, .125,-.125
*DOLMIT, 地殼岩層
0, 0,0, 0,.25
```

```
45, 0,0, 0,.70710678, .35355339,-.70710768
*DOTS, 一系列點
0, 0,0, .03125,.0625, 0,-.0625
*EARTH, 地面
0, 0,0, .25,.25, .25,-.25
0, 0,.09375, .25,.25, .25,-.25
0, 0,.1875, .25,.25, .25,-.25
90, .03125,.21875, .25,.25, .25,-.25
90, .125,.21875, .25,.25, .25,-.25
90, .21875,.21875, .25,.25, .25,-.25
*ESCHER, Escher 樣式
60, 0,0, -.6,1.039230484, 1.1,-.1
180, 0,0, -.6,1.039230484, 1.1,-.1
300, 0,0, .6,1.039230484, 1.1,-.1
60, .1,0, -.6,1.039230484, .2,-1
300, .1,0, .6,1.039230484, .2,-1
60, -.05,.08660254, -.6,1.039230484, .2,-1
180, -.05,.08660254, -.6,1.039230484, .2,-1
300, -.05,-.08660254, .6,1.039230484, .2,-1
180, -.05,-.08660254, -.6,1.039230484, .2,-1
60, -.4,0, -.6,1.039230484, .2,-1
300, -.4,0, .6,1.039230484, .2,-1
60, .2,-.346410161, -.6,1.039230484, .2,-1
180, .2,-.346410161, -.6,1.039230484, .2,-1
300, .2,.346410161, .6,1.039230484, .2,-1
180, .2,.346410161, -.6,1.039230484, .2,-1
0, .2,.173205081, -.6,1.039230484, .7,-.5
0, .2,-.173205081, -.6,1.039230484, .7,-.5
120, .05,.259807621, .6,1.039230484, .7,-.5
120, -.25,.08660254, .6,1.039230484, .7,-.5
240, -.25,-.08660254, .6,1.039230484, .7,-.5
240, .05,-.259807621, .6,1.039230484, .7,-.5
*FLEX, 軟性材料
0, 0,0, 0,.25, .25,-.25
45, .25,0, .176776695,.176776695, .0625,-.228553391,.0625,-.353553391
*GRASS, 草地
90, 0,0, .707106781,.707106781, .1875,-1.226713563
45, 0,0, 0,1, .1875,-.8125
135, 0,0, 0,1, .1875,-.8125
*GRATE, 格點區域
0, 0,0, 0,.03125
90, 0,0, 0,.125
*GRAVEL,沙礫樣式
```

```
228.0128, 0.720,1.000, 12.041365,0.074329, 0.134536,-13.319088
184.9697, 0.630,0.900, -12.041517,0.043315, 0.230868,-22.855925
132.5104, 0.400,0.880, -14.865942,0.061430, 0.162788,-16.116032
267.2737, 0.010,0.630, -20.024928,0.047565, 0.210238,-20.813558
292.8337, 0.000,0.420, -12.999910,0.048507, 0.206155,-20.409373
357.2737, 0.080,0.230, -20.024928,0.047565, 0.210238,-20.813558
37.6942, 0.290,0.220, -16.401180,0.035968, 0.278029,-27.524849
72.2553, 0.510,0.390, 23.086761,0.038097, 0.262488,-25.986321
121.4296, 0.590,0.640, 15.264264,0.047405, 0.210950,-20.884073
175.2364, 0.480,0.820, -11.045049,0.083045, 0.240832,-11.800763
222.3974, 0.240,0.840, 16.278789,0.032108, 0.311448,-30.833375
138.8141, 1.000,0.620, 9.219065,0.094072, 0.106301,-10.523844
171.4692, 0.920,0.690, -13.152853,0.049447, 0.202237,-20.021511
225.0000, 0.720,0.720, 0.707107,0.707107, 0.141421,-1.272792
203.1986, 0.650,0.840, -5.383564,0.131306, 0.076158,-7.539615
291.8014, 0.580,0.810, -3.156821,0.185695, 0.107703,-5.277462
30.9638, 0.620,0.710, 3.601470,0.171499, 0.174929,-5.656023
161.5651, 0.770,0.800, -2.213594,0.316228, 0.126491,-3.035787
16.3895, 0.000,0.810, 10.440154,0.056433, 0.177200,-17.542845
70.3462, 0.170,0.860, -11.704507,0.067267, 0.148661,-14.717408
293.1986, 0.770,1.000, -5.383564,0.131306, 0.152315,-7.463458
343.6105, 0.830,0.860, -10.440154,0.056433, 0.177200,-17.542845
339.4440, 0.000,0.190, -5.383893,0.117041, 0.170880,-8.373124
294.7751, 0.160,0.130, -12.082844,0.069843, 0.143178,-14.174643
66.8014, 0.780,0.000, 5.383564,0.131306, 0.152315,-7.463458
17.3540, 0.840,0.140, -13.601340,0.059655, 0.167631,-16.595424
69.4440, 0.290,0.000, -5.383893,0.117041, 0.085440,-8.458564
101.3099, 0.720,0.000, 4.118439,0.196116, 0.050990,-5.048029
165.9638, 0.710,0.050, -3.152963,0.242536, 0.206155,-3.916950
186.0090, 0.510,0.100, -10.049739,0.052342, 0.191050,-18.913923
303.6901, 0.620,0.620, -2.218801,0.277350, 0.144222,-3.461329
353.1572, 0.700,0.500, 17.117197,0.039715, 0.251794,-24.927563
60.9454, 0.950,0.470, -8.061673,0.097129, 0.102956,-10.192674
90.0000, 1.000,0.560, 1.000,1.000, 0.060000,-0.940
120.2564, 0.490,0.130, -8.061936,0.071982, 0.138924,-13.753520
48.0128, 0.420,0.250, 12.041365,0.074329, 0.269072,-13.184552
0.0000, 0.600,0.450, 1.000,1.000, 0.260000,-0.740
325.3048, 0.860,0.450, -12.206392,0.063246, 0.158114,-15.653274
254.0546, 0.990,0.360, 4.120817,0.137361, 0.145602,-7.134508
207.6460, 0.950,0.220, 21.470869,0.042182, 0.237065,-23.469474
175.4261, 0.740,0.110, 13.038344,0.039873, 0.250799,-24.829074
*HEX, 六邊形
0, 0,0, 0,.216506351, .125,-.25
```

```
120, 0,0, 0,.216506351, .125,-.25
60, .125,0, 0,.216506351, .125,-.25
*HONEY, 蜂窩樣式
0, 0,0, .1875,.108253175, .125,-.25
120, 0,0, .1875,.108253175, .125,-.25
60, 0,0, .1875,.108253175, -.25,.125
*HOUND, 交錯圖案
0, 0,0, .25,.0625, 1,-.5
90, 0,0, -.25,.0625, 1,-.5
*INSUL, 絕緣材料
0, 0,0, 0,.375
0, 0,.125, 0,.375, .125,-.125
0, 0,.25, 0,.375, .125,-.125
;;
;; Hatch Pattern Definition related to ISO/DIS 12011 line types
;;
;; (Width * 5 = Distance between lines)
;;
;; The size of the line segments related to the ISO/DIS 12011 linetypes
;; define the following hatch pattern.
;; The pen width of 1 mm is the base of the definition. To use them with
;; the other ISO/DIS 12011 predefined pen widths, the line has to be scaled
;; with the appropriate value(e.g. pen width 0,5 mm -> ltscale 0.5).
;;
*ACAD_ISO02W100, 虛線
0, 0,0, 0,5, 12,-3
*ACAD_ISO03W100, 虛線
0, 0,0, 0,5, 12,-18
*ACAD_ISO04W100, 長劃 點線
0, 0,0, 0,5, 24,-3,.5,-3
*ACAD_ISO05W100, 長劃 雙點線
0, 0,0, 0,5, 24,-3,.5,-3,.5,-3
*ACAD_ISO06W100, 長劃 三點線
0, 0,0, 0,5, 24,-3,.5,-3,.5,-6.5
0, 0,0, 0,5, -34,.5,-3
*ACAD_ISO07W100, 點線
0, 0,0, 0,5, .5,-3
*ACAD_ISO08W100, 長劃 短劃線
0, 0,0, 0,5, 24,-3,6,-3
*ACAD_ISO09W100, 長劃 雙短劃線
0, 0,0, 0,5, 24,-3,6,-3,6,-3
*ACAD_ISO10W100, 單點虛線
0, 0,0, 0,5, 12,-3,.5,-3
```

```
*ACAD_ISO11W100, 雙劃 點線
0, 0,0, 0,5, 12,-3,12,-3,.5,-3
*ACAD_ISO12W100, 雙點虛線
0, 0,0, 0,5, 12,-3,.5,-3,.5,-3
*ACAD_ISO13W100, 雙劃 雙點線
0, 0,0, 0,5, 12,-3,12,-3,.5,-6.5
0, 0,0, 0,5, -33.5,.5,-3
*ACAD_ISO14W100, 三點虛線
0, 0,0, 0,5, 12,-3,.5,-3,.5,-6.5
0, 0,0, 0,5, -22,.5,-3
*ACAD_ISO15W100, 雙劃 三點線
0, 0,0, 0,5, 12,-3,12,-3,.5,-10
0, 0,0, 0,5, -33.5,.5,-3,.5,-3
;;
;; end of ACAD_ISO hatch pattern definition
;;
*LINE, 平行水平線
0, 0,0, 0,.125
*MUDST, 砂石
0, 0,0, .5,.25, .25,-.25,0,-.25,0,-.25
*NET, 水平/垂直格點
0, 0,0, 0,.125
90, 0,0, 0,.125
*NET3, 網路樣式 0-60-120
0, 0,0, 0,.125
60, 0,0, 0,.125
120, 0,0, 0,.125
*PLAST, 塑料製品
0, 0,0, 0,.25
0, 0,.03125, 0,.25
0, 0,.0625, 0,.25
*PLASTI, 塑料製品
0, 0,0, 0,.25
0, 0,.03125, 0,.25
0, 0,.0625, 0,.25
0, 0,.15625, 0,.25
*SACNCR, 混凝土
45, 0,0, 0,.09375
45, .066291261,0, 0,.09375, 0,-.09375
*SQUARE,對齊的小方塊
0, 0,0, 0,.125, .125,-.125
90, 0,0, 0,.125, .125,-.125
*STARS, 六芒星
```

```
0, 0,0, 0,.216506351, .125,-.125
60, 0,0, 0,.216506351, .125,-.125
120, .0625,.108253176, 0,.216506351, .125,-.125
*STEEL, 鋼製品
45, 0,0, 0,.125
45, 0,.0625, 0,.125
*SWAMP, 沼澤地
0, 0,0, .5,.866025403, .125,-.875
90, .0625,0, .866025403,.5, .0625,-1.669550806
90, .078125,0, .866025403,.5, .05,-1.682050806
90, .046875,0, .866025403,.5, .05,-1.682050806
60, .09375,0, .5,.866025403, .04,-.96
120, .03125,0, .5,.866025403, .04,-.96
*TRANS, 熱傳遞材料
0, 0,0, 0,.25
0, 0,.125, 0,.25, .125,-.125
*TRIANG, 等邊三角形
60, 0,0, .1875,.324759526, .1875,-.1875
120, 0,0, .1875,.324759526, .1875,-.1875
0, -.09375,.162379763, .1875,.324759526, .1875,-.1875
*ZIGZAG, 樓梯效果
0, 0,0, .125,.125, .125,-.125
90, .125,0, .125,.125, .125,-.125


;;
;; User Defined Hatch Patterns
;; Add any hatch patterns that you define to this section of
;; the file to ensure that they migrate properly when
;; upgrading to a future AutoCAD version.  If duplicate hatch
;; patterns are found in this file, items in the User Defined
;; Hatch Patterns section take precedence over patterns that
;; appear earlier in the file.
;;
```

附錄三　程式參數檔

ACAD.PGP 檔案之介紹

外部指令與指令別名定義 Copyright(C) 1997～2006 by Autodesk，Inc.

每當您開啓一個新的或既有的圖檔時，AutoCAD 會在支援路徑內搜尋，並讀取第一個找到的 acad.pgp 檔案。

當 AutoCAD 在執行時，您可以呼叫其他的軟體或公用程式，例如 Windows 的系統指令、工具程式或應用程式。定義外部指令的方法，是指定一個用於 AutoCAD 指令提示的指令名稱，以及要傳送到作業系統執行的指令字串。

您可以在 acad.pgp 的別名節內定義 AutoCAD 指令的別名，以縮短常用的 AutoCAD 指令名稱。您可以爲任何 AutoCAD 指令、設備驅動程式指令或外部指令定義指令別名。

建議：在編輯這個檔案之前請先備份它。

本軟體有附贈一個應用程式供您編輯指令別名之用，並提供一個示範的 acad.pgp 檔案，含有更多的指令別名。詳細請參閱 bonus\cadtools 資料夾。

→ 外部指令格式：

<指令名稱>，[<DOS 指令>]，<位元旗標>，[*]<提示>，

位元旗標的各個位元有下列意義：

第一個位元(1)：如果設定，則不等候應用程式完成。

第二個位元(2)：如果設定，則以最小化執行應用程式。

第四個位元(4)：如果設定，則以隱藏方式執行應用程式。

第八個位元(8)：如果設定，則將參數字串加上雙引號。

位元 2 與位元 4 是互斥的，如果同時被指定，則只會使用位元 2。

最常用的位元值是：

0(啓動應用程式並等它結束)、

1(啓動應用程式但不等待)、

3(最小化且不等待)，以及

5(隱藏且不等待)。

平常應該避免使用值 2 與 4，因爲它會使 AutoCAD 在應用程式結束以前無法使用。

→ 指令視窗的外部指令示範：

CATALOG，　　　　　DIR /W，　　　　　　　0，檔案規格：　　　　　　，

DEL，	DEL，	0，要刪除的檔案：	，
DIR，	DIR，	0，檔案規格：	，
EDIT，	START EDIT，	1，要編輯的檔案：	，
SH，	，	1，*作業系統指令：	，
SHELL，	，	1，*作業系統指令：	，
START，	START，	1，*要啟動的應用程式：	，
TYPE，	TYPE，	0，要列示的檔案：，	

➡ Windows 外部指令示範：

替代方式請參閱 AutoLISP 的 STARTAPP 函數。

EXPLORER，	START EXPLORER，	1，，
NOTEPAD，	START NOTEPAD，	1，*要編輯的檔案：，
PBRUSH，	START PBRUSH，	1，，
檔案總管，	START EXPLORER，	1，，
記事本，	START NOTEPAD，	1，*要編輯的檔案：，

➡ 指令別名格式：

<別名>，*<完整的指令名稱>

下面是建立新指令別名的指引。

1. 第一個字母、然後嘗試前兩個字母、不行的話再嘗試前三個，以此類推。
2. 捨棄指令開頭的「DD」。

    以下列字頭縮寫：

    例如：3 代表 3D、A 代表 ASE、D 代表標註、I 代表影像、R 代表彩現。
3. 如果已經有一個別名被定義了，則在相關的別名加上字尾：

    例如：R 代表 Redraw、RA 代表 Redrawall、L 代表 Line、LT 代表 Linetype。
4. 一個別名至少應能減少指令兩個字元。
5. 含有與控制鍵對等功能、狀態列按鈕或功能鍵的指令不需要指令別名。

    例如：使用 Control-N、-O、-P 以及-S 代表的 New、Open、Print 和 Save。
6. 使用連字號(-)區別指令行與對話方塊指令，以連字號開頭表示指令行指令。其他包括使用 AA 代表 Area、T 代表 Mtext、X 代表 Explode。

Acad.pgp 內容

```
;   Program Parameters File For AutoCAD 2007
```

```
;  External Command and Command Alias Definitions

;  Copyright(C) 1997-2006 by Autodesk, Inc.  All Rights Reserved.

;  Each time you open a new or existing drawing, AutoCAD searches
;  the support path and reads the first acad.pgp file that it finds.

;  -- External Commands --
;  While AutoCAD is running, you can invoke other programs or utilities
;  such Windows system commands, utilities, and applications.
;  You define external commands by specifying a command name to be used
;  from the AutoCAD command prompt and an executable command string
;  that is passed to the operating system.

;  -- Command Aliases --
;  The Command Aliases section of this file provides default settings for
;  AutoCAD command shortcuts.  Note: It is not recommended that  you
directly
;  modify this section of the PGP file., as any changes you make to this
section of the
;  file will not migrate successfully if you upgrade your AutoCAD to a
;  newer version.  Instead, make changes to the new
;  User Defined Command Aliases
;  section towards the end of this file.

;  -- User Defined Command Aliases --
;  You can abbreviate frequently used AutoCAD commands by defining
;  aliases for them in the User Defined Command Aliases section of acad.pgp.
;  You can create a command alias for any AutoCAD command,
;  device driver command, or external command.

;  Recommendation: back up this file before editing it.  To ensure that
;  any changes you make to PGP settings can successfully be migrated
;  when you upgrade to the next version of AutoCAD, it is suggested that
;  you make any changes to the default settings in the User Defined Command
;  Aliases section at the end of this file.

;  External command format:
;  <Command name>,[<Shell request>],<Bit flag>,[*]<Prompt>,

;  The bits of the bit flag have the following meanings:
;  Bit 1: if set, don't wait for the application to finish
;  Bit 2: if set, run the application minimized
```

```
;  Bit 4: if set, run the application "hidden"
;  Bit 8: if set, put the argument string in quotes
;
;  Fill the "bit flag" field with the sum of the desired bits.
;  Bits 2 and 4 are mutually exclusive; if both are specified, only
;  the 2 bit is used. The most useful values are likely to be 0
;  (start the application and wait for it to finish), 1(start the
;  application and don't wait), 3(minimize and don't wait), and 5
;  (hide and don't wait). Values of 2 and 4 should normally be avoided,
;  as they make AutoCAD unavailable until the application has completed.
;
;  Bit 8 allows commands like DEL to work properly with filenames that
;  have spaces such as "long filename.dwg".  Note that this will interfere
;  with passing space delimited lists of file names to these same commands.
;  If you prefer multiplefile support to using long file names, turn off
;  the "8" bit in those commands.

;  Examples of external commands for command windows

DEL,        DEL,            8,要刪除的檔案：,
DIR,        DIR,            8,指定檔案：,
SH,         ,               1,*作業系統指令：,
SHELL,      ,               1,*作業系統指令：,
START,      START,          1,*要啟動的應用程式：,
TYPE,       TYPE,           8,要列示的檔案：,

;  Examples of external commands for Windows
;  See also the(STARTAPP) AutoLISP function for an alternative method.

EXPLORER,   START EXPLORER, 1,,
NOTEPAD,    START NOTEPAD,  1,*File to edit: ,
PBRUSH,     START PBRUSH,   1,,


;  Command alias format:
;    <Alias>,*<Full command name>

;  The following are guidelines for creating new command aliases.
;  1. An alias should reduce a command by at least two characters.
;       Commands with a control key equivalent, status bar button,
;       or function key do not require a command alias.
;       Examples: Control N, O, P, and S for New, Open, Print, Save.
;  2. Try the first character of the command, then try the first two,
```

```
;      then the first three.
;  3. Once an alias is defined, add suffixes for related aliases:
;      Examples: R for Redraw, RA for Redrawall, L for Line, LT for
;      Linetype.
;  4. Use a hyphen to differentiate between command line and dialog
;      box commands.
;      Example: B for Block, -B for -Block.
;
; Exceptions to the rules include AA for Area, T for Mtext, X for Explode.

;  -- Sample aliases for AutoCAD commands --
;  These examples include most frequently used commands.  NOTE: It is
recommended
;  that you not make any changes to this section of the PGP file to ensure
the
;  proper migration of your customizations when you upgrade to the next
version of
;  AutoCAD.  The aliases listed in this section are repeated in the User
Custom
;  Settings section at the end of this file, which can safely be edited
while
;  ensuring your changes will successfully migrate.
```

AutoCAD 基礎指令快速鍵如下：

```
3A,          *3DARRAY
3DMIRROR,    *MIRROR3D
3DNavigate, *3DWALK
3DO,         *3DORBIT
3DW,         *3DWALK
3F,          *3DFACE
3M,          *3DMOVE
3P,          *3DPOLY
3R,          *3DROTATE
A,           *ARC
AC,          *BACTION
ADC,         *ADCENTER
AECTOACAD,   *-ExportToAutoCAD
AA,          *AREA
AL,          *ALIGN
AP,          *APPLOAD
AR,          *ARRAY
-AR,         *-ARRAY
```

```
ATT,          *ATTDEF
-ATT,         *-ATTDEF
ATE,          *ATTEDIT
-ATE,         *-ATTEDIT
ATTE,         *-ATTEDIT
B,            *BLOCK
-B,           *-BLOCK
BC,           *BCLOSE
BE,           *BEDIT
BH,           *HATCH
BO,           *BOUNDARY
-BO,          *-BOUNDARY
BR,           *BREAK
BS,           *BSAVE
BVS,          *BVSTATE
C,            *CIRCLE
CAM,          *CAMERA
CH,           *PROPERTIES
-CH,          *CHANGE
CHA,          *CHAMFER
CHK,          *CHECKSTANDARDS
CLI,          *COMMANDLINE
COL,          *COLOR
COLOUR,       *COLOR
CO,           *COPY
CP,           *COPY
CT,           *CTABLESTYLE
CYL,          *CYLINDER
D,            *DIMSTYLE
DAL,          *DIMALIGNED
DAN,          *DIMANGULAR
DAR,          *DIMARC
JOG,          *DIMJOGGED
DBA,          *DIMBASELINE
DBC,          *DBCONNECT
DC,           *ADCENTER
DCE,          *DIMCENTER
DCENTER,      *ADCENTER
DCO,          *DIMCONTINUE
DDA,          *DIMDISASSOCIATE
DDI,          *DIMDIAMETER
DED,          *DIMEDIT
DI,           *DIST
```

```
DIV,        *DIVIDE
DJO,        *DIMJOGGED
DLI,        *DIMLINEAR
DO,         *DONUT
DOR,        *DIMORDINATE
DOV,        *DIMOVERRIDE
DR,         *DRAWORDER
DRA,        *DIMRADIUS
DRE,        *DIMREASSOCIATE
DRM,        *DRAWINGRECOVERY
DS,         *DSETTINGS
DST,        *DIMSTYLE
DT,         *TEXT
DV,         *DVIEW
E,          *ERASE
ED,         *DDEDIT
EL,         *ELLIPSE
ER,         *EXTERNALREFERENCES
EX,         *EXTEND
EXIT,       *QUIT
EXP,        *EXPORT
EXT,        *EXTRUDE
F,          *FILLET
FI,         *FILTER
FSHOT,      *FLATSHOT
G,          *GROUP
-G,         *-GROUP
GD,         *GRADIENT
GEO,        *GEOGRAPHICLOCATION
GR,         *DDGRIPS
H,          *HATCH
-H,         *-HATCH
HE,         *HATCHEDIT
HI,         *HIDE
I,          *INSERT
-I,         *-INSERT
IAD,        *IMAGEADJUST
IAT,        *IMAGEATTACH
ICL,        *IMAGECLIP
IM,         *IMAGE
-IM,        *-IMAGE
IMP,        *IMPORT
IN,         *INTERSECT
```

```
INF,          *INTERFERE
IO,           *INSERTOBJ
J,            *JOIN
L,            *LINE
LA,           *LAYER
-LA,          *-LAYER
LE,           *QLEADER
LEN,          *LENGTHEN
LI,           *LIST
LINEWEIGHT,   *LWEIGHT
LO,           *-LAYOUT
LS,           *LIST
LT,           *LINETYPE
-LT,          *-LINETYPE
LTYPE,        *LINETYPE
-LTYPE,       *-LINETYPE
LTS,          *LTSCALE
LW,           *LWEIGHT
M,            *MOVE
MA,           *MATCHPROP
MAT,          *MATERIALS
ME,           *MEASURE
MI,           *MIRROR
ML,           *MLINE
MO,           *PROPERTIES
MS,           *MSPACE
MSM,          *MARKUP
MT,           *MTEXT
MV,           *MVIEW
NORTH,        *GEOGRAPHICLOCATION
NORTHDIR,     *GEOGRAPHICLOCATION
O,            *OFFSET
OP,           *OPTIONS
ORBIT,        *3DORBIT
OS,           *OSNAP
-OS,          *-OSNAP
P,            *PAN
-P,           *-PAN
PA,           *PASTESPEC
PARAM,        *BPARAMETER
PARTIALOPEN,  *-PARTIALOPEN
PE,           *PEDIT
PL,           *PLINE
```

```
PO,            *POINT
POL,           *POLYGON
PR,            *PROPERTIES
PRCLOSE,       *PROPERTIESCLOSE
PROPS,         *PROPERTIES
PRE,           *PREVIEW
PRINT,         *PLOT
PS,            *PSPACE
PSOLID,        *POLYSOLID
PTW,           *PUBLISHTOWEB
PU,            *PURGE
-PU,           *-PURGE
PYR,           *PYRAMID
QC,            *QUICKCALC
R,             *REDRAW
RA,            *REDRAWALL
RC,            *RENDERCROP
RE,            *REGEN
REA,           *REGENALL
REC,           *RECTANG
REG,           *REGION
REN,           *RENAME
-REN,          *-RENAME
REV,           *REVOLVE
RO,            *ROTATE
RP,            *RENDERPRESETS
RPR,           *RPREF
RR,            *RENDER
RW,            *RENDERWIN
S,             *STRETCH
SC,            *SCALE
SCR,           *SCRIPT
SE,            *DSETTINGS
SEC,           *SECTION
SET,           *SETVAR
SHA,           *SHADEMODE
SL,            *SLICE
SN,            *SNAP
SO,            *SOLID
SP,            *SPELL
SPL,           *SPLINE
SPLANE,        *SECTIONPLANE
SPE,           *SPLINEDIT
```

```
SSM,          *SHEETSET
ST,           *STYLE
STA,          *STANDARDS
SU,           *SUBTRACT
T,            *MTEXT
-T,           *-MTEXT
TA,           *TABLET
TB,           *TABLE
TH,           *THICKNESS
TI,           *TILEMODE
TO,           *TOOLBAR
TOL,          *TOLERANCE
TOR,          *TORUS
TP,           *TOOLPALETTES
TR,           *TRIM
TS,           *TABLESTYLE
UC,           *UCSMAN
UN,           *UNITS
-UN,          *-UNITS
UNI,          *UNION
V,            *VIEW
-V,           *-VIEW
VP,           *DDVPOINT
-VP,          *VPOINT
VS,           *VSCURRENT
VSM,          *VISUALSTYLES
-VSM,         *-VISUALSTYLES
W,            *WBLOCK
-W,           *-WBLOCK
WE,           *WEDGE
X,            *EXPLODE
XA,           *XATTACH
XB,           *XBIND
-XB,          *-XBIND
XC,           *XCLIP
XL,           *XLINE
XR,           *XREF
-XR,          *-XREF
Z,            *ZOOM

; The following are alternative aliases and aliases as supplied
;  in AutoCAD Release 13.
```

```
AV,          *DSVIEWER
CP,          *COPY
DIMALI,      *DIMALIGNED
DIMANG,      *DIMANGULAR
DIMBASE,     *DIMBASELINE
DIMCONT,     *DIMCONTINUE
DIMDIA,      *DIMDIAMETER
DIMED,       *DIMEDIT
DIMTED,      *DIMTEDIT
DIMLIN,      *DIMLINEAR
DIMORD,      *DIMORDINATE
DIMRAD,      *DIMRADIUS
DIMSTY,      *DIMSTYLE
DIMOVER,     *DIMOVERRIDE
LEAD,        *LEADER
TM,          *TILEMODE

; Aliases for Hyperlink/URL Release 14 compatibility
SAVEURL,     *SAVE
OPENURL,     *OPEN
INSERTURL,   *INSERT

; Aliases for commands discontinued in AutoCAD 2000:
AAD,         *DBCONNECT
AEX,         *DBCONNECT
ALI,         *DBCONNECT
ASQ,         *DBCONNECT
ARO,         *DBCONNECT
ASE,         *DBCONNECT
DDATTDEF,    *ATTDEF
DDATTEXT,    *ATTEXT
DDCHPROP,    *PROPERTIES
DDCOLOR,     *COLOR
DDLMODES,    *LAYER
DDLTYPE,     *LINETYPE
DDMODIFY,    *PROPERTIES
DDOSNAP,     *OSNAP
DDUCS,       *UCS
```

```
; Aliases for commands discontinued in AutoCAD 2004:
ACADBLOCKDIALOG,    *BLOCK
ACADWBLOCKDIALOG,   *WBLOCK
ADCENTER,           *ADCENTER
BMAKE,              *BLOCK
BMOD,               *BLOCK
BPOLY,              *BOUNDARY
CONTENT,            *ADCENTER
DDATTE,             *ATTEDIT
DDIM,               *DIMSTYLE
DDINSERT,           *INSERT
DDPLOTSTAMP,        *PLOTSTAMP
DDRMODES,           *DSETTINGS
DDSTYLE,            *STYLE
DDUCS,              *UCSMAN
DDUCSP,             *UCSMAN
DDUNITS,            *UNITS
DDVIEW,             *VIEW
DIMHORIZONTAL,      *DIMLINEAR
DIMROTATED,         *DIMLINEAR
DIMVERTICAL,        *DIMLINEAR
DOUGHNUT,           *DONUT
DTEXT,              *TEXT
DWFOUT,             *PLOT
DXFIN,              *OPEN
DXFOUT,             *SAVEAS
PAINTER,            *MATCHPROP
PREFERENCES,        *OPTIONS
RECTANGLE,          *RECTANG
SHADE,              *SHADEMODE
VIEWPORTS,          *VPORTS

; Aliases for commands discontinued in AutoCAD 2007:
RMAT,       *MATERIALS
FOG,        *RENDERENVIRONMENT
FINISH,     *MATERIALS
SETUV,      *MATERIALMAP
SHOWMAT,    *LIST
RFILEOPT,   *RENDERPRESETS
RENDSCR,    *RENDERWIN
```

```
;   -- User Defined Command Aliases --
;   Make any changes or additions to the default AutoCAD command aliases in
;   this section to ensure successful migration of these settings when you
;   upgrade to the next version of AutoCAD.  If a command alias appears more
;   than once in this file, items in the User Defined Command Alias take
;   precedence over duplicates that appear earlier in the file.
;   **********----------**********  ; No xlate ; DO NOT REMOVE

BH,        *BHATCH
H,         *BHATCH
-H,        *HATCH
```

附錄四　字法

文字功能在 AutoCAD 2000 版以後，功能已經大幅的改善，AutoCAD 裡有關文字的指令，包括 text(單行文字，已和 dtext 合併)、dtext(動態文字)、mtext(多行文字)，及其他相關的指令如：ddedit(文字編輯)、style(字型)、qtext(文字顯示狀態)、mriitext(文字鏡射開關)等等，茲分別介紹如下：

➡️ Ａ️ 單行文字(dtext)。

➡️ Ａ 多行文字(mtext)：

指令：輸入 text 或 dt

對正(J)/字型(S)/<起點>：(在欲輸入文字處點取一點後按，作為文字起點)

高度<2.5000>：(輸入字高後按 ENTER ，內定為 2.5)

旋轉角度<0>：(輸入旋轉角度後按 ENTER ，內定為 0)

文字：(輸入文字，例：輸入 AAA 後按 ENTER 所輸入的文字即顯示在螢幕上)，在輸入的過程中，如將輸入位置用滑鼠重新在螢幕上欲輸入文字處點取後，再輸入文字也可以。

➡️ Ａ️ 對齊方式(justtfytext)：

當輸入 text 或 dtext 時，所出現的對正(J)選項，為文字對正格式共有十四種：

● 對齊(A)：將文字對齊於兩點之間，AutoCAD 會自動計算出文字的高度

對　齊

● 填入(F)：以指定的高度，將文字填齊入兩點之間，文字寬度會自動計算

對齊方式對齊方式

● 中心(C)：對齊文字中心

對齊方式

- 中央(M)：對齊文字中央

對齊方式

- 右(R)：對齊文字右邊

對齊方式

- 左上(TL)：對齊文字左上角

對齊方式

- 中上(TC)：對齊文字中上角

對齊方式

- 右上(TR)：對齊文字右上角

對齊方式

- 左上(ML)：對齊文字左中角

對齊方式

- 正中(MC)：對齊文字正中心

對齊方式

- 右中(MR)：對齊文字右中角

對齊方式

- 左下(BL)：對齊文字左下角

對齊方式

- 中下(BC)：對齊文字中下角

對齊方式

- 右下(BR)：對齊文字右下角

對齊方式

字型設定 style：

當輸入 Text 或 dtext 時，所出現的字型(S)選項，為文字字型設定，在指令列下輸入 Style 或-Style 或–ST

指令：ST(出現如下圖之字型對話框)

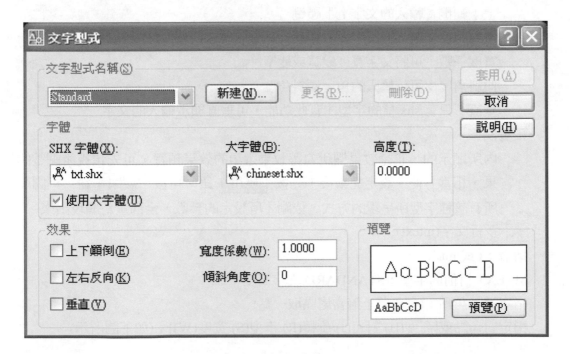

字型名稱欄：

為每一圖檔裡的內建字型名稱，可依需要新建字型。(出現如下之對話框)

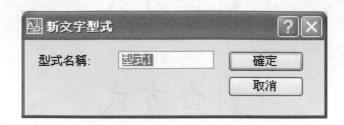

字體欄

字體名稱：可選用副檔名為.shx 或 TTF 的字型檔案

字型：可選擇標準、斜體、粗體或粗斜體

當勾選使用大字體，字型欄售會變成大字體，可選擇 chineset.shx 的字型(繁體中文單線體)

高度：可設定字型高度，如果設為 0，則每次使用 text 或 dtext 時，可指定文字高度

效果欄

上下顛倒：輸入的文字上下顛倒

左右相反：輸入的文字左右相反

寬度係數：可將文字寬度變寬或變窄

傾斜角度：可依輸入的角度傾斜角度

垂直：只有.shx 檔的字型才有此功能，可垂直顯示輸入的文字

預覽欄

內所顯示的，正是效果欄所勾選效果選項的效果預覽，可先預視所調整的效果，相當方便。設定完畢後，先按 應用 鈕，再按 關閉 鈕，則圖面上所有該種字型所呈現的方式，依剛才所設定的參數，全部重新顯現出來。

A 多行文字(mtext)：

指令：t 或 mt

MTEXT 目前的字型：STANDARD.文字高度：2.5

指定第一角點：(在螢幕上適當處點取一點)

指定對角點或[高度(H)/對正(J)/旋轉(R)/字型(S)/寬度(W)]：(如下圖所示)

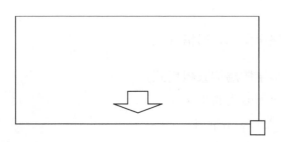

將出現如下的對話框

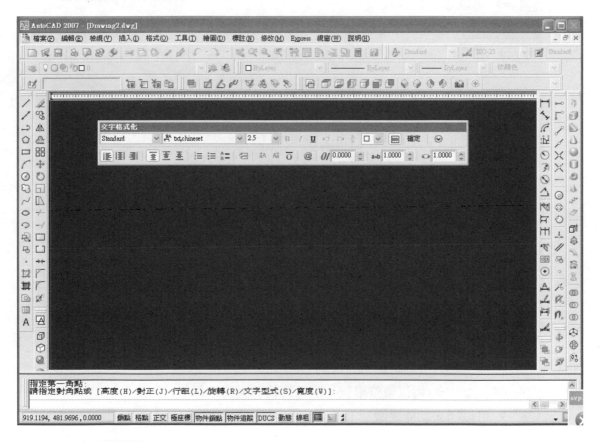

按下 確定 鈕完成輸入

在字元活頁

Standard → 可選擇文字格式

txt,chineset → 可選擇字體

2.5 → 可修改字高

B → 可以調整字體為粗體格式

_**I**_ → 可以調整字體為斜體格式

U → 可以調整字體為加底線格式

↺ → 復原剛才所輸入的文字

ᵃ⁄♭ → 調整文字堆疊/不堆疊

☐ ⌄ → 可調整文字顏色

▥ → 可以顯示/隱藏尺規

確定 → 完成字型輸入

⊙ → 選項

⊫ ⊧ ⊨ → 可以調整水平位置

≣ ≣ ≣ → 可以調整垂直位置

≔ ≔ ≔ → 可以調整編號、項目符號、大寫字母

⊟ → 可以插入功能變數

 → 可以調整文字大寫、小寫、頂線

@ → 可輸入角度符號、正負號、直徑符號或其他特殊字元

度(D)	%%d
正/負(P)	%%p
直徑(I)	%%c
幾乎相等	\U+2248
角度	\U+2220
邊界線	\U+E100
中心線	\U+2104
差值	\U+0394
電相	\U+0278
流向線	\U+E101
識別	\U+2261
初始長度	\U+E200
界碑線	\U+E102
不相等	\U+2260
歐姆	\U+2126
歐米茄	\U+03A9
地界線	\U+214A
下標 2	\U+2082
平方	\U+00B2
立方	\U+00B3
不斷開空格(S)	Ctrl+Shift+Space
其他(O)...	

0.0000 → 可以調整文字傾斜角度

1.0000 → 可以調整文字間距

1.0000 → 可以調整文字寬度係數

→ 編輯文字(ddedit)：

指令：ed

<選取一個註解物件>/退回(U)：(點取欲修改的文字)

如果點到文字字串，直接在文字所在地編輯文字

如果點到 mtext 所繪製的字串，則出現如下圖

不管選到那一種字串，只要編輯完成，按 確定 鈕即完成編輯指令

➜ 文字顯示模式 qtext：

指令：qtext

打開(ON)/關閉(OFF)<OFF>：(內定為關閉，即可以看見輸入的文字；若輸入 on，則文字將出現一串串的矩形，可以加快圖面顯示時間。注意：變更此變數，則需輸入 regen(圖形重生)指令才可以將圖面文字依照目前設定方式顯示)

範例：

A b c d

E F g h I j k　　(輸入前)

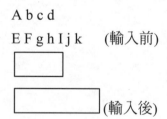(輸入後)

➜ 文字鏡射開關 mirrtext：

MIRRTEXT 的新值(1) ➜ 執行鏡射指令時，文字會被鏡射

MIRRTEXT 的新值(0) ➜ 執行鏡射指令時，文字不會被鏡射

➜ 特殊文字輸入練習：

直徑符號	%%c100	➜	ϕ 100
角度符號	45%%d	➜	45°
正負號	1.25%%p0.05	➜	12.5 ± 0.05
底線開關	%%u123%%u456	➜	<u>123</u>456
頂線開關	%%oabc%%oDEF	➜	abcDEF
百分比符號	100%%%	➜	100%
ASCSII 符號	%%065	➜	A

文字在圖面上的顯示方式為中線，建議文字可設定一個圖層，並給予中線的顏色，可依需要對圖層(LAYER)作設定

附錄五 標註

　　辛苦完成的圖形，再加上尺寸標註，就可以成為一張完整的工作圖，有關標註尺寸的指令及含意，將依次說明於下：

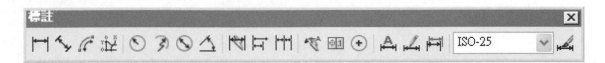

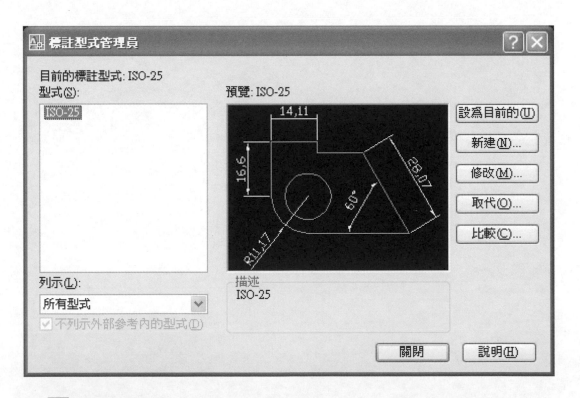

➡ 　線性標註(dimlinear)：

測量一個直線的距離。包括建立水平式、垂直式或旋轉式線性標註的環境選項

- 第一條延伸線原點或選取物件：(此時點取延伸線的第一條端點)
- 第二條延伸線原點：(此時點取延伸線的第二條端點)
- [多行文字(M)/文字(T)/角度(A)/水平(H)/垂直(V)/旋轉(R)]：(此時請在適當處點取一點，即完成線性標註)

1. 在點取第一延伸線時，如果按下 ⌜ENTER⌝ ，可直接選取要標註的物件。
2. 在點取標註線位置時，可先設定其他的選項
   ✓ 多行文字(M)：可調整標註文字為多行文字
   ✓ 文字(T)：可調整標註文字值
   ✓ 角度(A)：可調整標註文字角度
   ✓ 水平(H)：可調整成水平標註
   ✓ 垂直(V)：可調整成垂直標註
   ✓ 旋轉(R)：可調整標註線角度

➡ ⟋ 對齊式標註(dimaligned)：

建立一個具有與延伸線原點平行之標註線的線性標註。標註會建立一個物件的真實長度測量值

● 第一條延伸線原點或選取物件：(此時請點取延伸線的第一條端點)
● 第二條延伸線原點：(此時請點取延伸線的第二條端點)
● [多行文字(M)/文字(T)/角度(A)]：(此時請在適當處點取一點，即完成對齊式標註)
1. 在點取第一延伸線時，如果按下 ⌜ENTER⌝ ，可直接選取要標註的物件。
2. 在點取標註線位置時，可先設定其他的選項
   ✓ 多行文字(M)：可調整標註文字為多行文字
   ✓ 文字(T)：可調整標註文字值
   ✓ 角度(A)：可調整標註文字角度

➡ ⌒ 弧長標註(dimarc)：

建立一個建立弧長標註

● 選取弧或聚合線弧段
● 指定弧長標註位置，或[多行文字(M)/文字(T)/角度(A)/局部(P)/引線(L)]
● 在點取標註線位置時，可先設定其他的選項
   ✓ 多行文字(M)：可調整標註文字為多行文字
   ✓ 文字(T)：可調整標註文字值
   ✓ 角度(A)：可調整標註文字角度
   ✓ 局部(P)：可調整標註弧長成局部位置
   ✓ 引線(L)：可調整具引線之弧長標註

⊙ 座標式標註(dimordinate)：

建立一個顯示從給予之原點測量的 X 點或 Y 點的標註

- 選取特徵位置：(請在適當處點取一點)
- 指定引線端點或
- [X 基準面(X)/Y 基準面(Y)/多行文字(M)/文字(T)/角度(A)]：(此時在適當處點取一點，即完成座標式標註)在點取引線端點時，可先設定其他的選項
    - ✓ X 基準面(X)：可調整標註文字為座標
    - ✓ Y 基準面(Y)：可調整標註文字為座標
    - ✓ 多行文字(M)：可調整標註文字為多行文字
    - ✓ 文字(T)：可調整標註文字值
    - ✓ 角度(A)：可調整標註文字角度

⊙ 半徑標註(dimradius)：

測量圓周與弧的半徑

- 選取一個弧或圓：(此時請點取任意弧或圓)
- 線位置或[多行文字(M)/文字(T)/角度(A)]
- 在點取標註線位置時，可先設定其他的選項
    - ✓ 多行文字(M)：可調整標註文字為多行文字
    - ✓ 文字(T)：可調整標註文字值
    - ✓ 角度(A)：可調整標註文字角度

⊙ 轉折標註(dimjogged)：

建立圓與弧的轉折標註

- 選取一個弧或圓：(此時請點取任意弧或圓)
- 指定中心位置取代
- 標註文字 =
- 指定標註線位置或[多行文字(M)/文字(T)/角度(A)]
- 指定轉折位置：
    - ✓ 多行文字(M)：可調整標註文字為多行文字
    - ✓ 文字(T)：可調整標註文字值
    - ✓ 角度(A)：可調整標註文字角度

➡ ◎ 直徑標註(dimdiameter)：

測量圓周與弧的直徑

● 選取弧或圓：(此時請點取任意弧或圓)

● 線位置或[多行文字(M)/文字(T)/角度(A)]

● 在點取標註線位置時，可先設定其他的選項

    ✓ 多行文字(M)：可調整標註文字為多行文字

    ✓ 文字(T)：可調整標註文字值

    ✓ 角度(A)：可調整標註文字角度

➡ ◢ 角度標註(dimangular)：

測量角度

● 選取弧，圓，線或指定頂點：(此時先點取構成此角度的第一條弧，線段，圓)

● 選取第二條線：(此時再點取構成此角度的第二條弧，線段，圓)

● 指定標註弧線位置或[多行文字(M)/文字(T)/角度(A)]：(在適當處點取一點，即完成角度標註)

● 標註文字　＝(角度值)

1. 在選取弧、圓、線時按下 ENTER ，則先點取角度頂點，並分別點取第一個與第二個角度端點，再決定標註弧線位置，即完成角逐標註。

2. 在點取標註弧線位置時，可先設定其他的選項

    ✓ 多行文字(M)：可調整標註文字為多行文字

    ✓ 文字(T)：可調整標註文字值

    ✓ 角度(A)：可調整標註文字角度

➡ ↔ 快速標註(Qdim)：

一次選取多重物件，來建立標註安排，如基線式、連續式與座標式標註

● 選取要標註的幾何圖形：(此時可連續選取多個幾何圖形)

● 指定標註線位置，或[連續(C)/錯開(S)/基準線(B)/座標(O)/半徑(R)/直徑(D)/基準點(P)/輯編(E)]

● 使用 QDIM 來快速建立一系列的標註。當您要建立一系列的基準線或連續式標註，或要建立一系列圖和弧的標註時，這個指令尤其有用

● 在點取標註弧線位置時，可先設定其他的選項

    ✓ 連續(C)：建立一系列連續式標註

    ✓ 錯開(S)：建立一系列錯開的標註

✓ 基準線(B)：建立一系列基線式標註

✓ 座標(O)：建立一系列座標式標註

✓ 半徑(R)：建立一系列半徑標註

✓ 直徑(D)：建立一系列直徑標註

✓ 基準點(P)：設定基準線和座標式標註的基準點。選取新的基準點：
指定一點，AutoCAD 會返回前一個提示

✓ 編輯(E)：編輯一系列標註。AutoCAD 會提示您在既有的標註中加入
或移除點

➡ 🔲 基線式標註(dimbaseline)：

建立一系列全部從相同原點測量的線性、角度或座標式標註

● 指定第二條延伸線原點或[復原(U)/選取(S)]<選取>：

(此時輸入 ENTER ，可選取基線式標註)

● 選取基線式標註

● 指定第二條延伸線原點或[復原(U)/選取(S)]<選取>

● 指定第二條延伸線原點或[復原(U)/選取(S)]<選取>：(可指定另一標註延伸線位
置直到輸入完畢後按 ENTER ENTER 結束標註)

● 在指定第二條延伸線原點前，可先設定其他的選項

✓ 退回(U)：復原前一次的基線式標註

✓ 選取(S)：可重新選取基線式標註

➡ 🔲 連續式標註(dimcontinue)：

**建立一系列的連續線性、對齊式、角度或座標式標註，每一個是從前次的第二個延
伸線，或最後一個被選取的標註與共享的共同標註線來建立**

● 指定第二條延伸線原點或[復原(U)/選取(S)]<選取>：

(此時輸入 ENTER ，可選取連續式標註)

● 選取連續式標註

● 指定第二條延伸線原點或[復原(U)/選取(S)]<選取>

● 指定第二條延伸線原點或[復原(U)/選取(S)]<選取>：(可指定另一標註延伸線位
置直到輸入完畢後按 ENTER ENTER 結束標註)

● 在指定第二條延伸線原點前，可先設定其他的選項

✓ 退回(U)：復原前一次的連續式標註

✓ 選取(S)：可重新選取連續式標註

⊕ 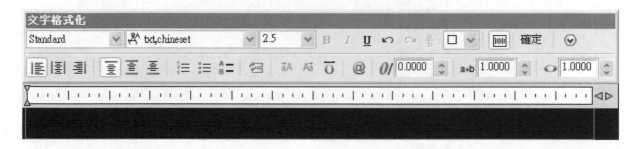 引線標註(Qleader)：

建立註解與連結文字到一個物件之可見的引線

- 指定引線的第一個起點，或[設定值(S)]<設定值>：(此時請點取引線箭頭的起點)
- 指定下一點：(此時請點選引線的下一點，可連續選取下一點)
  (此時如果不需再拉引線可按 ⌷ ENTER ⌷)
- 指定文字寬度 <0>：(可輸入此次引線標註的字寬)
- 輸入第一行註解文字<多行文字>：(此時可直接輸入註解文字，或不輸入按下 ⌷ ENTER ⌷ ，即會開啟多行文字視窗)

⊕ 公差標註(tolerance)：

建立一個幾何公差標註，AutoCAD 會將特徵控制框放在指定的位置上

- 點取公差標註指令，即出現如下之對話框

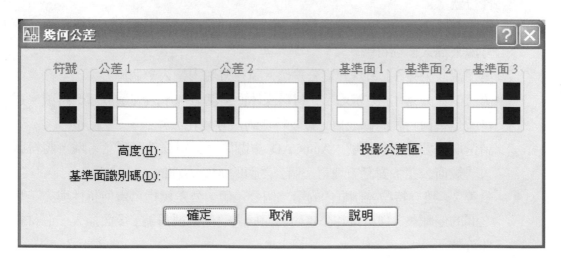

● 符號：AutoCAD 提供了十四種工程上常用的公差符號，下列依對話框之左上至右下分別說明：

1 眞心度	2 同心度
3 對稱度	4 平行度
5 垂直度	6 傾斜度
7 圓柱度	8 眞平度
9 眞圓度	10 眞直度
11 曲面輪廓度	12 曲線輪廓度
13 偏轉度	

● 公差 1：建立特徵控制框內的第一個公差值。公差值指示幾何特性與完美型式之間的偏離量。您可以在公差值前面插入一個直徑符號，後面插入一個材料條件符號。

第一個「公差 1」方塊會在公差值前面加上一個直徑符號(ϕ)。您可以按一下方塊來插入直徑符號。

第二個「公差 1」方塊建立公差值。請在方塊內輸入一個值。

第三個「公差 1」方塊顯示「材料條件」對話方塊，讓您選取修改符號。這些符號是幾何特性的修改值，以及特徵的尺寸變化公差值。

請選取您要使用的符號。AutoCAD 會關閉「材料條件」對話方塊，將符號插入「幾何公差」對話方塊第一個公差值的 MC 方塊內。

● 公差 2：建立特徵控制框內的第二個公差值。公差值指示幾何特性與完美型式之間的偏離量。您可以在公差值前面插入一個直徑符號，後面插入一個材料條件符號。

第一個「公差 2」方塊會在公差值前面加上一個直徑符號(ϕ。您可以按一下方塊來插入直徑符號。

第二個「公差 2」方塊建立公差值。請在方塊內輸入一個值。

第三個「公差 2」方塊顯示「材料條件」對話方塊，讓您選取修改符號。這些符號是幾何特性的修改值，以及特徵的尺寸變化公差值。

請選取您要使用的符號。AutoCAD 會關閉「材料條件」對話方塊，將符號插入「幾何公差」對話方塊第二個公差值的 MC 方塊內。.

- 材料條件：套用到特徵的材料狀況可以有不同的尺寸。在最大材料狀況下(亦稱為 MMC)，特徵含有上下限內最大的材料量。在 MMC，孔具有最小的直徑，而軸有最大的直徑。在最小的材料狀況下(亦稱為 LMC)，特徵含有上下限內最小的材料量。在 LMC，孔具有最大的直徑，而軸有最小的直徑。第三個材料特徵狀況，忽略「特徵尺寸」(亦稱為 RFS)，表示特徵在一定的上下限內可以是任何尺寸

- 資料 1：建立特徵控制框內的主要資料參考。資料參考可由一個值和一個修改符號組成。資料是一個理論上的精確幾何參考，用來建立特徵的公差區。
- 資料 2：建立特徵控制框內的第二資料參考，方法和主要資料參考相同。
- 資料 3：建立特徵控制框內的第三資料參考，方法和主要資料參考相同。
- 高度：建立特徵控制框內的投影公差區值。投影公差區控制固定互垂部份的延伸部份高度變化量，並將公差調整到位置公差所指定的值。請在方塊內輸入一個值
- 投影公差區：在投影公差區值之後，插入投影公差區符號，投影公差區： (P)。
- 資料標誌：建立一個由參考字母組成的資料標誌符號。資料是一個理論上的精確幾何參考，用來建立其它特徵的位置和公差區。點、線、平面、圓柱或其它圖形都可以作為資料。請在方塊內輸入字母
- 資料參考框：特徵控制框中的公差值，是由三個選擇性資料參考字母與它們的修改符號跟隨在後。資料理論上是一個精確的點、軸或平面，您可以用來測量與確認標註。通常，最好使用兩或三個相互垂直的平面來執行這個作業。這些合稱為資料參考框。

● 下列圖例顯示確認標註部份的資料參考框

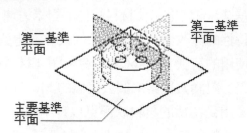

● 在所要表示的公差符號視窗中,輸入公差值,即完成公差標註

中心記號標註(dimcenter):

建立中心記號與中心線可以指出圓周與弧的中心點

● 選取一個弧或圓:(此時選取欲標註中心記號的弧或圓)

● 修改中心計號大小時,須先進入 ddim 之對話框之圓心記號進行修改

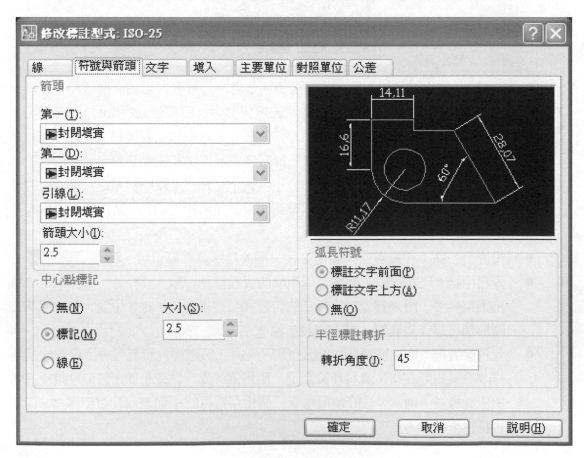

➡️ 標註編輯(dimedit)：

編輯標註

- 輸入標註編輯的類型[歸位(H)/新值(N)/旋轉(R)/傾斜(O)]
- 選取物件：(點取欲編輯之文字)
- 在輸入標註編輯的類型前，可先設定其他的選項
    - ✓ 歸位(H)：標註文字依目前設定歸位
    - ✓ 新值(N)：可調整標註文字值
    - ✓ 旋轉(R)：可調整標住文字高度
    - ✓ 傾斜(O)：可調整延伸線傾斜角度

➡️ 標註文字編輯(dimtedit)：

移動或旋轉標註文字

- 選取標註
- 指定標註文字的新位置或[靠左(L)/靠右(R)/置中(C)/歸位(H)/角度(A)]：(此時可更改標註文字在標註線的左方、右方、置中或依照目前的設定擺放及更改角度)

➡️ 標註更新(dimstyle apply)：

更新一個標註的型式

- 選取物件：(點取欲更新成目前標註變數值的標註物件，即完成標註更新)

➡️ ISO-25 ▼ 標註型式(dimstyle)：

可選擇已經設定好的標註型式，以供使用

→ 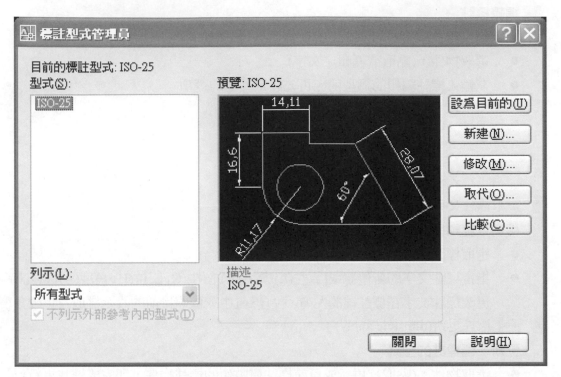 標註型式(ddim)：出現如下之對話框：

- 標註型式欄：可從此欄位檢視目前經過設定的標註型式
- 列示欄：可以選擇使用中型式或所有型式
- 選取 設為目前的(U) ，可將標註型式欄所選取的標註型式，設為目前要使用的標註型式
- 選取 新建(N)... ，將出現下面視窗，可方便迅速的建立一新的標註型式

- 選取 修改(M)... 或 取代(O)... ，可對已建立的標註型式做修改或取代設定

線

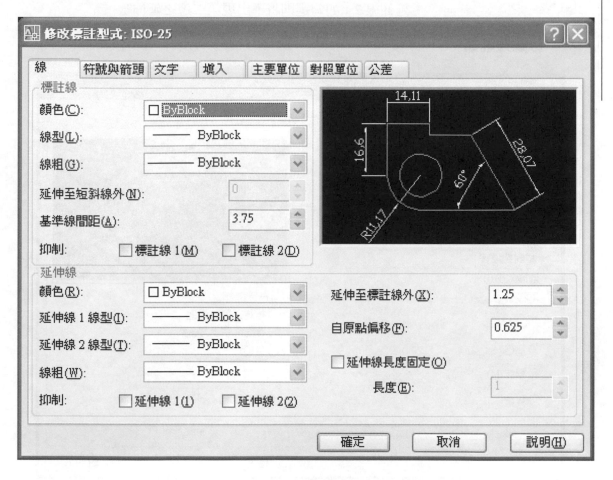

標註線欄：

✓ 可依需求設定標註線的顏色與線寬

✓ 標註線間距(A)：設定尺寸線之間距

✓ 抑制：標註線 1：如勾選則將不出現第一邊之標註線

　　　　　標註線 2：如勾選則將不出現第二邊之標註線

延伸線欄：

✓ 可依需求設定延伸線的顏色與線寬

✓ 延伸量(X)：可設定延伸線後端與箭頭的距離

✓ 自原點偏移(F)：可設定延伸線前端與物體的距離

✓ 延伸長度固定(O)：可設定固定長度的延伸線

✓ 抑制：延伸線 1：如勾選則將不出現第一邊之延伸線
延伸線 2：如勾選則將不出現第二邊之延伸線

 符號與箭頭

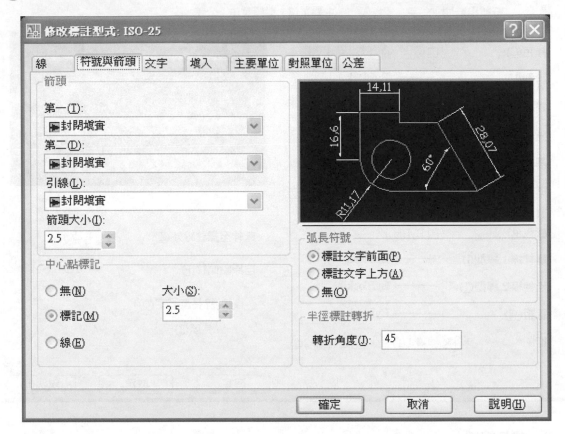

箭頭欄：可以指定第一箭頭、第二箭頭與引線箭頭的形狀與大小

中心點標記欄：

✓ 類型(Y)：可以指定圓心記號為標記、無、線，共三種型式

✓ 大小(Z)：可設定中心記號的大小

弧長符號欄：

✓ 類型(Y)：可以指定弧長符號在標註文字的前面、上方或無，共三種
型式

半徑標註轉折欄：

✓ 轉折角度(J)：可以指定半徑標註的轉折角度

文字

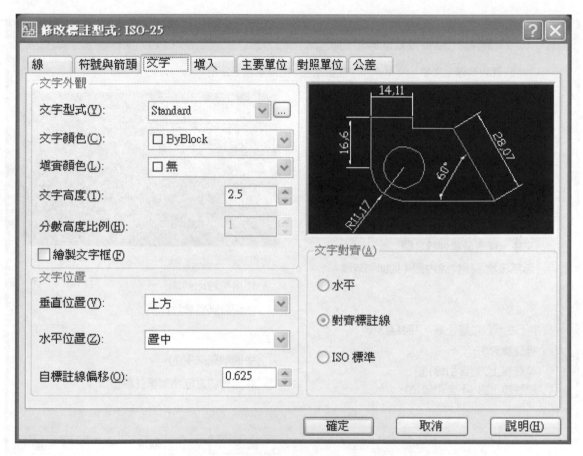

文字欄：
- ✓ 可依需求設定文字的字型、顏色、高度與分數高度比例
- ✓ 可勾選 → 繪製文字框

文字位置：
- ✓ 垂直位置：可選擇置中、上方、外側、JIS，共四種型式
- ✓ 水平位置：可選擇置中、位於延伸線 1、位於延伸線 2、延伸線 1 上方、延伸線 2 上方，共五種型式
- ✓ 可設定自標註線偏移的距離

文字對齊：
- ✓ 可選擇水平、對齊標註線、ISO 標準，三種其中一種型式

填入

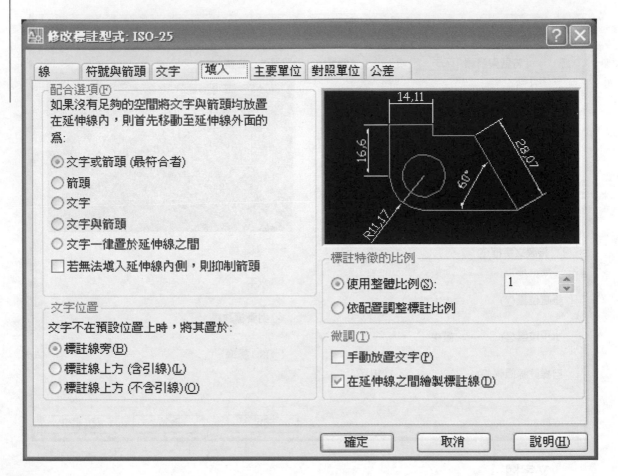

填入選項：

✓ 若沒有足夠的空間容納文字與箭頭於延伸線內，第一個須要到延伸線外側的物件為：文字或箭頭，任何可以最佳填入者、箭頭、文字、文字與箭頭、文字一律置於延伸線之間，五種其中一種型式

✓ 可勾選 → 若無法填入則抑制箭頭延伸線

文字位置：

✓ 不在預設位置上的文字置於：位於標註線旁、位於標註線上方(含引線)、位於標註線上方(不含引線)，三種其中一種型式

整體標註比例：

    ✓ 可選擇使用整體比例、依配置(圖紙空間)調整標註比例，兩種其中一種型式

微調：

    ✓ 可勾選 → 標註時手動放置文字

    ✓ 可勾選 → 一律將標註線繪於延伸線間

主要單位

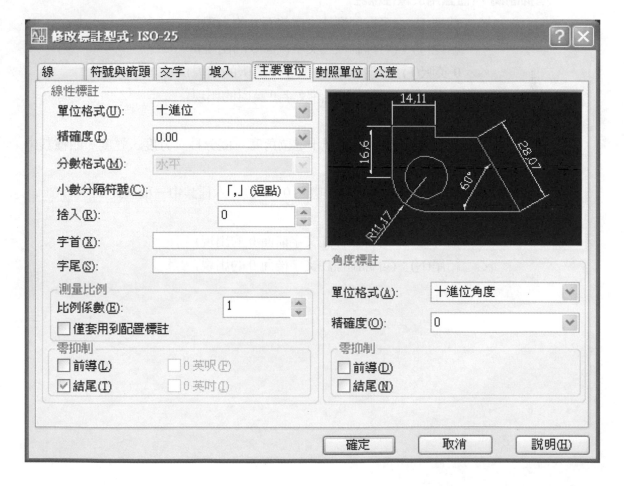

線性標註：

    ✓ 單位格式(U)：可選擇十進位、科學、工程、建築、分數、Windows 桌面，六種其中一種型式

   ✓ 精確度(P)：可選擇小數點 0～8 位，九種其中一種型式

   ✓ 還可分別設定標註時的小數分格符號(C)與捨入(R)的值

   ✓ 可設定字首(X)：(可設定放置在標註文字前面的文字)

   ✓ 可設定字尾(S)：(可設定放置在標註文字後面的文字)

度量比例欄：

   ✓ 比例係數(E)：(可調整標註尺寸的比例)

   ✓ 可勾選 → 僅套用到配置標註

零抑制欄：(僅套用於線性標註)

   ✓ 前導(L)：(可抑制標註文字前面 0 的出現)

   ✓ 結尾(T)：(可抑制標註文字後面 0 的出現)

   ✓ 0 英呎(F)：(可抑制標註文字 0 英呎的出現)

   ✓ 0 英吋(I)：(可抑制標註文字 0 英吋的出現)

角度標註欄：

   ✓ 單位格式(A)：可選擇十進位角度、度分秒、分度、弳度，四種其中一種型式

   ✓ 精確度(O)：可選擇小數點 0～5 位，六種其中一種型式

零抑制欄：(僅套用於角度標註)

   ✓ 前導(D)：(可抑制標註文字前面 0 的出現)

   ✓ 結尾(N)：(可抑制標註文字後面 0 的出現)

替用單位

顯示替用單位欄：

    ✓ 單位格式(U)：可選擇十進位、科學、工程、建築、分數、建築堆疊、分數堆疊、Windows 桌面，八種其中一種型式

    ✓ 精確度(P)：可選擇小數點 0～8 位，九種其中一種型式

    ✓ 還可分別設定標註時的替用單位乘法器(M)與距離捨入至(R)的值

    ✓ 可設定字首(X)：(可設定放置在標註文字前面的文字)

    ✓ 可設定字尾(S)：(可設定放置在標註文字後面的文字)

零抑制欄：(僅套用於替用單位標註)

    ✓ 前導(L)：(可抑制標註文字前面 0 的出現)

      ✓   結尾(<u>T</u>)：(可抑制標註文字後面 0 的出現)

      ✓   0 英呎(<u>F</u>)：(可抑制標註文字 0 英呎的出現)

      ✓   0 英吋(<u>I</u>)：(可抑制標註文字 0 英吋的出現)

位置欄：

      ✓   可選擇主要值後方(<u>A</u>)或主要值下方(<u>B</u>)，兩種其中一種型式

公差

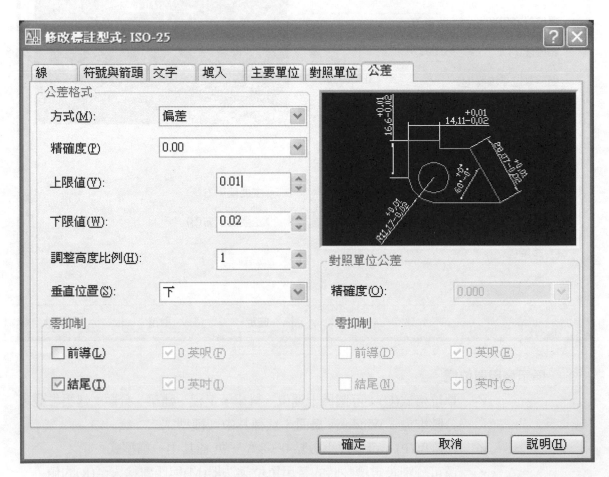

公差格式欄：

      ✓   方式(<u>M</u>)：可選擇無、對稱、偏差、上下限、基本，五種其中一種型式

      ✓   精確度(<u>P</u>)：可選擇小數點 0～8 位，九種其中一種型式

✓ 上限差值(V)：可設定上限差值，若輸入負號，即為負值

✓ 下限差值(W)：可設定下限差值，若輸入負號，即為正值

✓ 調整高度比例(H)：可設定公差文字的高度比例，一般設為 0.5

✓ 直式位置(S)：可選擇上、中央、下，三種其中一種型式

零抑制欄：(僅套用於公差標註)

✓ 前導(L)：(可抑制標註文字前面 0 的出現)

✓ 結尾(T)：(可抑制標註文字後面 0 的出現)

✓ 0 英呎(F)：(可抑制標註文字 0 英呎的出現)

✓ 0 英吋(I)：(可抑制標註文字 0 英吋的出現)

替用單位公差欄：

✓ 精確度(O)：可選擇小數點 0～8 位，九種其中一種型式

零抑制欄：(僅套用於替用單位公差標註)

✓ 前導(L)：(可抑制標註文字前面 0 的出現)

✓ 結尾(T)：(可抑制標註文字後面 0 的出現)

✓ 0 英呎(F)：(可抑制標註文字 0 英呎的出現)

✓ 0 英吋(I)：(可抑制標註文字 0 英吋的出現)

● 選取 比較(C)... ，將出現下面視窗，可比較兩個標註型式的異同處

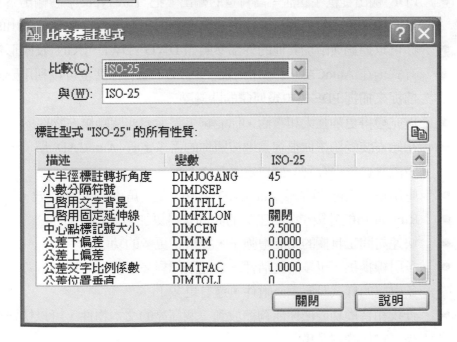

附錄六　AutoCAD 2010~2012 新增功能簡介

　　AutoCAD 2010~2012 在這兩年積極發佈，最新版本的 AutoCAD 中引入了一些全新的功能，這些重要的功能包括了：自由形式的設計工具、註釋比例、參數化繪圖、三維導航、動作錄製器、並加強 PDF 格式的支援整合。

- 提高了啓動速度，及較大檔案開啓速度。
- 參數化繪圖功能通過基於設計意圖的約束圖形物件能極大地提高你的工作效率。
- 幾何及尺寸約束能夠讓物件間的特定的關係和尺寸保持不變，即使它們被改變！
- 動態塊對幾何及尺寸約束的支持，讓你能夠基於塊屬性表來驅動塊尺寸，甚至在不保存或退出塊編輯器的情況下測試塊。
- 光滑網線工具能夠讓你創建自由形式和流暢的 3D 模型。
- 子物件選擇篩檢程式可以限制子物件選擇爲面、邊或頂點。
- PDF 輸出提供了靈活、高質量的輸出。把 TureType 字體輸出爲文本而不是圖片，定義包括層資訊在內的混合選項，並可以自動預覽輸出的 PDF。
- 你可以通過與附加其他的外部參照如 DWG、DWF、DGN 及圖形檔一樣的方式，在 AutoCAD 圖形中附加一個 PDF 檔。你甚至可以利用熟悉的物件捕捉來捕捉 PDF 檔中幾何體的關鍵點。
- 填充變得更加強大和靈活，你能夠夾點編輯非關聯填充物件。
- 初始安裝能夠讓你很容易地按照你的需求定義 AutoCAD 環境。你定義的設置會自動保存到一個自定義工作空間。
- 應用程式功能表(位於 AutoCAD 視窗的左上角)變得更加有效。
- Ribbon 功能升級了，對工具的訪問變得更加靈活和方便。
- 快速訪問工具欄的功能增強了，提供了更多的功能。
- 多引線提供了更多的靈活性，它能讓你對多引線的不同部分設置屬性，對多引線的樣式設置垂直附件，還有更多！
- 查找和替換功能使你能夠縮放到一個高亮的文本物件，可以快速創建包含高亮物件的選擇集。

- 新功能研習已經升級，包含了 AutoCAD 的所有新功能。
- 尺寸功能增強了，提供了更多對尺寸文本的顯示和位置的控制功能。
- 顏色選擇可以在 AutoCAD 顏色索引器裏更容易被看到， 你也可以在層下拉清單中直接改變層的顏色。
- 測量工具使你能夠測量所選物件的距離、半徑、角度、面積或體積。
- 反轉工具使你可以反轉直線、多段線、樣條線和螺旋線的方向。
- 清理工具包含了一個清理 0 長度幾何體和空文本物件的選項。
- 視景旋轉功能使你能夠控制一個佈局中視景的旋轉角度。
- 參照工具(位於 Ribbon 的插入標籤)能夠讓你附加和修改任何外部參照檔，包括 DWG, DWF, DGN, PDF 或圖片格式。
- 圖紙集使你可以設置哪些圖紙或部分應該被包含在發佈操作中，圖紙列表表格比以前更加靈活。
- 快速查看佈局和快速查看圖形除了包含佈局預覽外，還會有一個模型空間預覽圖形。
- 檔案瀏覽對話方塊(如打開和保存)在輸入檔案名的時候支持自動完成。
- 命令行添加了自動完成(功能類似某些編程語言的 IDE 環境)
- 選中物體後的夾點有更多的選項和功能表出來。比 2011 中的 PLINE 的夾點更進一步了。
- 群組命令的對話模式增強。右鍵菜單，Ribbon 中都有。Purge 命令也可以清理空組了。
- 選擇物體方式增強。(比如要窗選時，如果物體很密要找到一個空白處點第一個點不容易，現在沒有關係了，當然還有其他增強)
- 柵格捕捉模式時，只在選點時才 Snap，選物體時不 Snap 了。
- 外部引用增強，即使圖片邊框關掉了，滑鼠移過時會亮出邊框可供選擇。
- 視圖模式可以直接 In-Canvas 選擇。
- UCS 圖示竟然也可以選中，可以對它旋轉什麼的。也可以設置成選不中。
- 添加了 3D 關聯陣列。(類似於 MInsert 吧，不過現在是三維了，還支援環形)
- 選擇三維物體的邊、面時方式有增強。
- 在三維物體的面上添加了 OffsetEdge 命令
- 添加了 PressPull 命令

- 修剪面屬性增強

- 自動捕捉的三維點和二維點的標記的顏色可以區分了。這樣你可以知道捕的是 3d 的還是 2d 的。

- 引入新物件 Drawing View，當然也增加了一堆針對這個新物體的命令

- MTEXT 增強。現在自動記憶上次用的背景遮罩顏色和偏移數值

- MLeader 增強。可以加文字框

- 標註的右鍵選單中增加"去除格式覆蓋"條目

- 物體捕捉增強。"垂直"和"相切"在拖夾點時也有效，而且選擇甚多。

- 倒圓角和倒切角增強。在命令完成前選物體時就開始預覽了

- 新命令 Blend。可以建立 SPLINE 光滑地連接兩物體

- Spline 增強。支援週期性曲線。Extend 命令支援。

- Join 工具直接支援多選。

- 消重圖元成了標準命令了。(Delete Duplicate Objects 刪除重複物體，從 Express 中引入內核，並大大增強之)

- 二維陣列可以沿曲線了。(也有 Measure 和 Divide 兩方式)

- 陣列可以關聯。事後隨時修改行列數。可以按住 Ctrl 對這種關聯陣列中的某個物體單獨變形(Scale，Move，Rotate，這個貌似比 MInsert 強了。可以 In-Place 編輯這種陣列。

- Copy 命令增強。加了 Array 選項(還是類似於 Measure 和 Divide 兩種方式，比 Array 命令方便)。

- 圖層增強。

- 三維模型支援 IGES，CATIA，Rhino,Pro/E，STEP 導入。

- 增加批量 DWG 格式轉換工具(支援轉 R14-2010 格式)

- 物件尺寸限制已經被擴大到至少 4GB(取決於你的系統配置)，這會提供更大的靈活性。

- 3D 列印功能讓你通過一個互聯網連接來直接輸出你的 3D AutoCAD 圖形到支援 STL 的印表機。

- CUIx 檔格式在 CUI 編程器中工作時，會提高性能。它會包含檔中定義的命令所使用的自定義圖像。

- 動作巨集包含了一個新的動作管理器，一個基點選項和合理的提示。

- 將 PDF 文件作為底圖匯入工程圖。

- 註釋比例工具，您可以新建一個註釋對象，該對像能夠自動重新調整大小，以反映當前視口和模型空間比例。

- AutoCAD 參數化繪圖功能可以幫助您縮短大量設計修改時間。通過在對像之間定義持久關係，平行線與同心圓將分別自動保持平行和居中。 參數化繪圖工具能夠幫助您節省時間。

- 動態圖塊可以幫助您節約時間，輕鬆實現工程圖的標準化。借助 AutoCAD 動態塊，您不必再重新繪製重複的標準元件，並可減少設計流程中龐大的塊庫。

- AutoCAD 動態塊支持對單個圖塊圖形進行編輯，並且您不必總是因形狀和尺寸發生變化而定義新圖塊。

- 自由形狀設計。您幾乎可以設計各種造型。只需推/拉麵、邊和頂點，即可新建各種複雜形狀的模型，新增平滑曲面等。

- 三維導航功能，點擊一下按鈕，即可實現模型漫遊或飛行。借助 AutodeskR ViewCubeR 導航工具快速旋轉和定位任何實體或曲面模型，或者使用 AutodeskR SteeringWheelsR 工具平移、居中和縮放任何對象。

- 添加了內容查找器 Autodesk Content Explorer(有點類似 Google 的桌面搜索一樣，它可以對 dwg 檔的內容索引，可以針對指定的檔夾中的 dwg 作內容索引，這樣可以迅速獲得結果)

國家圖書館出版品預行編目資料

電腦輔助機械製圖 AutoCAD：適用 AutoCAD
2000-2012 版 / 謝文欽, 蕭國崇, 江家宏編
著.--三版.--新北市：全華圖書,2012.06
　　面　；　公分
ISBN 978-957-21-8560-5(平裝附光碟片)

1. AutoCAD 電腦程式　2.電腦繪圖　3.機械
設計　4.電腦輔助設計
446.19029　　　　　　　　　101009268

電腦輔助機械製圖 AutoCAD-適用
AutoCAD 2000-2012

作者 / 謝文欽、蕭國崇、江家宏

發行人 / 陳本源

執行編輯 / 楊智博

出版者 / 全華圖書股份有限公司

郵政帳號 / 0100836-1 號

印刷者 / 宏懋打字印刷股份有限公司

圖書編號 / 05968027

三版三刷 / 2015 年 09 月

定價 / 新台幣 500 元

ISBN / 978-957-21-8560-5 (平裝附光碟)

全華圖書 / www.chwa.com.tw

全華網路書店 Open Tech / www.opentech.com.tw

若您對書籍內容、排版印刷有任何問題，歡迎來信指導 book@chwa.com.tw

臺北總公司(北區營業處)
地址：23671 新北市土城區忠義路 21 號
電話：(02) 2262-5666
傳真：(02) 6637-3695、6637-3696

中區營業處
地址：40256 臺中市南區樹義一巷 26 號
電話：(04) 2261-8485
傳真：(04) 3600-9806

南區營業處
地址：80769 高雄市三民區應安街 12 號
電話：(07) 381-1377
傳真：(07) 862-5562

（請由此線剪下）

歡迎加入 全華會員

● **會員享獨享**
　會員享購書折扣、紅利積點、生日禮金、不定期優惠活動…等。

● **如何加入會員**
　填妥讀者回函卡直接傳真 (02) 2262-0900 或寄回，將由專人協助登入會員資料，待收到
　E-MAIL 通知後即可成為會員。

如何購買 全華書籍

1. 網路購書
　全華網路書店「http://www.opentech.com.tw」，加入會員購書更便利，並享有紅利積點
　回饋等各式優惠。

2. 全華門市、全省書局
　歡迎至全華門市（新北市土城區忠義路21號）或全省各大書局、連鎖書店選購。

3. 來電訂購
　(1) 訂購專線：(02) 2262-5666 轉 321-324
　(2) 傳真專線：(02) 6637-3696
　(3) 郵局劃撥（帳號：0100836-1　戶名：全華圖書股份有限公司）
　※ 購書未滿一千元者，酌收運費 70 元。

OpenTech.com.tw 全華網路書店

全華網路書店 www.opentech.com.tw
E-mail: service@chwa.com.tw

※ 本會員制如有變更則以最新修訂制度為準，造成不便請見諒。